U0224228

种植屋面的设计与施工技术

沈春林 李 伶◎主编

中国建材工业出版社

图书在版编目（CIP）数据

种植屋面的设计与施工技术/沈春林，李伶主编．
—北京：中国建材工业出版社，2016.4
　ISBN 978-7-5160-1389-2

　Ⅰ．①种⋯　Ⅱ．①沈⋯②李⋯　Ⅲ．①屋顶—绿化—
建筑设计—中国②屋顶—绿化—工程施工—中国
Ⅳ．①TU985.12

中国版本图书馆 CIP 数据核字（2016）第 043050 号

内 容 简 介

　　《种植屋面的设计与施工技术》以《种植屋面工程技术规范》JGJ 155—2013
等现行国家标准和《种植屋面建筑构造》14J 206 等国家建筑标准设计图集为依据，
并以国内外先进的种植屋面技术体系为例，系统地介绍了种植屋面各构造层次的设
计与施工的原理、方法、技术要点，针对种植屋面的关键技术，如种植屋面的构造
层次、荷载、防水技术、排（蓄）水技术、种植土和植物的选择、抗风与防护等，
作了详细的介绍。

　　本书所采用的资料翔实、全面，可为广大读者提供种植屋面设计、施工及材料
选择方面的实用性指导。

种植屋面的设计与施工技术
沈春林　李　伶　主编

出版发行：中国建材工业出版社
地　　址：北京市海淀区三里河路 1 号
邮　　编：100044
经　　销：全国各地新华书店
印　　刷：北京鑫正大印刷有限公司
开　　本：889mm×1194mm　1/16
印　　张：19　彩插：0.25 印张
字　　数：465 千字
版　　次：2016 年 4 月第 1 版
印　　次：2016 年 4 月第 1 次
定　　价：68.00 元

本社网址：www.jccbs.com.cn　　微信公众号：zgjcgycbs
广告经营许可证号：京海工商广字第 8293 号
本书如出现印装质量问题，由我社市场营销部负责调换。联系电话：(010)88386906

《种植屋面的设计与施工技术》编写人员名单

主　　编：沈春林　李　伶

副 主 编：王玉峰　苏立荣　李　芳　孙　侃　宫　安

　　　　　高　岩　杜　昕　郑风礼　柯善华

编写人员：马　静　褚建军　康杰分　杨炳元　王立国

　　　　　张　梅　俞岳峰　邱钰明　薛玉梅　陈森森

　　　　　程文涛　季静静　邵增峰　卫向阳　刘少东

　　　　　刘振平　吴　东　李　崇　徐长福　徐铭强

　　　　　邢光仁　位国喜　陈乐舟　曹云良　刘国宁

　　　　　冯　永　岑　英　徐海鹰　周建国

现代城镇的建筑正朝着高密度、高层次的方向发展，城市高楼大厦林立，各类硬质路面和铺装正在取代着原有的大自然和植被。阳光、空气、绿化是生活在城镇中的居民必不可少的三大要素。一个理想的现代化大都市是需要有一定的绿化面积来保证其生态环境质量的，如何协调城市发展和城市绿化的问题已成为人们关注的焦点。随着建筑物屋顶绿化（种植屋面）和墙面垂直绿化的出现，其已成为协调城市发展与城市绿化的一项重要措施。

进行屋顶绿化不仅能为都市居民在紧张的工作之余提供一个良好的休闲环境，更是一项保护生态、调节气候、净化空气、遮阴覆盖、降低室温和美化城市市容的重要措施。种植屋面的设计与施工不同于地面绿化的设计与施工，其不仅是叠山理水、种植花草、营造小品，而且在其建筑屋面防排水、整体形状、空间布局等诸多方面有所开创和发展。《种植屋面的设计与施工技术》一书以《种植屋面工程技术规范》JGJ 155—2013 等现行国家标准和国家建筑标准设计图集《种植屋面建筑构造》14J 206 等图集为依据，以德国威达公司的种植屋面技术为主要实例，侧重介绍了当前国内外先进的屋面绿化技术。

全书共分 4 章，对种植屋面各系统、各层次构造的设置原理，不同类型种植屋面的设计方案，不同类型种植屋面材料的选用和种植屋面的不同施工技术，尤其是对种植屋面最为关键的技术，种植屋面的构造层次和荷载、防水和排（蓄）水技术、种植土和植物生长、屋顶种植的抗风和防护均作了详尽的介绍（如屋面防水技术所采用的耐根穿刺防水材料的性能特点、耐根穿刺原理以及耐根穿刺项目的试验方法）。本书所采用的资料翔实、全面，可为广大读者提供种植屋面设计、施工及材料选择方面的实用性指导。

笔者在编写本书的过程中，结合自己平时工作的实际，参考和采用了一些专家学者的专著、论文、标准和设计图集等资料，并得到了许多单位和同仁的支持和帮助。在此，对有关作者、编者致以诚挚的谢意，并衷心希望能继续得到各位同仁广泛的帮助和指正。

编者

2016 年元月

CONTENTS
......

目　录

1

Chapter 04

Chapter 01

1

概　述

种植屋面是指铺以种植土或设置容器、种植模板种植植物来覆盖建筑屋面和地下建筑顶板的一种屋面绿化形式。

屋面是建筑物的第五立面，屋顶绿化不仅增加了绿化面积，改善了人类生存的环境，而且能够使居室保温隔热、冬暖夏凉，大大节约了能源。

种植屋面把屋面节能隔热、屋面防水、屋面绿化三者结合成一体，从而在技术上形成了一个完整的体系，其有利于室内环境的改善和提高，有利于增加城市大气中的氧气含量，吸收有害物质，减轻大气污染，有利于改善居住生态环境，美化城市景观，实现人与自然的和谐相处。

种植屋面是人们根据建筑物的结构特点及屋顶的环境条件，选择生态习性与之相适应的植物材料，通过一定的技术从而达到节能环保和丰富园林景观的一种形式，是一种融建筑技术与园林艺术为一体的一个系统的工程，故其必须从设计、选材、施工、管理维护等方面进行综合的研究。

1.1

种植屋面的类型

种植屋面的类型如图 1-1 所示。

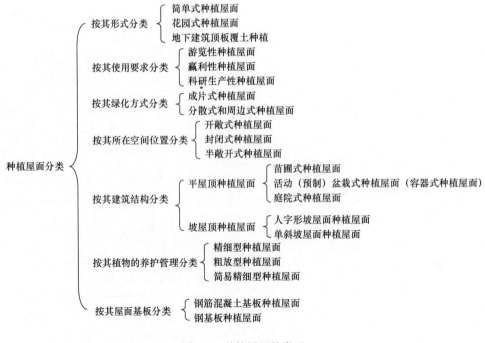

图 1-1　种植屋面的类型

1）简单式种植屋面、花园式种植屋面及地下建筑顶板覆土种植

种植屋面根据其所处位置和形式的不同可分为简单式种植屋面、花园式种植屋面及地下建筑顶板覆土种植。

简单式种植屋面又称地毯式种植屋面、屋顶草坪，是指仅利用地被植物和低矮灌木、草坪进行绿化的一类种植屋面。其一般不设置园林小品等设施，也不允许非维护人员进入。简单式种植屋面其绿化植物的基质厚度要求为 20～50cm，以低成本、低氧化为原则，多用植物要求，其滞尘和控温能力强，并根据建筑物的自身条件，尽量达到植物种类多样化、绿化层次丰富、生态效益突出的效果。

花园式种植屋面又称屋顶花园，是根据屋顶的具体条件，选择配置小型乔木、低矮灌木及草坪地被植物，并设置园路、座椅和园林小品等，提供一定游览和休憩场所较为复杂绿化的一类种植屋面。其内容有通过适当的微地形处理，以植物造景为主，采用乔、灌、草相结合的复层植物配置方式；有适量的乔木、园亭、花架、山石等园林小品，以产生较好的生态效益和景观效果。而乔木、园亭、花架、山石等较重的物体均应设计在建筑承重墙、柱、梁的位置上，以利于荷载的安全。花园式种植屋面植物基质的厚度要求 ≥60cm，这类种植屋面的造价较高。

地下建筑顶板覆土种植是指在地下车库、停车场、商场、人防等建筑设施顶板上实现地面绿化，地下建筑顶板覆土与地面自然土相接，不被建筑物封闭围合的一类种植屋面。此类种植屋面种植以植物造景为主，形成以乔木、花卉、草坪等种植结构，并配以座椅、休闲小路、园林小品及水池等永久性的地面花园。

简单式种植屋面如图 1-2 所示；简单的花园式种植屋面如图 1-3 所示；复杂的花园式种植屋面如图 1-4 所示。

图 1-2　简单式种植屋面——DZ-银行（商业建筑-车库顶板），法兰克福

图 1-3　简单的花园式种植屋面——覆土绿化

图 1-4　复杂的花园式种植屋面——居民住宅

2）游览性种植屋面、赢利性种植屋面和科研生产性种植屋面

种植屋面按其使用要求可分为游览性种植屋面、赢利性种植屋面和科研生产种植屋面。

游览性种植屋面多为给本楼工作或居住的人们提供业余休息的场所，在一些大型公共建筑的屋顶（如宾馆、超级市场、写字楼）可为顾客提供交谈会客、休息座椅场所，其绿化面积、园林小品等均应有一定的数量。

　　赢利性种植屋面多用于旅游宾馆、饭店、夜总会和在夜晚开办的舞会，以及夏季夜晚营业的茶室、冷饮、餐厅等，因其居高临下，夜间气温宜人，并能乘凉观赏城市夜景，深受人们的欢迎。此类种植屋面一般种植有适宜傍晚开并具有芳香的花卉品种，并具有可靠的安全防护措施和夜间照明的安全措施。

　　科研生产性种植屋面是指利用屋顶面积结合科研和生产要求，种植各类树木、花卉、蔬菜、水果，除可管理所必需的小道外，屋顶上多按排行种植，屋顶绿化效果和绿化面积一般均好于其他类型的种植屋面。

　　3）成片式、分散式和周边式种植屋面

　　种植屋面按其绿化方式可分为成片式、分散式和周边式种植屋面。

　　成片式种植屋面是指在屋顶的绝大部分以种植各类地被植物或小灌木为主，色块、图案形式采用观叶植物或整齐、艳丽的各色草花，形成成片的种植区的一类种植屋面。这种粗放、自然式的草坪绿化具有地被植物在种植土的厚度仅为 10～20cm 时即可生长发育、屋顶所加荷载小、俯视效果好的特点，适用于屋顶高低交错的低层屋顶。此类屋顶花园因其注重整体视觉效果，内部可不设园路，只需留出管理用通道即可。

　　分散式和周边式种植屋面是指屋顶种植采用花盆、花桶、花池等分散形式组成绿化区或沿建筑屋顶周边布置种植池的一类种植屋面。这种点线式种植可根据屋顶的适用要求和空间尺度灵活布置，具有布点灵活、构造简单的特点，适应性强，可应用于大多数屋顶。

　　4）开敞式、封闭式和半开敞式种植屋面

　　在低层、多层或高层建筑的屋顶上，种植屋面按其所在空间位置可分为开敞式、封闭式和半开敞式等类型。

　　开敞式种植屋面是指居于建筑群体的顶部，屋顶四周不与其他建筑物相接的一类种植屋面。

　　封闭式种植屋面是指种植屋面四周均有建筑物包围形成的内天井布局，植物生长受到四周建筑物阴影影响，多为间接采光的一类种植屋面。此类种植屋面宜选用耐阴植物为宜。

　　半开敞式种植屋面是指在一组建筑群体中，主体建筑周围的裙房屋顶上的建造的一类种植屋面，它有一面、二面或三面依靠在主体建筑之旁。这种形式的种植屋面不仅为适用提供了便利，并由于有建筑物的遮挡可形成有利植物生长的小气候，对防风、防晒有利，但依附墙壁的反光玻璃在强光的反射下对植物的损害。

　　5）坡顶种植屋面和平顶种植屋面

　　种植屋面按其屋面的建筑结构可分为坡顶种植屋面（图 1-5）和平顶种植屋面（图 1-6）。

　　坡屋顶可分为人字形坡屋面和单斜坡屋面。在一些低层的坡顶建筑上可采用葛藤、爬山虎、南瓜、葫芦等适应性强、栽培管理粗放的藤本植物，尤其是对于小别墅，屋面常与屋前屋后绿化结合，可形成丰富的绿化景观。

　　在现代建筑中，钢筋混凝土的平屋顶较为多见，这是开拓屋顶绿化的最好空间，其可分为苗圃式、庭院式、活动（预制）盆栽式等多种，其绿化一般多采用一种方式，一般以草坪和灌木为主，图案多为几何构图，给人以简洁明快的视觉享受。苗圃式种植屋面是指从生产效益出发，将屋顶作为生产基础，

图 1-5　坡顶种植屋面——莱姆戈（德国北莱茵-威斯特法伦州）

图 1-6　平顶种植屋面

种植蔬菜、中草药、果树、花木和农作物等的一类种植屋面；活动（预制）盆栽式种植屋面又称容器式种植屋面，是在可移动组合的容器、模块中种植植物的一类机动性大，布置灵活，常被家庭采用的一类种植屋面；庭院式种植屋面为屋顶绿化中常见的形式，是指具有适当起伏的地貌，并配置有小亭、水池、花架、座椅等园林建筑小品，并点缀以山石，种植有浅根性的小乔木与灌木、花卉、草坪、藤本植物相搭配。为满足植物根系生长需要，这类种植屋面的种植土需要 30～40cm 厚，局部可设计成 60～

80cm，其在建筑设计时应统筹考虑，以满足种植屋面对屋顶承重的要求，设计时还应尽量使较重的部位（如山石、花架、亭子）设计在梁柱上方的位置。这种类型的种植屋面多用于宾馆、酒店，也适用于企事业单位及居住区公共建筑的屋顶绿化。

6）精细型、粗放型、简易精细型种植屋面

种植屋面根据其植物的养护管理情况可分为精细型种植屋面、粗放型种植屋面和简易精细型种植屋面。

精细型种植屋面是真正意义上的屋顶花园，植物的选择可随心所欲，可种植高大的乔木、低矮的灌木、鲜艳的花朵，还可设计休闲场所、运动场所、儿童游乐场、人行道、车行道、池塘和喷泉等，是植被绿化与人工造景、亭台楼阁和溪流水榭的完美组合，它具备以下特点：①经常养护；②经常灌溉；③从草坪、常绿植物到灌木、乔木均可选择；④整体高度 $15\sim100$cm；⑤质量为 $150\sim1000$kg/m²。

粗放型种植屋面居于自然野性和人工雕琢之间，是低矮灌木和彩色花朵的完美结合。在德国，这种绿化形式非常普遍，绿化效果比较粗放和自然，所选用的植物具有抗干旱、生命力强的特点，并且颜色丰富鲜艳，绿化效果显著，可应用于坡屋顶和平屋顶。它具备以下特点：①定期养护；②定期灌溉；③从草坪绿化屋顶到灌木绿化屋顶；④整体高度 $15\sim25$cm；⑤质量为 $120\sim250$kg/m²。由于粗放型屋顶绿化具备质量轻、养护粗放的特点，因此比较适合于荷载有限以及后期养护投资有限的屋顶，被亲切地称为"生态毯"。当然，如果房屋承重增加，设计师还可以加入更多的设计理念，使人工造景得到更好的展示。

简易精细型种植屋面是介于精细绿化和粗放绿化之间的一种绿化形式，所种植植物包括开花和草本植物以及矮乔木和灌木。

1.2
建设种植屋面的意义

1.2.1　建设种植屋面的重要性

1）土地能得到更有效的利用

随着国民经济的发展，人们对环境保护意识已越来越重视，已经意识到存在着土地紧张与绿化发展的矛盾，种植屋面、屋顶绿化作为一种不占用地面土地的绿化形式，则有利于这一矛盾的解决，尤其是居住屋顶绿化能较好地解决建筑与园林绿化用地的矛盾。在楼顶隔热防水层上培育一层植被，则可扩大小区的绿化面积，拓展城市的"绿肺"，构成一个赏心悦目、舒适亲切、生机盎然的庭园。

2）为人们提供了新型的休息场所

种植屋面与地面绿地相比，可远离城市道路边上的噪声和汽车尾气，避免来自低层部分屋面反射的眩光和阳光的辐射热，可为人们提供一种新型的良好的休息场所。如住宅的种植屋面可为居民提供休闲环境，写字楼的种植屋面可让长期伏案工作的人员缓解视疲劳，并提供休憩之处。

3）可使建筑空间更好地满足人们的使用要求

现代建筑多为钢筋混凝土预制板结构的平顶房，采用种植屋面不仅可使居住在顶层的居民改变冬凉夏热的生活环境，而且可使屋顶生机盎然，从而使得建筑空间能更好地满足人们使用的要求。

1.2.2　建设种植屋面的作用

1）可对建筑构造层起到保护作用

建筑屋顶构造层的破坏只要是有迅速变化的气温造成的，例如在冬季寒冷的夜晚建筑物结着冰，而到了白天，短时间内建筑物表面的温度迅速升高，由于温度的变化，可导致屋顶构造的膨胀和收缩，建筑材料将会受到很大的负荷，其强度则会降低，进而导致建筑物出现裂缝，寿命缩短。而具有不同覆土厚度的种植屋面其隔热、防渗性能一般均比架空薄板隔热屋面好。

在南方高温地区，日温差高达 $22\sim23℃$，这往往会引起屋面防水层开裂，而种植屋面的屋顶由于绿化的作用，表面日温差只有约 $1.5℃$，室内顶棚表面温度也可降低 $1\sim2℃$，这势必将大大延长屋顶的有效使用周期。

2）起到改善城市生态环境的作用

屋顶绿化是国际公认的可改善城市生态环境最有效的措施之一。种植屋面可通过植物的蒸腾作用和屋顶绿地的蒸发作用，增加湿度，从而可降低环境温度，减少热辐射，起到保温隔热、减渗、减少噪声，以及屏蔽放射线和电磁波的作用。

3）对人类起到陶冶性情的作用

种植屋面可以加强景观与建筑的相互结合，增加人与自然联系的紧密度。种植屋面在为人们提供娱乐休闲空间和绿色环境享受的同时，对人的心理、生理影响则更为深远，它能使空间环境具有某种气氛和意境，使人们有置身于绿色环抱的园林美景之中之感，以满足人们的精神要求，起到陶冶性情的作用。在人们的视野中，当绿色达到 25% 时，人的心情最舒畅，精神感受最佳，以花草树木组成自然环境的种植屋面，透出极其丰富的形态美、色彩美、芳香美和风韵美，能调节人们的神经系统，使长期深居高楼大厦内的人们紧张、疲劳得以缓解和消除，以提高其生活质量。

4）具有改善城市生态环境的作用

种植屋面可截留雨水，减少地表径流，可把大量的降水储存起来（根据种植基质的持水能力的不同，屋顶绿化能够有效截流 60%～70% 的天然降水），可在雨后若干时间内逐步被植物吸收和蒸发到大气中。屋顶的雨水得到充分的利用，这对于水资源匮乏的地区尤为重要。种植屋面通过其储水功能还可以减轻城市排水系统和防洪系统的压力，并可显著减少处理污水的费用。由此可见，种植屋面对改善城市生态环境有着良好的作用。

1.3

德国种植屋面系统的基本技术

在大力发展种植屋面的今天，如何设计出可靠的种植屋面系统，如何正确选用种植屋面系统材料，如何继续延用原来的常规做法，做好屋面防水，已成为摆在设计师面前一个棘手问题。吸收当今世界，特别是德国种植屋面的先进经验，是解决如上棘手问题的最佳途径。

1.3.1　耐根穿刺层防水层技术

1984 年德国园林景观权威机构 FLL（景观设计与园林建筑研究会）开创了阻根试验方法。阻根性能试验涉及试验植物的选择、试验的条件的设定，整个试验周期长达 2～4 年。在德国用于种植屋面的防水卷材不仅要满足屋面防水材料的技术要求，同时还要具有阻根性能，用于种植屋面的防水材料的阻根性能需要通过 FLL 认证或阻根性能满足欧洲规范 EN 13948 中的规定。

德国威达作为当今德国最大的防水企业，有近 170 年的历史，它在德国种植屋面系统技术的发展过程中发挥着相当重要的作用。德国威达公司的种植屋面系统是由隔汽层、保温层、底层防水层、阻根防水层、排水层、过滤层以及种植土和植被等组成，其中耐根穿刺防水材料是保证种植屋面最终质量的关键所在。

1）含有铜离子复合胎基的 SBS 改性沥青阻根防水卷材

1906 年德国的生物学家发现植物根对一定浓度的铜离子具有敏感性，当植物根接近这种环境的时候就会逆向生长，试图避开此类环境。

这个研究发现转化为耐根穿刺防水材料研发时遇到了阻力，在自然界没有天然存在的固化状态的铜离子，通常情况下铜离子是以化合物或者水合铜形态存在的，如，硫酸铜、氯化铜、氧化铜在固态下的铜没有铜离子的特性，

当铜离子的浓度降低到一定程度时，由于铜离子本身也是植物生长过程中的需要摄入的金属元素，

相反会对植物根部产生吸引力。

1980年德国威达公司在结合配合物化学领域的研究取得突破，找到了一种特殊的螯合剂，将铜离子与聚酯胎形成一种特殊的配合物，这种配合物保证铜离子在固化的状态下展现出铜离子的特性，解决了水合铜离子的流失问题从而保证了铜离子具有长久的耐根穿刺性能。植物的根系靠近防水卷材时，由于对复合铜胎基中铜离子的敏感作用会转向继续生长。

聚酯胎基的铜离子固化处理过程中，没有影响聚酯胎基本身的抗形变以及拉伸强度，也不影响沥青涂盖层与胎基的附着性，完美地解决了耐根穿刺防水卷材所需求的各个属性。

德国威达复合铜离子胎基改性沥青阻根防水卷材的沥青涂层中加入具有阻根功能的活性生物阻根剂，植物根接触到涂层中的生物阻根剂就会角质化，不再继续生长，双重保护的技术路线使得的德国威达的耐根穿刺防水卷材在种植屋面系统中发挥强大的阻根性能。哪怕在搭接部位也可以做到万无一失。

作为种植屋面防水材料，需要有更好的抗低温性能、良好的延伸率性能和抗老化性能，德国威达的材料在这些性能上表现了优异的特性。

复合铜离子胎基耐根穿刺防水卷材采用 $250g/m^2$ 聚酯胎，抗拉强度 800N/5cm；延伸率 40%，阻根性能通过FLL认证。成功案例可追溯到30年之前。

2）玻纤加强胎基OCB高分子防水卷材

这是一种以OCB（烯烃共聚物沥青）为原料的高分子阻根防水材料，这个材料含有30%的沥青，与沥青材料相容，不含增塑剂，不含氯及卤素，不会对植物造成任何伤害；玻纤加强胎基有很强的尺寸稳定性，很强的抗老化性能，具有耐根穿刺性能，实验证明可以抵抗竹子根的穿透，通过FLL阻根检测。

1.3.2 耐根穿刺防水层与整个种植屋面系统的配合

在选择阻根材料时，还需要与整体种植屋面系统相匹配，耐根穿刺防水卷材除阻根性能以外的所需具有的性能，还包括：防水、环保、自重轻、施工方法简单、屋面节点及搭接部位易操作等。

种植屋面融合建筑防水和园林设计两个专业，耐根穿刺防水卷材又是介于屋面防水构造和园林构造之间的一个重要层次，建筑和园林相互配合，避免脱节的现象或构造重复，为此，德国威达公司推出了自己的种植屋面系统。图1-7为德国威达屋面系统的基本组成：①结构基层；②隔汽层；③保温层；④底层防水卷材；⑤上层具有阻根性能的防水卷材；⑥保护层；⑦排水层；⑧过滤层；⑨种植土及植被。

图1-8～图1-18为德国威达种植屋面的推荐方案。

1. 花园式种植屋面（一）（图1-8）

该系统描述如下：

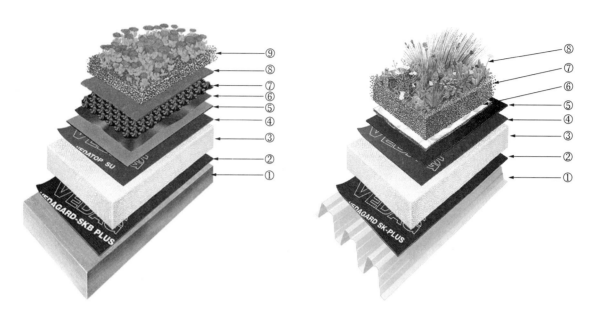

图 1-7　德国威达屋面系统的基本组成　　　　图 1-8　花园式种植屋面（一）

1）种植区域

① 基层≥2％找坡，混凝土结构或钢结构；② Vedagard SK-Plus（RC）自粘蒸汽阻拦防水卷材；③EPS保温板；④Vedatop Su 底层防水材料；⑤Vedaplan MF（RC）德国威达高分子-FPO阻根防水卷材；⑥VEDAFLOR DSM1502 德国威达过滤排水保护板；⑦营养土厚度根据设计需要；⑧植物。

2）走道及屋顶平台区域

①～⑤相同；⑥无纺布隔离层；⑦直径 2～8mm，厚度≥5cm 碎石层；⑧厚度 4～5cm 石板铺面或其他材料铺面。

2. 花园式种植屋面（二）（图 1-9）

该系统描述如下：

1）种植区域

① 基层≥2％找坡，混凝土结构或钢结构；② Vedagard SK-D（RC）自粘蒸汽阻拦防水卷材；③EPS保温板；④Vedatop Su 底层防水材料；⑤Vedaflor WS-I（RC）阻根防水卷材；⑥PE 保护隔离膜；⑦Maxistud perfored 带孔排水板；⑧SSV 300filter fleece 过滤毯；⑨营养土（厚度根据设计需要）；⑩植物。

2）走道及屋顶平台区域

①～⑥相同；⑦直径 2～8mm，厚度≥5cm 碎石层；⑧厚度 4～5cm 石板铺面或其他材料铺面。

3. 花园式种植屋面（三）（图 1-10）

该系统描述如下：

1）种植区域

① 基层≥2％找坡，混凝土结构或钢结构；②Vedagard SK-D（RC）自粘蒸汽阻拦防水卷材；③EPS保温板；④20mm 厚水泥砂浆保护层；⑤Vedaflor U 德国威达热熔型底层防水卷材；⑥Vedaflor WS-I（RC）阻根防水卷材；⑦PE 保护隔离膜；⑧Maxistud perfored 带孔排水板；⑨SSV 300 filter fleece 过滤毯；⑩营养土（厚度根据设计需要）；⑪植物。

2）走道及屋顶平台区域

①～⑦相同；⑧直径 2～8mm，厚度≥5cm 碎石层；⑨厚度 4～5cm 石板铺面或其他材料铺面。

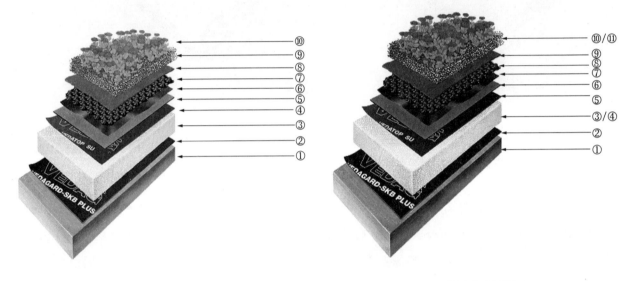

图 1-9　花园式种植屋面（二）　　　　　　图 1-10　花园式种植屋面（三）

4. 复杂式种植屋面（一）（图 1-11）

该系统描述如下：

① 基层≥2％找坡；②Vedagard SK-Plus；②自粘蒸汽阻拦防水卷材；③EPS/矿棉保温板；④Vedatop SU/TM（自粘）；⑤Vedaflor WS-I（RC）阻根防水卷材；⑥VEDAFLOR Dränschutzmatte DSM1502 双面带毡蓄排水板设置；⑦种植基质；⑧植物。

注：1. 适用：种植基质 20～200cm 厚，双面带毡蓄排水板设置。

2.④⑤两层防水材料可以用单层高分子阻根防水材料 Vedaplan MF 代替。

5. 复杂式种植屋面（二）（图 1-12）

该系统描述如下：

① 结构基层；②基层处理剂；③抗压型保温板；④Vedatop SU/TM 底层防水材料；⑤Vedaflor WS-I 阻根防水材料；⑥保护隔离层；⑦排水层：采用粒料（陶粒、卵石等）蓄排水层或相应厚度的成品排水板；⑧过滤层；⑨种植基质；⑩植物。

注：此系统适用种植基质 50～300cm 厚，采用粒料（陶粒、卵石等）蓄排水层或相应厚度的成品排水板。

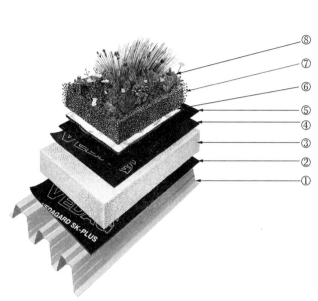

图 1-11　复杂式种植屋面（一）　　　　　　　图 1-12　复杂式种植屋面（二）

6. 简单式种植屋面（一）（图 1-13）

该系统描述如下：

1）种植区域

① 基层≥2％找坡，混凝土结构或钢结构；②Vedagard SK-Plus（RC）双面自粘铝箔聚酯复合胎改性沥青隔汽卷材；③EPS 保温板；④Vedaplan MF 高分子阻根防水卷材；⑤VEDAFLOR DSM 1502 过滤排水保护板；⑥营养土；⑦植物。

2）走道及屋顶平台区域

①～④相同；⑤无纺布隔离层；⑥直径 2～8mm，厚度≥5cm 碎石层；⑦厚度 4～5cm 石板铺面或其他材料铺面。

图 1-13　简单式种植屋面（一）

注：土层厚度＜15cm 且屋面坡度＞2％时可取消排水层，用保护层材料代替过滤排水保护板。

7. 简单式种植屋面（二）（图 1-14）

该系统描述如下：

1）种植区域

① 基层≥2％找坡，混凝土结构或钢结构；②Vedagard SK-D（RC）自粘性铝箔面改性沥青隔汽卷材；③EPS 保温板；④Vedatop SU/PV（RC）自粘底层防水卷材；⑤Vedaflor WS-I（RC）阻根防水

卷材；⑥GEO P 德国威达过滤排水板；⑦营养土；⑧植物。

2）走道及屋顶平台区域

①～⑤相同；⑥无纺布隔离层；⑦直径 2～8mm，厚度≥5cm 碎石层；⑧厚度 4～5cm 石板铺面或其他材料铺面。

注：土层厚度＜15cm 且屋面坡度＞2％时可取消排水层，用保护层材料代替过滤排水板。

8．简单式种植屋面（三）（图 1-15）

该系统描述如下：

1）种植区域

① 基层≥2％找坡，混凝土结构或钢结构；②Vedagard SK-D（RC）自粘性铝箔面改性沥青隔汽卷材；③EPS 保温板；④20mm 厚水泥砂浆保护层；⑤Vedaflor U 底层防水卷；⑥Vedaflor WS-I（RC）阻根防水卷材；⑦GEO P 德国威达过滤排水板；⑧营养土；⑨植物。

2）走道及屋顶平台区域

①～⑥相同；⑦无纺布隔离层；⑧直径 2～8mm，厚度≥5cm 碎石层；⑨厚度 4～5cm 石板铺面或其他材料铺面。

注：土层厚度＜15cm 且屋面坡度＞2％时可取消排水层，用保护层材料代替过滤排水板。

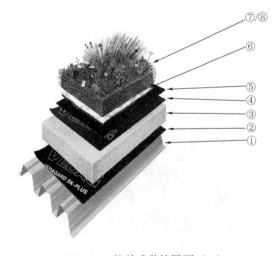

图 1-14　简单式种植屋面（二）

图 1-15　简单式种植屋面（三）

9．简单式种植屋面（四）（图 1-16）

该系统描述如下：

① 结构基层；②Vedatect SK D 自粘性铝箔面改性沥青隔汽卷材；③EPS 保温板；④Vedatop SU 底层防水材料；⑤Vedaflor WS-I 阻根防水材料；⑥Vedaflor TGF 200 分离滑动层；⑦Vedaflor SSM 500 保护层；⑧种植土；⑨植物（适用：种植基质＜15cm 厚，无排水层设置）。

10．简单式种植屋面（五）（图 1-17）

该系统描述如下：

① 结构基层；②Vedatect SK D 自粘性铝箔面改性沥青隔汽卷材；③EPS 保温板；④Vedatop SU 底层防水材料；⑤Vedaflor WS-I 阻根防水材料；⑥Vedaflor TGF 200 分离滑动层；⑦PE 保护隔离膜；⑧VEDAFLOR Vegetationsmatte 营养基蓄排水过滤毯；⑨种植土；⑩植物（适用：种植基质＜40cm 厚，营养基蓄排水过滤毯设置）。

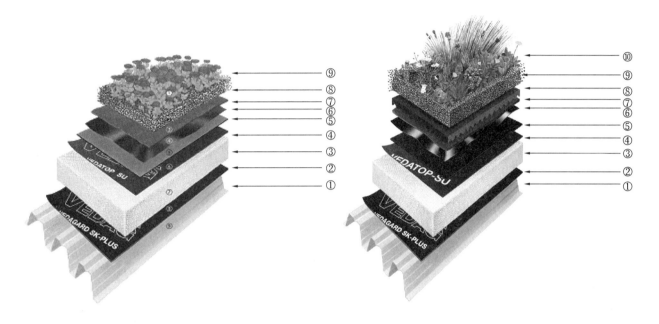

<table>
<tr><td>图 1-16　简单式种植屋面（四）</td><td>图 1-17　简单式种植屋面（五）</td></tr>
</table>

11. 简单花园式种植屋面（图 1-18）

该系统描述如下：

1）种植区域

① 基层≥2％找坡，混凝土结构或钢结构；②Vedagard SK-D（RC）) 自粘性铝箔面改性沥青隔汽卷材；③ EPS 保温板；④ Vedatop SU/PV（RC）底层防水材料；⑤Vedaflor WS-I（RC）阻根防水卷材；⑥Vedaflor TGF 200 分离滑动层（屋面坡度＞2％时可取消）；⑦保护毡（连续进行上部施工时可取消，或只做临时保护用）；⑧Vedaflor VegatationsMat 营养基蓄排水毯；⑨营养土；⑩植物。

2）走道及屋顶平台区域

①～⑥相同；⑦直径 2～8mm，厚度≥5cm 碎石层；⑧厚度 4～5cm 石板铺面或其他材料铺面。

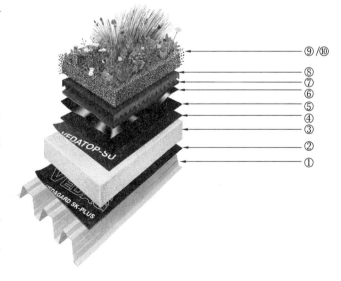

图 1-18　简单花园式种植屋面

1.3.3 德国种植屋面系统技术在中国的应用

1. 上海市政府办公楼种植屋面

上海市政府办公楼位于上海市中心，裙房顶面积约 $8000m^2$，原建筑屋面选用三元乙丙作为防水材料，接缝处采用胶黏剂粘接。随着时间的推移，风吹日晒，年久失修，节点部位脱胶严重，屋面渗漏导致保温材料吸满水，严重影响顶层建筑的使用。

市政府管理部门要求，在不拆除屋面的前提下重新铺贴防水卷材，恢复保温性能，同时把屋顶改造成免维修的花园形式。

原屋面允许荷载只有 $50kg/m^2$。土层厚可能超载，土层薄植物很难存活；原屋面保温材料吸满水，如果不铲除直接铺防水材料的话，水在高温下形成蒸汽可能会导致新的防水材料空鼓，形成新的漏点。

对此威达提出的方案包括：

（1）选用以聚烯烃（Olefin Copolymer Bitumen）为原材料的高分子卷材作为耐根穿刺防水卷材，采用空铺工艺导汽，确保原保温层中的湿气能顺利排出。

（2）选择佛甲草为主的草本植物。

（3）选择德国威达的营养基蓄排水毯。

通过这些措施的实施，有效地解决了这个项目的技术难点并达到了很好的防渗和景观效果（图1-19、图1-20）。

图 1-19 施工一年以后

图 1-20 施工三年以后

2. 北京国家大剧院

北京国家大剧院，在地下车库顶上选用德国威达公司的铜离子复合胎基耐根穿刺防水卷材（图 1-21、图 1-22）。

图 1-21 北京国家大剧院施工前

图 1-22　北京国家大剧院施工十年以后

3. 国家奥林匹克公园中心区地下商业空间

国家奥林匹克公园中心区地下商业空间项目是 2008 年奥运会主要场馆周边最大的地下构筑物顶板绿化项目，面积超过 20 万平方米。选用德国威达公司的铜离子复合胎基耐根穿刺防水卷材（图 1-23、图 1-24）。

图 1-23　国家奥林匹克公园中心区地下
商业空间顶板实施绿化前

图 1-24 国家奥林匹克公园中心区地下
商业空间顶板施工十年以后

4. 上海巨人产业园区

上海巨人产业园区位于上海松江，整个建筑由 58 块混凝土坡屋面组成，坡度最大达到 53°，需要有特殊的防滑措施，项目采用德国威达公司的铜离子复合胎基耐根穿刺防水卷材（图 1-25）。

图 1-25 上海巨人产业园区

5. 杭州国际博览中心

杭州国际博览中心总建筑面积 84 万平方米，包含会展中心、屋顶花园、地下商业空间等。屋顶花园面积近 7 万平方米，是国内最大的单体屋面绿化景观工程。项目选用德国威达公司的铜离子复合胎基耐根穿刺防水卷材（图 1-26、图 1-27）。

图 1-26　杭州国际博览中心绿化前

图 1-27　杭州国际博览中心绿化后

Chapter**02**

2

种植屋面的组成材料

种植屋面的组成材料主要有找坡层材料、隔汽层材料、保温隔热（绝热）层材料、普通防水层材料、耐根穿刺防水层材料、保护层材料、隔离层材料、排（蓄）水层材料、过滤层材料、种植土层材料、植被层材料、种植容器、设施材料等。

种植屋面应按构造层次、种植要求选择材料，材料应配置合理、安全可靠。所选用的材料及植物等均应与当地气候条件相适应，并符合环境保护要求。其品种、规格、性能等应符合国家现行有关标准和设计要求，并应提供产品合格证书和检验报告。此外，种植屋面使用的材料还应符合有关建筑防火规范的规定。

2.1

找坡层材料

找坡层材料的选用应符合现行国家标准《屋面工程技术规范》GB 50345、《坡屋面工程技术规范》GB 50693 和《地下工程防水技术规范》GB 50108 的有关规定。找坡层材料还应符合下列要求：①找坡层材料应选用密度小并具有一定抗压强度的材料；②当坡长小于 4m 时，应采用水泥砂浆找坡；当坡长为 4~9m 时，可采用加气混凝土、轻质陶粒混凝土、水泥膨胀珍珠岩和水泥蛭石等材料找坡，也可采用结构找坡；当坡长大于 9m 时，应采用结构找坡。

2.2

隔汽层（蒸汽阻挡层）材料

保温种植屋面为了防止室内水蒸气进入保温层并导致保温层被破坏，需要在保温层下面设置隔汽层。德国威达种植屋面系统所采用的隔汽材料有以下几种：

1. VEDATECT® SK-D（RC）自粘性铝箔面改性沥青隔汽卷材

VEDATECT® SK-D（RC）是一种冷自粘弹性体改性沥青隔汽卷材，上表面镀有一层耐碱、耐腐蚀的特殊金属膜，产品按照 ENI SO 9001 进行生产和质量控制，符合欧洲标准 EN 13970 的要求。产品耐水汽渗透性等效空气层厚度 S_d 值在 1500m 以上，具有很好的隔汽效果。产品幅宽 1m，适用大多数的压型钢板，用在带涂层的压型钢板基层上时无需涂刷冷底子油，施工方便快捷，与基层有良好的粘结，也不怕踩踏。

根据德国屋面防水组织（ZVDH）的《平屋面指南》和德国屋面协会的《沥青片材 ABC》，VEDA-TECT® SK-D（RC）可用作隔汽层，尤其适合轻钢结构屋面系统，铺设方法如下：

揭去 SK-D（RC）下表面及接缝处的自粘保护膜，将隔汽卷材直接粘结在基层上，施工时气温低于 5℃时需要加热激活黏性。搭接宽度为 8cm，纵向搭接宜设置在波峰位置，接缝和收边部位都要压实密封，T 型接头须做 45°斜角，搭接形成的不平应采用胶带或者热烘烤方式使其平整。隔天施工时，搭接和 T 型接头部位必须用喷枪略微烘烤使之软化。

2. VEDAGARD® SK-PLUS（RC）双面自粘铝箔聚酯复合胎改性沥青隔汽卷材

VEDAGARD® SK-PLUS（RC）是一种双面自粘性 SBS 改性沥青卷材，产品采用具有抗碱腐蚀功能的特殊金属复合胎基，按照 EN ISO 9001 进行生产和质量控制，适合型钢和木结构基层屋面，塑化表面的钢结构基层无须涂刷冷底子油，双面自粘，特别适于与矿棉和聚氨酯保温板的粘接，铺设方法如下：

撕开 SK-PLUS（RC）表面的硅化隔离膜，卷材直接铺贴在钢结构的基面上。铺贴在木结构上时，在搭接部位使用钉子固定，短边搭接 10cm，长边搭接 8cm，T 形接头部位割成 45°角，不至于使搭接部位过厚，施工时气温低于 5℃时需要加热激活黏性。隔天施工时，搭接和 T 形接头部位必须用喷枪略微烘烤使之软化。安装 EPS 保温板时，用喷灯将卷材上表面保护膜熔化后将 EPS 保温板放置在热沥青上即可，安装矿棉保温板时，为保证可靠的粘接力，需要使卷材上表面沥青成热熔液状态时铺贴。

2.3

保温隔热层（绝热层）材料

种植屋面的保温隔热层（绝热层）应选用密度小、压缩强度大、导热系数小、吸水率低的保温隔热（绝热）材料。常用的保温隔热材料有：喷涂硬泡聚氨酯、硬泡聚氨酯板、挤塑聚苯乙烯泡沫塑料保温板、硬质聚异氰脲酸酯泡沫保温板、酚醛硬泡保温板等轻质绝热材料，不得采用散状绝热材料。

为了减轻种植屋面的荷载，种植屋面的保温隔热材料密度不宜大于 $100kg/m^3$，压缩强度不得低于 100kPa。100kPa 压缩强度下，压缩比不得大于 10％。

1. 喷涂硬泡聚氨酯和硬泡聚氨酯板

硬泡聚氨酯是指采用异氰酸酯、多元醇及发泡剂等添加剂，经反应形成的一类硬质泡沫体。硬泡聚氨酯按其材料（产品）的成型工艺不同，可分为喷涂硬泡聚氨酯和硬泡聚氨酯板材。

喷涂硬泡聚氨酯是采用喷涂法工艺（在施工现场使用专用的喷涂设备，使聚氨酯 A 组分料和 B 组分料按一定的比例从喷枪口喷出后瞬间均匀混合并随之迅速发泡）在屋面基层上连续多遍喷涂发泡聚氨酯，从而在屋面基层上形成无接缝的一类聚氨酯硬质泡沫体保温层。

硬泡聚氨酯板材是一类在工厂预制、具有一定规格的硬泡聚氨酯制品。通常分为带抹面层或饰面层的硬泡聚氨酯板和直接经层压式复合机压制而成的硬泡聚氨酯复合板。品种有聚氨酯硬泡保温板、保温装饰复合板等多种。硬泡聚氨酯板可采用粘结法工艺（采用专用的粘结材料将其粘贴在基层表面）或采用干挂法工艺（采用专门的挂件将其固定于基层表面）而形成建筑物的保温层或保温装饰复合层。

喷涂硬泡聚氨酯和硬泡聚氨酯板的主要性能应符合现行国家标准《硬泡聚氨酯保温防水工程技术规范》GB 50404—2007 的有关规定。

（1）喷涂硬泡聚氨酯按其材料物理性能分为Ⅰ、Ⅱ、Ⅲ 3 种类型，主要适用于以下部位：Ⅰ型用于屋面和外墙保温层；Ⅱ型用于屋面复合保温防水层；Ⅲ型用于屋面保温防水层。屋面用喷涂硬泡聚氨酯的物理性能应符合表 2-1 的要求。

表 2-1　屋面用喷涂硬泡聚氨酯物理性能

项目	性能要求		
	Ⅰ型	Ⅱ型	Ⅲ型
密度（kg/m³）	≥35	≥45	≥55
导热系数［W/（m·K）］	≤0.024	≤0.024	≤0.024
压缩性能（形变10%，kPa）	≥150	≥200	≥300
不透水性（无结皮，0.2MPa，30min）	—	不透水	不透水
尺寸稳定性（70℃，48h，%）	≤1.5	≤1.5	≤1.0
闭孔率（%）	≥90	≥92	≥95
吸水率（%）	≤3	≤2	≤1

摘自 GB 50404—2007

（2）硬泡聚氨酯板材用于屋面和外墙保温层。当屋面采用硬泡聚氨酯板材时，主要性能技术指标应符合现行国家标准《屋面工程技术规范》GB 50345 的有关规定（表 2-2、表 2-3）。

表 2-2　硬质聚氨酯泡沫塑料板状保温材料主要性能指标

项目	性能指标
表观密度或干密度（kg/m³）	≥30
压缩强度（kPa）	≥120
抗压强度（MPa）	—
导热系数［W/（m·K）］	≤0.024
尺寸稳定性（70℃，48h，%）	≤2.0
水蒸气渗透系数［ng/（Pa·m·s）］	≤6.5
吸水率（v/v,%）	≤4.0
燃烧性能	不低于 B₂ 级

摘自 GB 50345—2012

表 2-3　硬质聚氨酯金属面绝热夹芯板主要性能指标

项目	性能指标
传热系数［W/(m²·K)］	≤0.45
粘结强度（MPa）	≥0.10
金属面材厚度	彩色涂层钢板基板≥0.5mm，压型钢板≥0.5mm
芯材密度（kg/m³）	≥38
剥离性能	粘结在金属面材上的芯材应均匀分布，并且每个剥离面的粘结面积不应小于85％
抗弯承载力	夹芯板挠度为支座间距的 1/200 时，均布荷载不应小于 0.5kN/m²
防火性能	芯材燃烧性能按《建筑材料及制品燃烧性能分级》GB 8624 的有关规定分级

摘自 GB 50345—2012

2. 挤塑聚苯乙烯泡沫塑料保温板

挤塑聚苯乙烯泡沫塑料是以聚苯乙烯树脂或其共聚物为主要成分，添加少量添加剂，通过加热挤塑成型而制得的具有闭孔结构的一类硬质泡沫塑料。

挤塑聚苯乙烯泡沫塑料保温板的主要性能应符合现行国家标准《绝热用挤塑聚苯乙烯泡沫塑料（XPS）》GB/T 10801.2 的有关规定：

（1）产品的主要规格尺寸见表 2-4，其他规格由供需双方商定，但允许偏差应符合表 2-5 的规定。

表 2-4　规格尺寸　　　　　　　　　　　　　　单位：mm

长度	宽度	厚度
L		h
1200，1250，2450，2500	600，900，1200	20，25，30，40，50，75，100

摘自 GB/T 10801.2—2002

表 2-5　允许偏差　　　　　　　　　　　　　　单位：mm

长度和宽度		厚度		对角线差	
尺寸 L	允许偏差	尺寸 h	允许偏差	尺寸 T	允许偏差
L<1000	±5	h<50	±2	T<1000	5
1000≤L<2000	±7.5			1000≤T<2000	7
L≥2000	±10	h≥50	±3	T≥2000	13

摘自 GB/T 10801.2—2002

（2）产品的外观质量：表面应平整、无杂物、颜色均匀，不应有明显影响使用的可见缺陷，如起泡、裂口、变形等。

（3）产品的物理机械性能应符合表 2-6 的规定。

（4）产品的燃烧性能按现行国家标准《建筑材料可燃料试验方法》GB/T 8626 进行检验，按《建筑材料及制品燃烧性能等级》GB 8624 产品的燃烧性能等级应达到 B₂ 级。

表 2-6 物理机械性能

项目		单位	性能指标										
			带表皮								不带表皮	
			X150	X200	X250	X300	X350	X400	X450	X500	W200	W300
压缩强度		kPa	≥150	≥200	≥250	≥300	≥350	≥400	≥450	≥500	≥200	≥300
吸水率，浸水96h		%（体积分数）	≤1.5		≤1.0						≤2.0	≤1.5
透湿系数，(23±1)℃，RH50%±5%		ng/(m·s·Pa)	≤3.5		≤3.0			≤2.0			≤3.5	≤3.0
绝热性能	热阻 厚度25mm时 平均温度 10℃ 25℃	(m²·K)/W			≥0.89 ≥0.83				≥0.93 ≥0.86			≥0.76 ≥0.71	≥0.83 ≥0.78
	导热系数 平均温度 10℃ 25℃	W/(m·K)			≤0.028 ≤0.030				≤0.027 ≤0.029			≤0.033 ≤0.035	≤0.030 ≤0.032
尺寸稳定性，(70±2)℃，48h		%	≤2.0		≤1.5			≤1.0			≤2.0	≤1.5

摘自 GB/T 10801.2—2002

3. 硬质聚异氰脲酸酯泡沫保温板

聚异氰脲酸酯泡沫塑料是以按重复结构链排列的异氰酸酯类的共聚物为主要成分的一类硬质泡沫塑料。

硬质聚异氰脲酸酯泡沫保温板的主要性能应符合现行国家标准《绝热用聚异氰脲酸酯制品》GB/T 25997 的规定：

（1）该产品按压缩强度分为 A 类（普通型）和 B 类（承重型），其中 B 类后用 I、II、III、IV 表示承重能力。产品的分类见表 2-7。

（2）板的规格尺寸和允许偏差见表 2-8。

（3）板的外观质量：表面应无伤痕、污迹、破损。

（4）产品的物理性能技术指标应符合表 2-9 的规定。

（5）产品的燃烧性能应满足 GB 8624 中 E 级要求，按 GB/T 8626 进行检验，火焰尖端不得到达距点火点 150mm 处，且不应有滴落物引燃滤纸现象。

（6）产品的腐蚀性：若用于覆盖铝、铜、钢材时，采用 90% 置信度的秩和检验法，对照样的秩和应不小于 21；若用于覆盖奥氏体不锈钢时，应符合《覆盖奥氏体不锈钢用绝热材料规范》GB/T 17393 的要求。

（7）最高使用温度在热面温度为 150℃ 的情况下，任何时刻试样内部温度不应超过热面温度，且不得出现翘曲、开裂、火焰、发光、阴燃和冒烟现象。试验后，质量、厚度的变化应不大于 5.0%，除颜色外，外观应无显著变化。

表 2-7 产品的分类

种类	分类	压缩强度（MPa）
普通型	A 类	≥0.15
承重型	BⅠ类	≥1.6
	BⅡ类	≥2.5
	BⅢ类	≥5.0
	BⅣ类	≥10

摘自 GB/T 25997—2010

表 2-8 板的规格尺寸和允许偏差 单位：mm

长、宽		对角线差	厚	
尺寸	允许偏差		尺寸	允许偏差
≤1000	±3	≤3	≤50	+2 0
1001～2000	±5	≤5	51～100	+3 0
2001～4000	±10	≤13		

摘自 GB/T 25997—2010

表 2-9 物理性能技术指标

项 目		技术指标				
		A	BⅠ	BⅡ	BⅢ	BⅣ
导热系数/ [W/（m·K）]	平均温度－20℃	≤0.029	≤0.035	≤0.042	≤0.047	≤0.070
	平均温度 25℃	≤0.029	≤0.038	≤0.045	≤0.050	≤0.080
	平均温度 70℃	≤0.035	≤0.044	≤0.052	≤0.056	≤0.090
体积吸水率/%		≤2.0	≤1.5	≤1.5	≤1.0	≤1.0
压缩强度/MPa		≥0.15	≥1.6	≥2.5	≥5.0	≥10
尺寸稳定性/ %	105℃，7d	≤5.0				
	－20℃，7d	≤1.0				
透湿系数/［ng/（Pa·m·s）］		≤5.8				

摘自 GB/T 25997—2010

4. 酚醛硬泡保温板

酚醛泡沫塑料是由苯酚和甲醛的缩聚物（如酚醛树脂）与其他添加剂如硬化剂、发泡剂、表面活性剂和填充剂等混合制成的一类多孔型硬质泡沫塑料。

酚醛硬泡保温板的主要性能应符合现行国家标准《绝热用硬质酚醛泡沫制品（PF）》GB/T 20974 的规定：

（1）绝热用硬质酚醛泡沫制品（PF）按其压缩强度和外形分为以下三类：Ⅰ类为管材或异型构件，压缩强度不小于 0.10MPa（用于管道、设备、通风管道等）；Ⅱ类为板材，压缩强度不小于 0.10MPa（用于墙体、空调风管、屋面、夹芯板等）；Ⅲ类为板材、异型构件，压缩强度不小 0.25MPa（用于地板、屋面、管道支撑等）。

27

（2）制品的外观应表面清洁，无明显收缩变形和膨胀变形，无明显分层、开裂，切口平直，切面整齐。

（3）制品的表观密度由供需双方协商确定，表观密度允许偏差为标称值的±10％以内。

（4）制品的规格尺寸由供需双方协商确定，管材和板材的尺寸允许偏差应符合表 2-10 的规定，其他制品的尺寸允许偏差由供需双方商定。

表 2-10　管材和板材的尺寸允许偏差　　　　　　　　　　　　　单位：mm

管　材			板　材		
项目		允许偏差	项目		允许偏差
长度 L		±5	长度 L	$L \leqslant 1000$	±5
内径 d	$d \leqslant 100$	+2 / 0		$L > 1000$	±7.5
	$100 < d \leqslant 300$	+3 / 0	宽度 W	$W \leqslant 600$	±3
	$d > 300$	+4 / 0		$W > 600$	±5
壁厚 t	$t \leqslant 50$	±2	厚度 t	$t \leqslant 50$	±2
	$t > 50$	±3		$t > 50$	±3

摘自 GB/T 20974—2014

（5）长度不大于 1000mm 的板材对角线差允许值不大于 3mm，长度大于 1000mm 的板材对角线差允许值不大于 5mm；板材的表面应平整，平整度不大于 2mm/m；板材侧边应平直，长度和宽度方向直线度不大于 3mm/m。

（6）管材的端面垂直度不大于 5mm。

（7）制品燃烧性能等级应符合 GB 8624 中 B_1 级材料的要求，且氧指数不小于 38％，烟密度等级（SDR）不大于 10。

（8）制品的物理力学性能应符合表 2-11 的规定。

表 2-11　制品的物理力学性能

序号	项　目		Ⅰ	Ⅱ	Ⅲ
1	压缩强度/MPa		≥0.10		≥0.25
2	弯曲断裂力/N		≥15		≥20
3	垂直于板面的拉伸强度/MPa[a]			≥0.08	—
4	压缩蠕变/%	80℃±2℃，20kPa 荷载 48h	—	—	≤3
5	尺寸稳定性/%	−40℃±2℃，7d	≤2.0		
		70℃±2℃，7d	≤2.0		
		130℃±2℃，7d	≤3.0		
6	导热系数 W/（m·K）	平均温度 10℃±2℃	≤0.032		≤0.038
		或平均温度 25℃±2℃	≤0.034		≤0.040

续表

序号	项　目		I	II	III
7	透湿系数 ng/(Pa·s·m)	23℃±1℃，相对湿度50%±2%	≤8.5	≤8.5	≤8.5
				2.0～8.5[a]	
8	体积吸水率(V/V)/%			≤7.0	
9	甲醛释放量/(mg/L)[b]			≤1.5	

[a] 用于墙体时。

[b] 用于有人长期居住室内时。

摘自 GB/T 20974—2014

2.4

普通防水层材料

建筑防水层材料是指应用于建（构）筑物中起着防潮、防渗、防漏，保护建（构）筑物不受水侵蚀破坏作用的一类功能材料。建筑防水材料一般可分为柔性防水材料和刚性防水材料。柔性防水材料主要有防水卷材、防水涂料、建筑密封材料等产品；刚性防水材料主要有防水混凝土、防水砂浆、瓦材等制品。

2.4.1　工程技术规范对防水材料提出的要求

普通防水材料的选择，应符合现行国家标准《屋面工程技术规范》GB 50345、《坡屋面工程技术规范》GB 50693 和《地下工程防水技术规范》GB 50108 的有关规定。

1)《屋面工程技术防范》GB 50345—2012 对防水卷材、防水涂料、防水密封材料提出的要求

(1) 屋面工程用防水材料标准应按表 2-12 选用。

(2) 高聚物改性沥青防水卷材的主要性能指标应符合表 2-13 的要求；合成高分子防水卷材的主要性能指标应符合表 2-14 的要求；基础处理剂、胶黏剂、胶黏带的主要性能应符合表 2-15 的要求；聚合物水泥防水胶结材料的主要性能指标应符合表 2-16 的要求。

(3) 高聚物改性沥青防水涂料的主要性能指标应符合表 2-17 的要求；合成高分子防水涂料的主要性能指标应符合表 2-18、表 2-19 的要求；聚合物水泥防水涂料的主要性能指标应符合表 2-20 的要求；胎体增强材料的主要性能指标应符合表 2-21 的要求。

表 2-12　屋面工程用防水材料标准

类别	标准名称	标准编号
改性沥青 防水卷材	1. 弹性体改性沥青防水卷材	GB 18242
	2. 塑性体改性沥青防水卷材	GB 18243
	3. 改性沥青聚乙烯胎防水卷材	GB 18967
	4. 带自粘层的防水卷材	GB/T 23260
	5. 自粘聚合物改性沥青防水卷材	GB 23441
高分子 防水卷材	1. 聚氯乙烯（PVC）防水卷材	GB 12952
	2. 氯化聚乙烯防水卷材	GB 12953
	3. 高分子防水材料　第 1 部分：片材	GB 18173.1
	4. 氯化聚乙烯-橡胶共混防水卷材	JC/T 684
防水涂料	5. 聚氨酯防水涂料	GB/T 19250
	6. 聚合物水泥防水涂料	GB/T 23445
	7. 水乳型沥青防水涂料	JC/T 408
	8. 溶剂型橡胶沥青防水涂料	JC/T 852
	9. 聚合物乳液建筑防水涂料	JC/T 864
密封材料	1. 硅酮建筑密封胶	GB/T 14683
	2. 建筑用硅酮结构密封胶	GB 16776
	3. 建筑防水沥青嵌缝油膏	JC/T 207
	4. 聚氨酯建筑密封胶	JC/T 482
	5. 聚硫建筑密封胶	JC/T 483
	6. 中空玻璃用弹性密封胶	JC/T 486
	7. 混凝土建筑接缝用密封胶	JC/T 881
	8. 幕墙玻璃接缝用密封胶	JC/T 882
	9. 彩色涂层钢板用建筑密封胶	JC/T 884
瓦	1. 玻纤胎沥青瓦	GB/T 20474
	2. 烧结瓦	GB/T 21149
	3. 混凝土瓦	JC/T 746
配套材料	1. 高分子防水卷材胶粘剂	JC/T 863
	2. 丁基橡胶防水密封胶粘带	JC/T 942
	3. 坡屋面用防水材料　聚合物改性沥青防水垫层	JC/T 1067
	4. 坡屋面用防水材料　自粘聚合物沥青防水垫层	JC/T 1068
	5. 沥青防水卷材用基层处理剂	JC/T 1069
	6. 自粘聚合物沥青泛水带	JC/T 1070
	7. 种植屋面用耐根穿刺防水卷材	JC/T 1075

摘自 GB/T 50345—2012

表 2-13 高聚物改性沥青防水卷材主要性能指标

项 目		指 标				
		聚酯毡胎体	玻纤毡胎体	聚乙烯胎体	自粘聚酯胎体	自粘无胎体
可溶物含量（g/m²）		3mm 厚≥2100 4mm 厚≥2900		—	2mm 厚≥1300 3mm 厚≥2100	—
拉力（N/50mm）		≥500	纵向≥350	≥200	2mm 厚≥350 3mm 厚≥450	≥150
延伸率（%）		最大拉力时 SBS≥30 APP≥25	—	断裂时 ≥120	最大拉力时 ≥30	最大拉力时 ≥200
耐热度（℃，2h）		SBS 卷材 90，APP 卷材 110，无滑动、流淌、滴落		PEE 卷材 90，无流淌、起泡	70，无滑动、流淌、滴落	70，滑动不超过 2mm
低温柔性（℃）		SBS 卷材−20；APP 卷材−7；PEE 卷材−20		−20		
不透水性	压力（MPa）	≥0.3	≥0.2	≥0.4	≥0.3	≥0.2
	保持时间（min）	≥30				≥120

注：SBS 卷材为弹性体改性沥青防水卷材；APP 卷材为塑性体改性沥青防水卷材；PEE 卷材为改性沥青聚乙烯胎防水卷材。

摘自 GB 50345—2012

表 2-14 合成高分子防水卷材主要性能指标

项 目		指 标			
		硫化橡胶类	非硫化橡胶类	树脂类	树脂类（复合片）
断裂拉伸强度（MPa）		≥6	≥3	≥10	≥60 N/10mm
扯断伸长率（%）		≥400	≥200	≥200	≥400
低温弯折（℃）		−30	−20	−25	−20
不透水性	压力（MPa）	≥0.3	≥0.2	≥0.3	≥0.3
	保持时间（min）	≥30			
加热收缩率（%）		＜1.2	＜2.0	≤2.0	≤2.0
热老化保持率（80℃×168h，%）	断裂拉伸强度	≥80		≥85	≥80
	扯断伸长率	≥70		≥80	≥70

摘自 GB 50345—2012

表 2-15 基层处理剂、胶粘剂、胶粘带主要性能指标

项 目	指 标			
	沥青基防水卷材用基层处理剂	改性沥青胶粘剂	高分子胶粘剂	双面胶粘带
剥离强度（N/10mm）	≥8	≥8	≥15	≥6
浸水 168h 剥离强度保持率（%）	≥8 N/10mm	≥8 N/10mm	70	70
固体含量（%）	水性≥40 溶剂性≥30	—	—	—
耐热性	80℃无流淌	80℃无流淌	—	—
低温柔性	0℃无裂纹	0℃无裂纹	—	—

摘自 GB 50345—2012

表 2-16 聚合物水泥防水胶结材料主要性能指标

项 目		指 标
与水泥基层的拉伸粘结强度（MPa）	常温 7d	≥0.6
	耐水	≥0.4
	耐冻融	≥0.4
可操作时间（h）		≥2
抗渗性能（MPa，7d）	抗渗性	≥1.0
抗压强度（MPa）		≥9
柔韧性 28d	抗压强度/抗折强度	≤3
剪切状态下的粘合性（N/mm，常温）	卷材与卷材	≥2.0
	卷材与基底	≥1.8

摘自 GB 50345—2012

表 2-17 高聚物改性沥青防水涂料主要性能指标

项 目		指 标	
		水乳型	溶剂型
固体含量（%）		≥45	≥48
耐热性（80℃，5h）		无流淌、起泡、滑动	
低温柔性（℃，2h）		—15，无裂纹	—15，无裂纹
不透水性	压力（MPa）	≥0.1	≥0.2
	保持时间（min）	≥30	≥30
断裂伸长率（%）		≥600	—
抗裂性（mm）		—	基层裂缝 0.3mm，涂膜无裂纹

摘自 GB 50345—2012

表 2-18　合成高分子防水涂料（反应型固化）主要性能指标

项　　目		指　　标	
		Ⅰ类	Ⅱ类
固体含量（%）		单组分≥80；多组分≥92	
拉伸强度（MPa）		单组分，多组分≥1.9	单组分，多组分≥2.45
断裂伸长率（%）		单组分≥550；多组分≥450	单组分，多组分≥450
低温柔性（℃，2h）		单组分－40；多组分－35，无裂纹	
不透水性	压力（MPa）	≥0.3	
	保持时间（min）	≥30	

注：产品按拉伸性能分Ⅰ类和Ⅱ类。

摘自 GB 50345—2012

表 2-19　合成高分子防水涂料（挥发型固化）主要性能指标

项　　目		指　　标
固体含量（%）		≥65
拉伸强度（MPa）		≥1.5
断裂伸长率（%）		≥300
低温柔性（℃，2h）		－20，无裂纹
不透水性	压力（MPa）	≥0.3
	保持时间（min）	≥30

摘自 GB 50345—2012

表 2-20　聚合物水泥防水涂料主要性能指标

项　　目		指　　标
固体含量（%）		≥70
拉伸强度（MPa）		≥1.2
断裂伸长率（%）		≥200
低温柔性（℃，2h）		－10，无裂纹
不透水性	压力（MPa）	≥0.3
	保持时间（min）	≥30

摘自 GB 50345—2012

表 2-21　胎体增强材料主要性能指标

项目			指　　标	
			聚酯无纺布	化纤无纺布
外观			均匀，无团状，平整无折皱	
拉力 （N/50mm）		纵向	≥150	≥45
		横向	≥100	≥35
延伸率 （%）		纵向	≥10	≥20
		横向	≥20	≥25

摘自 GB 50345—2012

（4）合成高分子密封材料的主要性能指标应符合表 2-22 的要求；改性石油沥青密封材料的主要性能指标应符合表 2-23 的要求。

表 2-22 合成高分子密封材料主要性能指标

项　目		指　标						
		25LM	25HM	20LM	20HM	12.5E	12.5P	7.5P
拉伸模量 （MPa）	23℃ −20℃	≤0.4 和 ≤0.6	>0.4 或 >0.6	≤0.4 和 ≤0.6	>0.4 或 >0.6	—		
定伸粘结性		无破坏					—	
浸水后定伸粘结性		无破坏					—	
热压冷拉后粘结性		无破坏					—	
拉伸压缩后粘结性		—					无破坏	
断裂伸长率（%）		—					≥100	≥20
浸水后断裂伸长率（%）		—					≥100	≥20

注：产品按位移能力分为 25、20、12.5、7.5 四个级别；25 级和 20 级密封材料按伸拉模量分为低模量（LM）和高模量（HM）两个次级别；12.5 级密封材料按弹性恢复率分为弹性（E）和塑性（P）两个次级别。

摘自 GB 50345—2012

表 2-23 改性石油沥青密封材料主要性能指标

项　目		指　标	
		Ⅰ类	Ⅱ类
耐热性	温度（℃）	70	80
	下垂值(mm)	≤4.0	
低温柔性	温度（℃）	−20	−10
	粘结状态	无裂纹和剥离现象	
拉伸粘结性（%）		≥125	
浸水后拉伸粘结性（%）		125	
挥发性（%）		≤2.8	
施工度（mm）		≥22.0	≥20.0

注：产品按耐热度和低温柔性分为Ⅰ类和Ⅱ类。

摘自 GB 50345—2012

2）《坡屋面工程技术规范》GB 50693—2011 对防水卷材提出的要求

（1）聚氯乙烯（PVC）防水卷材的主要性能应符合现行国家标准《聚氯乙烯防水卷材》GB 12952 的有关规定。采用机械固定法铺设时，应选用具有织物内增强的产品。主要性能应符合表 2-24 的规定。

表 2-24 聚氯乙烯（PVC）防水卷材主要性能

试验项目	性能要求
最大拉力（N/cm）	≥250
最大拉力时延伸率（%）	≥15
热处理尺寸变化率（%）	≤0.5
低温弯折性	−25℃，无裂纹
不透水性（0.3MPa，2h）	不透水
接缝剥离强度（N/mm）	≥3.0

续表

试验项目		性能要求
钉杆撕裂强度（横向）（N）		≥600
人工气候加速老化 （2500h）	最大拉力保持率（%）	≥85
	伸长率保持率（%）	≥80
	低温弯折性（－20℃）	无裂纹

摘自 GB 50693—2011

（2）三元乙丙橡胶（EPDM）防水卷材的主要性能应符合表 2-25 的规定。采用机械固定法铺设时，应选用具有织物内增强的产品。

表 2-25　三元乙丙橡胶（EPDM）防水卷材主要性能

试验项目		性能要求	
		无增强	内增强
最大拉力（N/10mm）		—	≥200
拉伸强度（MPa）		≥7.5	—
最大拉力时延伸率（%）		—	≥15
断裂延伸率（%）		≥450	—
不透水性（0.3MPa，30min）		无渗漏	
钉杆撕裂强度（横向）（N）		≥200	≥500
低温弯折性		－40℃，无裂纹	
臭氧老化（500pphm，50%，168h）		无裂纹	
热处理尺寸变化率（%）		≤1	
接缝剥离强度（N/mm）		≥2.0 或卷材破坏	
人工气候加速老化 （2500h）	拉力（强度）保持率（%）	≥80	
	延伸率保持率（%）	≥70	
	低温弯折性（℃）	－35	

摘自 GB 50693—2011

（3）热塑性聚烯烃（TPO）防水卷材的主要性能应符合表 2-26 的规定。采用机械固定法铺设时，应选用具有织物内增强的产品。

表 2-26　热塑性聚烯烃（TPO）防水卷材主要性能

试验项目	性能要求
最大拉力（N/cm）	≥250
最大拉力时延伸率（%）	≥15
热处理尺寸变化率（%）	≤0.5
低温弯折性	－40℃，无裂纹
不透水性（0.3MPa，2h）	不透水
臭氧老化（500pphm，168h）	无裂纹
接缝剥离强度（N/mm）	≥3.0
钉杆撕裂强度（横向）（N）	≥600

试验项目		性能要求
人工气候加速老化 （2500h）	最大拉力保持率（%）	≥90
	伸长率保持率（%）	≥90
	低温弯折性（℃）	−40，无裂纹

摘自 GB 50693—2011

（4）弹性体（SBS）改性沥青防水卷材的主要性能应符合现行国家标准《弹性体改性沥青防水卷材》GB 18242 的有关规定。采用机械固定法铺设时，应选用具有玻纤增强聚酯胎基的产品。外露卷材的表面应覆有页岩片、粗矿物颗粒等耐候性保护材料。

（5）塑性体（APP）改性沥青防水卷材的主要性能应符合现行国家标准《塑性体改性沥青防水卷材》GB 18243 的有关规定。采用机械固定法铺设时，应选用具有玻纤增强聚酯胎基的产品。外露卷材的表面应覆有页岩片、粗矿物颗粒等耐候性保护材料。

（6）屋面防水层应采用耐候性防水卷材。选用的防水卷材人工气候老化试验辐照时间不应少于 2500h。

（7）三元乙丙橡胶防水卷材的搭接胶带其主要性能应符合表 2-27 的规定。

表 2-27　搭接胶带主要性能

试验项目	性能要求
持粘性（min）	≥20
耐热性（80℃，2h）	无流淌、龟裂、变形
低温柔性	−40℃，无裂纹
剪切状态下粘合性（卷材）（N/mm）	≥2.0
剥离强度（卷材）（N/mm）	≥0.5
热处理剥离强度保持率（卷材，80℃，168h）（%）	≥80

摘自 GB 50693—2011

3）《地下工程防水技术规范》GB 50108—2008 对防水卷材、防水涂料、防水砂浆提出的要求

（1）防水卷材的品种规格和层数，应根据地下工程的防水等级、地下水位的高低及水压力作用状况、结构构造形式和施工工艺等因素来确定。卷材防水层的卷材品种可按照表 2-28 选用，并应符合以下规定：①卷材的外观质量、品种规格应符合国家现行有关标准的规定；②卷材及其胶粘剂应具有良好的耐水性、耐久性、耐穿刺性、耐腐蚀性和耐菌性。

表 2-28　卷材防水层的卷材品种

类　　别	品种名称
高聚物改性沥青类防水卷材	弹性体改性沥青防水卷材
	改性沥青聚乙烯胎防水卷材
	自粘聚合物改性沥青防水卷材
合成高分子类防水卷材	三元乙丙橡胶防水卷材
	聚氯乙烯防水卷材
	聚乙烯丙纶复合防水卷材
	高分子自粘胶膜防水卷材

摘自 GB 50108—2008

高聚物改性沥青类防水卷材的主要物理性能，应符合表 2-29 的要求；合成高分子类防水卷材的主要物理性能，应符合表 2-30 的要求；粘贴各类防水卷材应采用与卷材材性相容的胶黏材料，其粘结质量应符合表 2-31 的要求；聚乙烯丙纶复合防水卷材应采用聚合物水泥防水粘结材料，其物理性能应符合表 2-32 的要求。

表 2-29　高聚物改性沥青类防水卷材的主要物理性能

项　目		性能要求				
		弹性体改性沥青防水卷材			自粘聚合物改性沥青防水卷材	
		聚酯毡胎体	玻纤毡胎体	聚乙烯膜胎体	聚酯毡胎体	无胎体
可溶物含量（g/m²）		3mm 厚≥2100 4mm 厚≥2900			3mm 厚≥2100	—
拉伸性能	拉力（N/50mm）	≥800（纵横向）	≥500（纵横向）	≥140（纵向） ≥120（横向）	≥450（纵横向）	≥180（纵横向）
	延伸率（%）	最大拉力时 ≥40 纵横向	—	断裂时≥250（纵横向）	最大拉力时 ≥30 纵横向	断裂时≥200（纵横向）
低温柔度（℃）		－25，无裂纹				
热老化后低温柔度（℃）		－20，无裂缝		－22，无裂纹		
不透水性		压力 0.3MPa，保持时间 120min，不透水				

摘自 GB 50108—2008

表 2-30　合成高分子类防水卷材的主要物理性能

项　目	性能要求			
	三元乙丙橡胶防水卷材	聚氯乙烯防水卷材	聚乙烯丙纶复合防水卷材	高分子自粘胶膜防水卷材
断裂拉伸强度	≥7.5MPa	≥12MPa	≥60N/10mm	≥100N/10mm
断裂伸长率	≥450%	≥250%	≥300%	≥400%
低温弯折性	－40℃，无裂纹	－20℃，无裂纹	－20℃，无裂纹	－20℃，无裂纹
不透水性	压力 0.3MPa，保持时间 120min，不透水			
撕裂强度	≥25kN/m	≥40kN/m	≥20N/10mm	≥120N/10mm
复合强度（表层与芯层）	—	—	≥1.2N/mm	—

摘自 GB 50108—2008

表 2-31　防水卷材粘结质量要求

项　目		自粘聚合物改性沥青防水卷材粘合面		三元乙丙橡胶和聚氯乙烯防水卷材胶粘剂	合成橡胶胶粘带	高分子自粘胶膜防水卷材粘合面
		聚酯毡胎体	无胎体			
剪切状态下的粘合性（卷材-卷材）	标准试验条件（N/10mm）≥	40 或卷材断裂	20 或卷材断裂	20 或卷材断裂	20 或卷材断裂	40 或卷材断裂
粘结剥离强度（卷材-卷材）	标准试验条件（N/10mm）≥	15 或卷材断裂		15 或卷材断裂	4 或卷材断裂	—
	浸水 168h 后保持率（%）≥	70		70	80	—
与混凝土粘结强度（卷材-混凝土）	标准试验条件（N/10mm）≥	15 或卷材断裂		15 或卷材断裂	6 或卷材断裂	20 或卷材断裂

摘自 GB 50108—2008

表 2-32　聚合物水泥防水粘结材料物理性能

项　目		性能要求
与水泥基面的粘结拉伸强度（MPa）	常温 7d	≥0.6
	耐水性	≥0.4
	耐冻性	≥0.4
可操作时间（h）		≥2
抗渗性（MPa，7d）		≥1.0
剪切状态下的粘合性（N/mm，常温）	卷材与卷材	≥2.0 或卷材断裂
	卷材与基底	≥1.8 或卷材断裂

摘自 GB 50108—2008

（2）防水涂料有无机防水涂料和有机防水涂料。无机防水涂料可选用掺外加剂、掺合料的水泥基防水涂料、水泥基渗透结晶型防水涂料。有机防水涂料可选用反应型、水乳型、聚合物水泥等防水涂料。

涂料防水层所选用的涂料应符合以下规定：①应具有良好的耐水性、耐久性、耐腐蚀性及耐菌性；②应无毒、难燃、低污染；③无机防水涂料应具有良好的干湿粘结性和耐磨性，有机防水涂料应具有较好的延伸性及较大适应基层变形能力。

无机防水涂料的性能指标应符合表 2-33 的规定；有机防水涂料的性能指标应符合表 2-34 的规定。

表 2-33　无机防水涂料的性能指标

涂料种类	抗折强度（MPa）	粘结强度（MPa）	一次抗渗性（MPa）	二次抗渗性（MPa）	冻融循环（次）
掺外加剂、掺合料水泥基防水涂料	≥4	≥1.0	＞0.8	—	＞50
水泥基渗透结晶型防水涂料	≥4	≥1.0	＞1.0	＞0.8	＞50

摘自 GB 50108—2008

表 2-34　有机防水涂料的性能指标

涂料种类	可操作时间（min）	潮湿基面粘结强度（MPa）	抗渗性（MPa）			浸水 168h 后拉伸强度（MPa）	浸水 168h 后断裂伸长率（%）	耐水性（%）	表干（h）	实干（h）
			涂膜（120min）	砂浆迎水面	砂浆背水面					
反应型	≥20	≥0.5	≥0.3	≥0.8	≥0.3	≥1.7	≥400	≥80	≤12	≤24
水乳型	≥50	≥0.2	≥0.3	≥0.8	≥0.3	≥0.5	≥350	≥80	≤4	≤12
聚合物水泥	≥30	≥1.0	≥0.3	≥0.8	≥0.6	≥1.5	≥80	≥80	≤4	≤12

注：1. 浸水 168h 后的拉伸强度和断裂伸长率是在浸水取出后只经擦干即进行试验所得的值。
　　2. 耐水性指标是指材料浸水 168h 后取出擦干即进行试验，其粘结强度及抗渗性的保持率。

摘自 GB 50108—2008

（3）防水砂浆有聚合物水泥防水砂浆、掺外加剂或掺合料的防水砂浆等。防水砂浆的主要性能应符合表 2-35 的要求。

表 2-35 防水砂浆主要性能要求

防水砂浆种类	粘结强度 （MPa）	抗渗性 （MPa）	抗折强度 （MPa）	干缩率 （%）	吸水率 （%）	冻融循环 （次）	耐碱性	耐水性 （%）
掺外加剂、掺合料的防水砂浆	＞0.6	≥0.8	同普通砂浆	同普通砂浆	≤3	＞50	10% NaOH 溶液浸泡 14d 无变化	—
聚合物水泥防水砂浆	＞1.2	≥1.5	≥8.0	≤0.15	≤4	＞50	—	≥80

注：耐水性指标是指砂浆浸水 168h 后材料的粘结强度及抗渗性的保持率。

摘自 GB 50108—2008

2.4.2 常用于种植屋面的防水材料品种

常用于种植屋面的防水材料品种众多，现择要介绍如下：

2.4.2.1 防水卷材

防水卷材是指以沥青、改性沥青、合成高分子材料为基料，经过多种工艺加工而成的长条片状、可卷曲成卷状的一类柔性防水材料。按其基料的不同，可分为沥青防水卷材、改性沥青防水卷材和合成高分子防水卷材。

1. 弹性体改性沥青防水卷材

弹性体改性沥青防水卷材建材 SBS 防水卷材，是以聚酯毡、玻纤毡、玻纤增强聚酯毡为胎基，以苯乙烯-丁二烯-苯乙烯（SBS）热塑性弹性体作为石油沥青改性剂，两面覆以隔离材料而制成的防水卷材。其产品已发布了国家标准《弹性体改性沥青防水卷材》GB 18242—2008。

弹性体改性沥青防水卷材综合性能强，具有良好的耐高温和耐低温以耐老化性能，适用于一般工业和民用建筑工程防水处，尤其适用于高层建筑的屋面和地下工程的防水、防潮以及桥梁、停车场、游泳池、隧道、蓄水池等建筑工程的防水。玻纤增强聚酯毡卷材可用于机械固定单层防水，但需通过抗风荷载试验。玻纤毡卷材适用于多层防水中的底层防水。外露使用采用上表面隔离材料为不透明的矿物粒料的防水卷材。地下工程防水采用表面隔离材料为细砂（细砂为其粒径不超过 0.60mm 的矿物颗粒）的防水卷材。产品拉伸强度高、延伸率大、自重轻、耐老化、施工简便，既可以采用热熔工艺施工，又可用于冷粘结施工。

产品的技术性能要求如下：

（1）产品按其胎基可分为聚酯毡（PY）、玻纤毡（G）、玻纤增强聚酯毡（PYG）；按其上表面隔离材料可分为聚乙烯膜（PE）、细砂（S）、矿物粒料（M）；按其下表面隔离材料可分为细砂（S）、聚乙烯膜（PE）；按其材料性能可分为Ⅰ型和Ⅱ型。

（2）产品的规格要求如下：①卷材公称宽度为 1000mm；②聚酯毡卷材公称厚度为 3mm、4mm、5mm；玻纤毡卷材公称厚度为 3mm、4mm；玻纤增强聚酯毡卷材公称厚度为 5mm；③每卷卷材公称面积为 7.5m²、10m²、15m²。

（3）产品的单位面积质量、面积及厚度应符合表 2-36 的规定。

表 2-36　弹（塑）性体改性沥青防水卷材单位面积质量、面积及厚度

规格（公称厚度）/mm		3			4			5		
上表面材料		PS	S	M	PS	S	M	PS	S	M
下表面材料		PE	PE、S		PE	PE、S		PE	PE、S	
面积/(m²/卷)	公称面积	10、15			10、7.5			7.5		
	偏差	±0.10			±0.10			±0.10		
单位面积质量/(kg/m²)≥		3.3	3.5	4.0	4.3	4.5	5.0	5.3	5.5	6.0
厚度/mm	平均值≥	3.0			4.0			5.0		
	最小单值	2.7			3.7			4.7		

摘自 GB 18242—2008

（4）产品的外观要求如下：①成卷卷材应卷紧卷齐，端面里进外出差不得超过 10mm；②成卷卷材在 4～50℃任一产品温度下展开，在距卷芯 1000mm 长度外不应有 10mm 以上裂纹或黏结；③胎基应浸透，不应有未被浸渍处；④卷材表面应平整，不允许有孔洞、缺边和裂口、疙瘩，矿物粒料粒度应均匀一致并紧密地粘附于卷材表面；⑤每卷卷材接头处不应超过 1 个，较短的一段不应少于 1000mm，接头应剪切整齐，并加长 150mm。

（5）产品的材料性能应符合表 2-37 的要求。

表 2-37　弹性体改性沥青防水卷材材料性能

序号	项　目		指　标				
			I		II		
			PY	G	PY	G	PYG
1	可溶物含量/(g/m²)≥	3mm	2100				—
		4mm	2900				—
		5mm	3500				
		试验现象	—	胎基不燃	—	胎基不燃	—
2	耐热性	℃	90		105		
		≤mm	2				
		试验现象	无流淌、滴落				
3	低温柔性/℃		—20		—25		
			无裂缝				
4	不透水性 30min		0.3MPa	0.2MPa	0.3MPa		
5	拉力	最大峰拉力/(N/50mm)≥	500	350	800	500	900
		次高峰拉力/(N/500mm)≥	—				800
		试验现象	拉伸过程中，试件中部无沥青涂盖层开裂或与胎基分离现象				

续表

序号	项目			I		II		
				PY	G	PY	G	PYG
6	延伸率	最大峰时延伸率/% ≥		30	—	40	—	—
		第二峰时延伸率/% ≥		—		—		15
7	浸水后质量增加/% ≤	PE、S		1.0				
		M		2.0				
6	热老化	拉力保持率/% ≥		90				
		延伸率保持率/% ≥		80				
		低温柔性/℃		−15		−20		
				无裂缝				
		尺寸变化率/% ≤		0.7	—	0.7	—	0.3
		质量损失/% ≤		1.0				
9	渗油性	张数 ≤		2				
10	接缝剥离强度/(N/mm) ≥			1.5				
11	钉杆撕裂强度[a]/N ≥			—				300
12	矿物粒料粘附性[b]/g ≤			2.0				
13	卷材下表面沥青涂盖层厚度[c]/mm ≥			1.0				
14	人工气候加速老化	外观		无滑动、流淌、滴落				
		拉力保持率/% ≥		80				
		低温柔性/℃		−15		−20		
				无裂缝				

[a] 仅适用于单层机械固定施工方式卷材。

[b] 仅适用于矿物粒料表面的卷材。

[c] 仅适用于热熔施工的卷材。

摘自 GB 18242—2008

2. 塑性体改性沥青防水卷材

塑性体改性沥青防水卷材是以聚酯毡、玻纤毡或玻纤增强聚酯毡为胎基，以无规聚丙烯(APP)或聚烯烃类聚合物(APAO、APO)作石油沥青改性剂，两面覆以隔离材料所制成的一类防水卷材，简称APP防水卷材。其产品已发布了国家标准《塑性体改性沥青防水卷材》GB 18243—2008。

塑性体改性沥青防水卷材适用于工业与民用建筑的屋面和地下防水工程。玻纤增强聚酯毡防水卷材可应用于机械固定单层防水，但其需通过抗风荷载试验；玻纤毡防水卷材适用于多层防水中的底层防水；外露使用时可采用上表面隔离材料为不透明的矿物粒料的防水卷材，地下工程防水可采用表面隔离材料为细砂的防水卷材。

产品具有良好的拉伸强度和延伸率，良好的憎水性和粘结性，既可以采用冷粘法工艺施工，又可以采用热熔法工艺施工，且无污染，可在混凝土板、塑料板、木板、金属板等基面上施工。

1）产品的技术性能要求如下：

（1）产品按其胎基可分为聚酯毡（PY）、玻纤毡（G）、玻纤增强聚酯毡（PYG）；按其上表面隔离材料可分为聚乙烯膜（PE）、细砂（S）、矿物粒料（M）；按其下表面隔离材料可分为细砂（S）、聚乙烯膜（PE）；按其材料性能可分为Ⅰ型和Ⅱ型。

（2）产品的规格要求如下：①卷材公称宽度为 1000mm；②聚酯毡卷材公称厚度为 3mm、4mm、5mm；玻纤毡卷材公称厚度为 3mm、4mm；玻纤增强聚酯毡卷材公称厚度为 5mm；③每卷卷材公称面积为 7.5m²、10m²、15m²。

2）产品的单位面积质量、面积及厚度应符合表 2-36 的规定。

（1）产品的外观要求如下：①成卷卷材应卷紧卷齐，端面里进外出差不得超过 10mm；②成卷卷材在 4～60℃任一产品温度下展开，在距卷芯 1000mm 长度外不应有 10mm 以上裂纹或黏结；③胎基应浸透，不应有未被浸渍处；④卷材表面应平整，不允许有孔洞、缺边和裂口、疙瘩，矿物粒料粒度应均匀一致并紧密地粘附于卷材表面；⑤每卷卷材接头处不应超过 1 个，较短的一段不应少于 1000mm，接头应剪切整齐，并加长 150mm。

（2）产品的材料性能应符合表 2-38 的要求。

表 2-38　塑性体改性沥青防水卷材材料性能

序号	项　目		指　标				
			Ⅰ		Ⅱ		
			PY	G	PY	G	PYG
1	可溶物含量/（g/m³），≥	3mm	2100				—
		4mm	2900				—
		5mm	3500				
		试验现象	—	胎基不燃	—	胎基不燃	
2	耐热性	℃	110		130		
		≤mm	2				
		试验现象	无流淌、滴落				
3	低温柔性/℃		−7		−15		
			无裂缝				
4	不透水性，30min		0.3MPa	0.2MPa	0.3MPa		
5	拉力	最大峰拉力/（N/50mm），≥	500	350	800	500	900
		次高峰拉力/（N/50mm），≥	—	—	—	—	800
		试验现象	拉伸过程中，试件中部无沥青涂盖层开裂或与胎基分离现象				
6	延伸率	最大峰时延伸率/%，≥	25		40		—
		第二峰时延伸率/%，≥	—		—		15
7	浸水后质量增加/%，≤	FE、S	1.0				
		M	2.0				
8	热老化	拉力保持率/%，≥	90				
		延伸率保持率/%，≥	80				
		低温柔性/℃	−2		−10		
			无裂缝				
		尺寸变化率/%，≤	0.7		0.7		0.3
		质量损失/%，≤	1.0				

续表

序号	项　目		指　标				
			I		II		
			PY	G	PY	G	PYG
9	接缝剥离强度/（N/mm）	≥	1.0				
10	钉杆撕裂强度/N	≥	—				300
11	矿物粒料粘附性c/g	≤	2.0				
12	卷材下表面沥青涂盖层厚度c/mm	≥	≥1.0				
13	人工气候加速老化	外观	无滑动、流淌、滴落				
		拉力保持率/%，≥	80				
		低温柔性/℃	−2		−10		
			无裂缝				

a　仅适用于单层机械固定施工方式卷材。

b　仅适用于矿物粒料表面的卷材。

c　仅适用于热熔施工的卷材。

摘自 GB 18243—2008

3. 改性沥青聚乙烯胎防水卷材

改性沥青聚乙烯胎防水卷材是指以高密度聚乙烯膜为胎基，上下两面为改性沥青或自粘沥青，表面覆盖隔离材料制成的防水卷材。改性沥青聚乙烯胎防水卷材适用于工业与民用建筑的防水工程，上表面覆盖聚乙烯膜的防水卷材适用于非外露的建筑与基础设施的防水工程。此类产品已发布国家标准《改性沥青聚乙烯胎防水卷材》GB 18967—2009。

按产品的施工工艺可分为热熔型（代号：T）和自粘型（代号：S）两种。热熔型产品按改性剂的成分分为改性氧化沥青防水卷材（代号：O）、丁苯橡胶改性氧化沥青防水卷材（代号：M）、高聚物改性沥青防水卷材（代号：P）、高聚物改性沥青耐根穿刺防水卷材（代号：R）四类，其中改性氧化沥青防水卷材是指用添加改性剂的沥青氧化后制成的防水卷材；丁苯橡胶改性氧化沥青防水卷材是指用丁苯橡胶和树脂将氧化沥青改性后制成的防水卷材；高聚物改性沥青防水卷材是指用苯乙烯-丁二烯-苯乙烯（SBS）等高聚物将沥青改性后制成的防水卷材；高聚物改性沥青耐根穿刺防水卷材是指以高密度聚乙烯膜（代号：E）为胎基，上下表面覆以高聚物改性沥青，并以聚乙烯膜为隔离材料而制成的具有耐根穿刺功能的防水卷材。自粘防水卷材是指以高密度聚乙烯膜为胎基，上下表面为自粘聚合物改性沥青，表面覆盖防粘材料制成的防水卷材。

热熔型卷材的上下表面隔离材料为聚乙烯膜。自粘型卷材的上下表面隔离材料为防粘材料。

改性沥青聚乙烯胎防水卷材产品的技术性能要求如下：

（1）产品的规格：热熔型厚度为 3.0mm、4.0mm，其中耐根穿刺卷材为 4.0mm；自粘型厚度为 2.0mm、3.0mm。公称宽度为 1000mm、1100mm；公称面积：每卷面积为 $10m^2$、$11m^2$。生产其他规格的卷材，可由供需双方协商确定。

（2）单位面积质量及规格尺寸应符合表 2-39 的规定。

表 2-39　单位面积质量及规格尺寸

公称厚度/mm			2	3	4
单位面积质量/（kg/m²）		≥	2.1	3.1	4.2
每卷面积偏差/m³			±0.2		
厚度/mm	平均值	≥	2.0	3.0	4.0
	最小单值	≥	1.8	2.7	3.7

摘自 GB 18967—2009

（3）产品的外观要求：①成卷卷材应卷紧卷齐，端面里进外出不得超过 20mm；②成卷卷材在 4～45℃任一产品温度下展开，在距卷芯 1000mm 长度外不应有裂纹或长度 10mm 以上的粘结；③卷材表面应平整，不允许有孔洞、缺边和裂口、疙瘩或任何其他能观察到的缺陷存在；④每卷卷材接头处不应超过一个，较短的一段长度不应少于 1000mm，接头应剪切整齐，并加长 150mm。

（4）产品的物理力学性能应符合表 2-40 的要求。高聚物改性沥青耐根穿刺防水卷材（R）的性能除了应符合表 2-40 的要求外，其耐根穿刺与耐霉菌腐蚀性能还应符合建材行业标准《种植屋面用耐根穿刺防水卷材》JC/T 1075—2008 提出的要求，见本章 2.5 耐根穿刺防水层材料。

表 2-40　改性沥青聚乙烯胎防水卷材的物理力学性能

序号	项目			技术指标				
				T				S
				O	M	P	R	M
1	不透水性			0.4MPa，30min 不透水				
2	耐热度/℃			90				70
				无流淌，无起泡				
3	低温柔度/℃			−5	−10	−20	−20	−20
				无裂纹				
4	拉伸性能	拉力/（N/50mm），≥	纵向	200			400	200
			横向					
		断裂延伸率/%，≥	纵向	120				
			横向					
5	尺寸稳定性	℃		90				70
		%，≤		2.5				
6	卷材下表面沥青涂盖层厚度/mm			1.0				—
7	剥离强度/（N/mm）≥	卷材与卷材		—				1.0
		卷材与铝板						1.5
8	钉杆水密性			—				通过
9	持粘性/min，≥							15
10	自粘沥青再剥离强度（与铝板）/（N/mm），≥			—				1.5
11	热空气老化	纵向拉力/（N/50mm），≥		200			400	200
		纵向断裂延伸率/%，≥		120				
		低温柔度/℃		−5	0	−10	−10	−10
				无裂纹				

摘自 GB 18967—2009

4. 自粘聚合物改性沥青防水卷材

自粘聚合物改性沥青防水卷材是指以自粘聚合物改性沥青为基料，非外露使用的无胎基或采用聚酯胎基增强的一类本体自粘防水卷材。此类产品简称自粘卷材，有别于仅在表面覆以自粘层的聚合物改性沥青防水卷材。此类产品已发布了国家标准《自粘聚合物改性沥青防水卷材》GB 23441—2009。

此类产品按其有无胎基增强可分为无胎基（N 类）自粘聚合物改性沥青防水卷材、聚酯胎基（PY类）自粘聚合物改性沥青防水卷材。N 类按上表面材料分为聚乙烯膜（PE）、聚酯膜（PET）、无膜双面自粘（D）；PY 类按上表面材料分为聚乙烯膜（PE）、细砂（S）、无膜双面自粘（D）。产品按其性能分为Ⅰ型和Ⅱ型，卷材厚度为 2.0mm 的 PY 类只有Ⅰ型。

产品的技术性能要求如下：

（1）卷材公称宽度为 1000mm、2000mm；卷材的公称面积为 10m²、15m²、20m²、30m²；卷材的厚度为：N 类：1.2mm、1.5mm、2.0mm；PY 类：2.0mm、3.0mm、4.0mm；其他规格可由供需双方商定。

（2）面积不小于产品面积标记值的 99％；N 类单位面积质量、厚度应符合表 2-41 的规定；PY 类单位面积质量、厚度应符合表 2-42 的规定；由供需双方商定的规格，厚度 N 类不得小于 1.2mm，PY类不得小于 2.0mm。

（3）产品外观质量要求：①成卷卷材应卷紧卷齐，端面里进外出不得超过 20mm；②成卷卷材在 4～45℃任一产品温度下展开，在距卷芯 1000mm 长度外不应有裂纹或长度 10mm 以上的粘结；③PY 类产品，其胎基应浸透，不应有未被浸渍的浅色条纹；④卷材表面应平整，不允许有孔洞、结块、气泡、缺边和裂口，上表面为细砂的，细砂应均匀一致并紧密地粘附于卷材表面；⑤每卷卷材接头不应超过一个，较短的一段长度不应少于 1000mm，接头应剪切整齐，并加长 150mm。

（4）N 类卷材物理力学性能应符合表 2-43 的规定；PY 类卷材物理力学性能应符合表 2-44 的规定。

表 2-41 N 类单位面积质量、厚度

厚度规格/mm		1.2	1.5	2.0
上表面材料		PE、PET、D	PE、PET、D	PE、PET、D
单位面积质量/（kg/m²），≥		1.2	1.5	2.0
厚度/mm	平均值，≥	1.2	1.5	2.0
	最小单值	1.0	1.3	1.7

摘自 GB 23441—2009

表 2-42 PY 类单位面积质量、厚度

厚度规格/mm		2.0		3.0		4.0	
上表面材料		PE、D	S	PE、D	S	PE、D	S
单位面积质量/（kg/m²），≥		2.1	2.2	3.1	3.2	4.1	4.2
厚度/mm	平均值，≥	2.0		3.0		4.0	
	最小单值	1.8		2.7		3.7	

摘自 GB 23441—2009

表 2-43　N 类卷材物理力学性能

序号	项目		指标				
			PE		PET		D
			I	II	I	II	
1	拉伸性能	拉力/（N/50mm） ≥	150	200	150	200	—
		最大拉力时延伸率/% ≥	200		30		—
		沥青断裂延伸率/% ≥	250		150		450
		拉伸时现象	拉伸过程中，在膜断裂前无沥青涂盖层与膜分离现象				—
2	钉杆撕裂强度/N ≥		60	110	30	40	—
3	耐热性		70℃滑动不超过 2mm				
4	低温柔性/℃		−20	−30	−20	−30	−20
			无裂纹				
5	不透水性		0.2MPa，120min 不透水				—
6	剥离强度/（N/mm）≥	卷材与卷材	1.0				
		卷材与铝板	1.5				
7	钉杆水密性		通过				
8	渗油性/张数 ≤		2				
9	持粘性/min ≥		20				
10	热老化	拉力保持率/% ≥	80				
		最大拉力时延伸率/% ≥	200		30		400（沥青层断裂延伸率）
		低温柔性/℃	−18	−28	−18	−28	−18
			无裂纹				
		剥离强度卷材与铝板/（N/mm）≥	1.5				
11	热稳定性	外观	无起鼓、皱褶、滑动、流淌				
		尺寸变化/% ≤	2				

摘自 GB 23441—2009

表 2-44　PY 类卷材物理力学性能

序号	项目			指标	
				I	II
1	可溶物含量/（g/m²） ≥		2.0mm	1300	—
			3.0mm	2100	
			4.0mm	2900	
2	拉伸性能	拉力/（N/50mm） ≥	2.0mm	350	—
			3.0mm	450	600
			4.0mm	450	800
		最大拉力时延伸率/% ≥		30	40
3	耐热性			70℃无滑动、流淌、滴落	
4	低温柔性/℃			−20	−30
				无裂纹	

续表

序号	项 目			指　标	
				I	II
5	不透水性			0.3MPa，120min 不透水	
6	剥离强度/(N/mm)，≥	卷材与卷材		1.0	
		卷材与铝板		1.5	
7	钉杆水密性			通过	
8	渗油性/张数		≤	2	
9	持粘性/min		≥	15	
10	热老化	最大拉力时延伸率/%	≥	30	40
		低温柔性/℃		−18	−28
				无裂纹	
		剥离强度（卷材与铝板）/ (N/mm)	≥	1.5	
		尺寸稳定性/%	≤	1.5	1.0
11	自粘沥青再剥离强度/ (N/mm)		≥	1.5	

摘自 GB 23441—2009

5. 高分子防水片材

高分子防水片材是指以高分子材料为主材料，以挤出法或压延等方法生产，用于各类工程防水、防渗、防潮、隔汽、防污染、排水等均质片材（均质片）、复合片材（复合片）、异型片材（异型片）、自粘片材（自粘片）、点（条）粘片材［点（条）粘片］等。均质片是指以高分子合成材料为主要材料，各部位截面结构一致的防水片材；复合片是指以高分子合成材料为主要材料，复合织物等为保护或增强层，以改变其尺寸稳定性和力学特性，各部位截面结构一致的防水片材；自粘片是指在高分子片材表面复合一层自粘材料和隔离保护层，以改善或提高其与基层的粘接性能，各部位截面结构一致的防水片材；异型片是以高分子合成材料为主要材料，经特殊工艺加工成表面为连续凸凹壳体或特定几何形状的防（排）水片材；点（条）粘片是指均质片材与织物等保护层多点（条）粘接在一起，粘接点（条）在规定区域内均匀分布，利用粘接点（条）的间距，使其具有切向排水功能的防水片材。高分子防水片材现已发布了国家标准《高分子防水材料 第 1 部分 片材》GB 18173.1—2012。

产品的技术性能要求如下：

（1）片材的分类参见表 2-45。

表 2-45　片材的分类

分类		代号	主要原材料
均质片	硫化橡胶类	JL1	三元乙丙橡胶
		JL2	橡塑共混
		JL3	氯丁橡胶、氯磺化聚乙烯、氯化聚乙烯等
	非硫化橡胶类	JF1	三元乙丙橡胶
		JF2	橡塑共混
		JF3	氯化聚乙烯

续表

分类		代号	主要原材料
均质片	树脂类	JS1	聚氯乙烯等
		JS2	乙烯醋酸乙烯共聚物、聚乙烯等
		JS3	乙烯醋酸乙烯共聚物与改性沥青共混等
复合片	硫化橡胶类	FL	（三元乙丙、丁基、氯丁橡胶、氯磺化聚乙烯等）/织物
	非硫化橡胶类	FF	（氯化聚乙烯、三元乙丙、丁基、氯丁橡胶、氯磺化聚乙烯等）/织物
	树脂类	FS1	聚氯乙烯/织物
		FS2	（聚乙烯、乙烯醋酸乙烯共聚物等）/织物
自粘片	硫化橡胶类	ZJL1	三元乙丙/自粘料
		ZJL2	橡塑共混/自粘料
		ZJL3	（氯丁橡胶、氯磺化聚乙烯、氟化聚乙烯等）/自粘料
		ZFL	（三元乙丙、丁基、氯丁橡胶、氯磺化聚乙烯等）/织物/自粘料
	非硫化橡胶类	ZJF1	三元乙丙/自粘料
		ZJF2	橡塑共混/自粘料
		ZJF3	氯化聚乙烯/自粘料
		ZFF	（氯化聚乙烯、三元乙丙、丁基、氯丁橡胶、氯磺化聚乙烯等）/织物/自粘料
	树脂类	ZJS1	聚氯乙烯/自粘料
		ZJS2	（乙烯醋酸乙烯共聚物、聚乙烯等）/自粘料
		ZJS3	乙烯醋酸乙烯共聚物与改性沥青共混等/自粘料
		ZFS1	聚氯乙烯/织物/自粘料
		ZFS2	（聚乙烯、乙烯醋酸乙烯共聚物等）/织物/自粘料
异形片	树脂类（防排水保护板）	YS	高密度聚乙烯，改性聚丙烯，高抗冲聚苯乙烯等
点（条）粘片	树脂类	DS1/TS1	聚氯乙烯/织物
		DS2/TS2	（乙烯醋酸乙烯共聚物、聚乙烯等）/织物
		DS3/TS3	乙烯醋酸乙烯共聚物与改性沥青共混物等/织物

摘自 GB 18173.1—2012

（2）片材的规格尺寸及允许偏差见表 2-46 及表 2-47，特殊规格由供需双方商定。

表 2-46 片材的规格尺寸

项 目	厚度/mm	宽度/m	长度/m
橡胶类	1.0、1.2、1.5、1.8、2.0	1.0、1.1、1.2	≥20[a]
树脂类	＞0.5	1.0、1.2、1.5、2.0、2.5、3.0、4.0、6.0	

[a] 橡胶类片材在每卷 20 m 长度中允许有一处接头，且最小块长度应≥3 m，并应加长 15cm 备作搭接；树脂类片材在每卷至少 20 m 长度内不允许有接头；自粘片材及异型片材每卷 10m 长度内不允许有接头。

表 2-47 片材规格尺寸允许偏差

项目	厚度		宽度	长度
	＜1.0mm	≥1.0mm		
允许偏差	±10%	±5%	1%	不允许出现负值

摘自 GB 18173.1—2012

（3）片材的外观质量要求如下：①片材表面应平整，不能有影响使用性能的杂质、机械损伤、折痕及异常黏着等缺陷；②在不影响使用的条件下，片材表面缺陷应符合以下规定：凹痕深度，橡胶类片材不得超过片材厚度的 20％，树脂类片材不得超过 5％；气泡深度，橡胶类片材不得超过片材厚度的 20％，每 $1m^2$ 内气泡面积不得超过 $7mm^2$，树脂类片材不允许有；③异型片表面应边缘整齐，无裂纹、孔洞、粘连、气泡、疤痕及其他机械损伤缺陷。

（4）片材的物理性能应符合如下要求：①均质片的物理性能应符合表 2-48 的规定。②复合片的物理性能应符合表 2-49 的规定；对于聚酯胎上涂覆三元乙丙橡胶的 FF 类片材，拉断伸长率（纵/横）指标不得小于 100％，其他性能指标应符合表 2-49 的规定；对于总厚度小于 1.0mm 的 FS2 类复合片材，拉伸强度（纵/横）指标常温（23℃）时不得小于 50N/cm、高温（60℃）时不得小于 30N/cm，拉断伸长率（纵/横）指标常温（23℃）时不得小于 100％、低温（−20℃）时不得小于 80％，其他性能应符合表 2-49 的规定。③自粘片的主体材料应符合表 2-48、表 2-49 中相关类别的要求，自粘层性能应符合表 2-50 的规定。④异型片的物理性能应符合表 2-51 的规定。⑤点（条）粘片的主体材料应符合表 2-48 中相关类别的要求，粘接部位的物理性能应符合表 2-52 的要求。

表 2-48　均质片的物理性能

项　　目		指　　标								
		硫化橡胶类			非硫化橡胶类			树脂类		
		JL1	JL2	JL3	JF1	JF2	JF3	JS1	JS2	JS3
拉伸强度/MPa	常温（23℃）≥	7.5	6.0	6.0	4.0	3.0	5.0	10	16	14
	高温（60℃）≥	2.3	2.1	1.8	0.8	0.4	1.0	4	6	5
拉断伸长率/％	常温（23℃）≥	450	400	300	400	200	200	200	550	500
	低温（−20℃）≥	200	200	170	200	100	100	—	350	300
撕裂强度/（kN/m）≥		25	24	23	18	10	10	40	60	60
不透水性（30min）		0.3MPa 无渗漏	0.3MPa 无渗漏	0.2MPa 无渗漏	0.3MPa 无渗漏	0.2MPa 无渗漏	0.2MPa 无渗漏	0.3MPa 无渗漏	0.3MPa 无渗漏	0.3MPa 无渗漏
低温弯折		−40℃ 无裂纹	−30℃ 无裂纹	−30℃ 无裂纹	−30℃ 无裂纹	−20℃ 无裂纹	−20℃ 无裂纹	−20℃ 无裂纹	−35℃ 无裂纹	−35℃ 无裂纹
加热伸缩量/mm	延伸≤	2	2	2	2	4	4	2	2	2
	收缩≤	4	4	4	4	6	10	6	6	6
热空气老化（80℃×168h）	拉伸强度保持率/％≥	80	80	80	90	60	80	80	80	80
	拉断伸长率保持率/％	70	70	70	70	70	70	70	70	70
耐碱性［饱和 $Ca(OH)_2$ 溶液 23℃×168h］	拉伸强度保持率/％≥	80	80	80	80	70	70	80	80	80
	拉断伸长率保持率/％≥	80	80	80	90	80	70	80	90	90
臭氧老化（40℃×168h）	伸长率40％，$500×10^{-8}$	无裂纹	—	—	无裂纹	—	—	—	—	—
	伸长率20％，$200×10^{-8}$	—	无裂纹	—	—	—	—	—	—	—
	伸长率20％，$100×10^{-8}$	—	—	无裂纹	—	无裂纹	无裂纹	—	—	—

续表

项　　目		指　标								
		硫化橡胶类			非硫化橡胶类			树脂类		
		JL1	JL2	JL3	JF1	JF2	JF3	JS1	JS2	JS3
人工气候老化	拉伸强度保持率/%≥	80	80	80	80	70	80	80	80	80
	拉断伸长率保持率/%≥	70	70	70	70	70	70	70	70	70
粘结剥离强度（片材与片材）	标准试验条件/(N/mm)≥	1.5								
	浸水保持率（23℃×168h）/%≥	70								

注1. 人工气候老化和粘结剥离强度为推荐项目。

2. 非外露使用可以不考核臭氧老化、人工气候老化、加热伸缩量、60℃拉伸强度性能。

摘自 GB 18173.1—2012

表 2-49　复合片的物理性能

项　　目			指　标			
			硫化橡胶类 FL	非硫化橡胶类 FF	树脂类	
					FS1	FS2
拉伸强度/(N/cm)	常温（23℃）	≥	80	60	100	60
	高温（60℃）	≥	30	20	40	30
拉断伸长率/%	常温（23℃）	≥	300	250	150	400
	低温（−20℃）	≥	150	50	—	300
撕裂强度/N		≥	40	20	20	50
不透水性（0.3MPa，30min）			无渗漏	无渗漏	无渗漏	无渗漏
低温弯折			−35℃无裂纹	−20℃无裂纹	−30℃无裂纹	−20℃无裂纹
加热伸缩量/mm	延伸	≤	2	2	2	2
	收缩	≤	4	4	2	4
热空气老化（80℃×168h）	拉伸强度保持率/%	≥	80	80	80	80
	拉断伸长率保持率/%	≥	70	70	70	70
耐碱性［饱和 Ca(OH)$_2$ 溶液 23℃×168h］	拉伸强度保持率/%	≥	80	60	80	80
	拉断伸长率保持率/%	≥	80	60	80	80
臭氧老化（40℃×168h），200×10^{-8}，伸长率 20%			无裂纹	无裂纹	—	—
人工气候老化	拉伸强度保持率/%	≥	80	70	80	80
	拉断伸长率保持率/%	≥	70	70	70	70
粘结剥离强度（片材与片材）	标准试验条件/(N/mm)	≥	1.5	1.5	1.5	1.5
	浸水保持率（23℃×168h）/%	≥	70			70
复合强度（FS2 型表层与芯层）/MPa		≥	—			0.8

注1. 人工气候老化和粘合性能项目为推荐项目。

2. 非外露使用可以不考核臭氧老化、人工气候老化、加热伸缩量、高温（60℃）拉伸强度性能。

摘自 GB 18173.1—2012

表 2-50　自粘层性能

项　　目			指标
低温弯折			−25℃无裂纹
持粘性/min		≥	20
剥离强度/（N/mm）	标准试验条件	片材与片材　≥	0.8
		片材与铝板　≥	1.0
		片材与水泥砂浆板　≥	1.0
	热空气老化后（80℃×168h）	片材与片材　≥	1.0
		片材与铝板　≥	1.2
		片材与水泥砂浆板　≥	1.2

摘自 GB 18173.1—2012

表 2-51　异型片的物理性能

项目			指　标		
			膜片厚度<0.8mm	膜片厚度0.8~1.0mm	膜片厚度≥1.0mm
拉伸强度/（N/cm）		≥	40	56	72
拉断伸长率/％		≥	25	35	50
抗压性能	抗压强度/kPa	≥	100	150	300
	壳体高度压缩50％后外观		无破损		
排水截面积/cm²		≥	30		
热空气老化（80℃×168h）	拉伸强度保持率/％	≥	80		
	拉断伸长率保持率/％	≥	70		
耐碱性［饱和 Ca(OH)$_2$	拉伸强度保持率/％	≥	80		
溶液 23℃×168h］	拉断伸长率保持率/％	≥	80		

注：壳体形状和高度无具体要求，但性能指标须满足本表规定。

表 2-52　点（条）粘片粘接部位的物理性能

项　　目		指　标		
		DS1/TS1	DS2/TS2	DS3/TS3
常温（23℃）拉伸强度/（N/cm）	≥	100	60	
常温（23℃）拉断伸长率/％	≥	150	400	
剥离强度/（N/mm）	≥	1		

摘自 GB 18173.1—2012

6. 聚氯乙烯（PVC）防水卷材

聚氯乙烯（PVC）防水卷材是指适用于建筑防水工程用的，以聚氯乙烯（PVC）树脂为主要原料，经捏合、塑化、挤出压延、整形、冷却、检验、分类、包装等工序加工制成的可卷曲的一类片状防水材料。产品按其组成分为均质卷材（代号 H）、带纤维背衬卷材（代号 L）、织物内增强卷材（代号 P）、玻璃纤维内增强卷材（代号 G）、玻璃纤维内增强带纤维背衬卷材（代号 GL）。均质的聚氯乙烯防水卷材是指不采用内增强材料或背衬材料的聚氯乙烯防水卷材；带纤维背衬的聚氯乙烯防水卷材是指用织物如聚酯无纺布等复合在卷材下表面的聚氯乙烯防水卷材；织物内增强的聚氯乙烯防水卷材是指用聚酯或玻纤网格布在卷材中间增强的聚氯乙烯防水卷材；玻璃纤维内增强的聚氯乙烯防水卷材是指在卷材中加入短切玻璃纤维或玻璃纤维无纺布，对拉伸性能等力学性能无明显影响，仅能提高产品尺寸稳定性的聚氯乙烯防水卷材；玻璃纤维内增强带纤维背衬的聚氯乙烯防水卷材是指在卷材中加入短切玻璃纤维或玻璃纤维无纺布，并用织物如聚酯无纺布等复合在卷材下表面的聚氯乙烯防水卷材。聚氯乙烯（PVC）防水卷材产品现已发布国家标准《聚氯乙烯（PVC）防水卷材》GB 12952—2011。

产品的技术性能要求如下：

（1）聚氯乙烯（PVC）防水卷材的规格如下：①公称长度规格为 15m、20m、25m；②公称宽度规格为 1.00m、2.00m；③厚度规格为：1.2mm、1.5mm、1.8mm、2.0mm；④其他规格可由供需双方商定。

（2）聚氯乙烯（PVC）防水卷材的尺寸偏差为：①长度、宽度应不小于规格值的 99.5%；②厚度不应小于 1.20mm，厚度允许偏差和最小单值见表 2-53。

表 2-53　聚氯乙烯（PVC）防水卷材厚度允许偏差

厚度/mm	允许偏差/%	最小单值/mm
1.20		1.05
1.50	−5，+10	1.35
1.80		1.65
2.00		1.85

摘自 GB 12952—2011

（3）聚氯乙烯（PVC）防水卷材的外观质量要求如下：①卷材的接头不应多于一处，其中较短的一段长度不应小于 1.5m，接头应剪切整齐，并应加长 150mm；②卷材表面应平整，边缘整齐，无裂纹、孔洞、粘结、气泡和疤痕。

（4）聚氯乙烯（PVC）防水卷材的材料性能指标符合表 2-54 的要求。

（5）聚氯乙烯（PVC）防水卷材抗风揭能力要求如下：采用机械固定方法施工的单层屋面卷材，其抗风揭能力的模拟风压等级应不低于 4.3kPa（90psf）。

表 2-54　材料性能指标

序号	项目			指标				
				H	L	P	G	GL
1	中间胎基上面树脂层厚度/mm		≥	—			0.40	
2	拉伸性能	最大拉力/（N/cm）	≥	—	120	250	—	120
		拉伸强度/MPa	≥	10.0	—	—	10.0	—
		最大拉力时伸长率/%	≥			15		
		断裂伸长率/%	≥	200	150	—	200	100

注：psf 为英制单位——磅每平方英尺，其与 SI 制的换算为 1psf＝0.0479kPa。

续表

序号	项目		指标				
			H	L	P	G	GL
3	热处理尺寸变化率/% ≤		2.0	1.0	0.5	0.1	0.1
4	低温弯折性		−25℃无裂纹				
5	不透水性		0.3MPa，2h不透水				
6	抗冲击性能		0.5kg·m，不渗水				
7	抗静态荷载[a]		—	—	20kg不渗水		
8	接缝剥离强度/（N/mm） ≥		4.0或卷材破坏		3.0		
9	直角撕裂强度/（N/mm） ≥		50	—	—	50	—
10	梯形撕裂强度/N ≥		—	150	250	—	220
11	吸水率（70℃，168h）/%	浸水后 ≤	4.0				
		晾置后 ≥	−0.40				
12	热老化（80℃）	时间/h	672				
		外观	无起泡、裂纹、分层、粘结和孔洞				
		最大拉力保持率/% ≥	—	85	85	—	85
		拉伸强度保持率/% ≥	85	—	—	85	—
		最大拉力时伸长率保持率/% ≥	—	—	80	—	—
		断裂伸长率保持率/% ≥	80	80	—	80	80
		低温弯折性	−20℃无裂纹				
13	耐化学性	外观	无起泡、裂纹、分层、粘结和孔洞				
		最大拉力保持率/% ≥	—	85	85	—	85
		拉伸强度保持率/% ≥	85	—	—	85	—
		最大拉力时伸长率保持率/% ≥	—	—	80	—	—
		断裂伸长率保持率/% ≥	80	80	—	80	80
		低温弯折性	−20℃无裂纹				
14	人工气候加速老化[c]	时间/h	1500[b]				
		外观	无起泡、裂纹、分层、粘结和孔洞				
		最大拉力保持率/% ≥	—	85	85	—	85
		拉伸强度保持率/% ≥	85	—	—	85	—
		最大拉力时伸长率保持率/% ≥	—	—	80	—	—
		断裂伸长率保持率/% ≥	80	80	—	80	80
		低温弯折性	−20℃无裂纹				

[a]抗静态荷载仅对用于压铺屋面的卷材要求。

[b]单层卷材屋面使用产品的人工气候加速老化时间为2500h。

[c]非外露使用的卷材不要求测定人工气候加速老化。

摘自 GB 12952—2011

7. 热塑性聚烯烃（TPO）防水卷材

热塑性聚烯烃（TPO）防水卷材是指适用于建筑工程用的以乙烯和α烯烃的聚合物为主要原料制成

的防水卷材。按产品的组成可分为均质卷材（代号 H）、带纤维背衬卷材（代号 L）、织物内增强卷材（代号 P）。均质热塑性聚烯烃防水卷材是指不采用内增强材料或背衬材料的热塑性聚烯烃防水卷材；带纤维背衬的热塑性聚烯烃防水卷材是指用织物（如聚酯无纺布等）复合在卷材下表面的热塑性聚烯烃防水卷材；织物内增强的热塑性聚烯烃防水卷材是指用聚酯或玻纤网格布在卷材中间增强的热塑性聚烯烃防水卷材。此类产品现已发布国家标准《热塑性聚烯烃（TPO）防水卷材》GB 27789—2011。

产品的技术性能要求如下：

（1）产品的规格如下：①公称长度规格为 15m、20m、25m；②公称宽度规格为 1.00m、2.00m；③厚度规格为 1.20mm、1.50mm、1.80mm、2.00mm；④其他规格可由供需双方商定。

（2）长度、宽度不应小于规格值的 99.5％；厚度不应小于 1.20mm，厚度允许偏差和最小单值要求同聚氯乙烯防水卷材（表 2-53）。

（3）热塑性聚烯烃（TPO）防水卷材外观质量要求如下：①卷材的接头不应多于一处，其中较短的一段长度不少于 1.5m，接头应剪切整齐，并应加长 150mm；②卷材其表面应平整，边缘整齐，无裂纹、孔洞、粘结、气泡和疤痕，卷材耐候面（上表面）宜为浅色。

（4）热塑性聚烯烃（TPO）防水卷材的材料性能指标符合表 2-55 的要求。

（5）采用机械固定方法施工的单层屋面卷材其抗风揭能力的模拟风压等级应不低于 4.3kPa（90psf）。

表 2-55　热塑性聚烯烃（TPO）防水卷材材料性能指标

序号	项目			指 标		
				H	L	P
1	中间胎基上面树脂层厚度/mm		≥	—	—	0.40
2	拉伸性能	最大拉力/（N/cm）	≥	—	200	250
		拉伸强度/MPa	≥	12.0	—	—
		最大拉力时伸长率/%	≥	—	—	15
		断裂伸长率/%	≥	500	250	—
3	热处理尺寸变化率/%		≤	2.0	1.0	0.5
4	低温弯折性			−40℃无裂纹		
5	不透水性			0.3MPa，2h 不透水		
6	抗冲击性能			0.5kg·m，不渗水		
7	抗静态荷载[a]			—	—	20kg 不渗水
8	接缝剥离强度/（N/mm）		≥	4.0 或卷材破坏	3.0	
9	直角撕裂强度/（N/mm）		≥	60	—	—
10	梯形撕裂强度/N		≥	—	250	450
11	吸水率（70℃，168h）/%		≤	4.0		
12	热老化（115℃）	时间/h		672		
		外观		无起泡、裂纹、分层、粘结和孔洞		
		最大拉力保持率/%	≥	—	90	90
		拉伸强度保持率/%	≥	90	—	—
		最大拉力时伸长率保持率/%	≥	—	—	90
		断裂伸长率保持率/%	≥	90	90	—
		低温弯折性		−40℃无裂纹		

续表

序号	项目			指标		
				H	L	P
13	耐化学性	外观		无起泡、裂纹、分层、粘结和孔洞		
		最大拉力保持率/%	≥	—	90	90
		拉伸强度保持率/%	≥	90	—	—
		最大拉力时伸长率保持率/%	≥	—	—	90
		断裂伸长率保持率/%	≥	90	90	—
		低温弯折性		−40℃无裂纹		
14	人工气候加速老化	时间/h		1500b		
		外观		无起泡、裂纹、分层、粘结和孔洞		
		最大拉力保持率/%	≥	—	90	90
		拉伸强度保持率/%	≥	90	—	—
		最大拉力时伸长率保持率/%	≥	—	—	90
		断裂伸长率保持率/%	≥	90	90	—
		低温弯折性		−40℃无裂纹		

a 抗静态荷载仅对用于压铺屋面的卷材要求。

b 单层卷材屋面使用产品的人工气候加速老化时间为 2500h。

摘自 GB 27789—2011

8. 聚乙烯丙纶复合防水卷材

聚乙烯丙纶复合防水卷材是指采用聚乙烯与助剂等化合热融后挤出，同时在两面热覆丙纶纤维无纺布而形成的合成高分子防水卷材。国家标准《地下工程防水技术规范》GB 50108—2008 对其产品提出的主要物理要求见表 2-30。

9. 德国威达公司的防水卷材产品

德国威达公司应用于种植屋面底层防水层的防水卷材产品常用的有以下几种：

1）VEDATOP® SU（RC）自粘性聚酯胎基改性沥青防水卷材

VEDATOP® SU（RC）是一种优质的弹性体改性沥青自粘防水卷材，采用抗撕拉胎基，下表面为改性沥青自粘胶，上表面为 PE 保护膜，搭接部位有自粘保护膜。产品生产符合 EN ISO 9001。

该产品有良好的粘结性能，安装简便效率高。热熔安装上部卷材时由于 VEDATOP® SU（RC）底层防水卷材的阻隔不会烤熔烤焦有机类保温材料。产品的铺贴方法如下：

撕去底层的自粘胶保护膜将卷材直接铺贴在有机类保温板或经基层处理剂处理过的基层，短边搭接 10cm，长边搭接 8cm，在短向搭接收头处 8cm 范围内需用冷沥青胶 VEDATEX® 涂抹于卷材表面。

2）VEDATECT® PYE S3 sand 聚酯胎改性沥青防水卷材

VEDATECT®PYE S3 sand 聚酯胎改性沥青防水卷材符合Ⅰ型防水卷材的技术要求,厚度 3mm,是一种高质量的弹性改性沥青防水材料,即使在高温度下仍能保持抗变性能力。卷材是通过使用高强度的聚酯胎基浸透优质 SBS 改性沥青涂层,上表面附着石英砂,下表面附以防粘保护膜。产品的生产过程通过 ISO 9001 认证,具有绿色环保材料认证证书。

铺贴采用喷灯热熔安装工艺,根据工程要求选择满粘或点粘或空铺,长边及短边搭接宽度均应大于 8cm,点铺或空铺需要 10cm 搭接。

3)VEDAGSPRINT®(RC)sand 聚酯胎 SBS 改性沥青防水卷材

VEDAGSPRINT®(RC)sand 聚酯胎改性沥青防水卷材符合Ⅰ型防水卷材的技术要求,厚度 4mm。这是一种高质量的弹性改性沥青防水材料,即使在高温度下仍能保持抗变性能力。卷材是通过使用高强度的聚酯胎基浸透优质 SBS 改性沥青涂层,上表面附着石英砂,下表面附以聚丙烯保护膜。产品的生产过程通过 ISO 9001 认证,具有绿色环保材料认证证书。

铺贴采用喷灯热熔或热沥青安装工艺,根据工程要求选择满粘或点粘或空铺,长边及短边搭接均应大于 8cm,点铺或空铺需要 10cm 搭接。

4)VEDAFLOR® U 种植屋面用底层阻根沥青防水卷材

VEDAFLOR® U 种植屋面用底层阻根沥青防水卷材是一种高质量的弹性改性沥青阻根防水材料,是德国威达种植屋面系统中理想的底层防水材料。它的搭接采用自粘的方式使得安装更为简便。产品的生产过程通过 ISO 9001 认证。

该产品具有阻根性能和高抗裂性能,产品的柔软性能好,其搭接边上表面附有可撕去的隔离膜。

VEDAFLOR® U 用作种植屋面中底层防水材料,与 Vedaflor WS-I 一起组成双层沥青防水层,有更好的阻根和防水效果。

铺贴采用喷灯热熔焊接安装,搭接边处撕去隔离膜自粘安装。长边及短边搭接宽度均应大于 8cm。

5)VEDATOP®SU-PV(RC)自粘防水卷材

VEDATOP®SU-PV(RC)是一种优质的弹性体改性沥青自粘防水卷材,采用抗撕拉胎基,下表面为改性沥青自粘胶,上表面为 PE 保护膜,搭接部位有自粘保护膜。产品生产符合 EN ISO 9001。

该产品每卷长度为 10m,搭接边自粘保护膜在上表面,有良好的粘结性能,安装简单易行,喷灯安装上部卷材时于底层防水卷材的阻隔不会烤熔烤焦有机类保温材料。产品的铺贴方法如下:

撕去底层和侧边的自粘胶保护膜将卷材直接铺贴在有机类保温板或经基层处理剂处理过的基层,短边搭接 10cm,长边搭接 8cm,在短向搭接收头处 8cm 范围内需用冷沥青胶 VEDATEX® 涂抹于卷材表面。

6)VEDATOP®TM 自粘底层防水卷材

VEDATOP®TM 自粘底层防水卷材是一种高质量的自粘性 SBS 改性沥青底层防水卷材,产品按照 EN ISO 9001 生产和质量控制。采用自粘方式施工简便,特别适合与矿棉板的粘接。可靠的粘接性能可以抵抗风揭力,密闭的隔离方式可以保护易燃的有机类保温板。

铺贴时撕去底层和侧边的自粘胶保护膜将卷材直接铺贴在保温板上,搭接宽度至少 8cm。

7）Vedatect®EⅡ（PYE PV200）S3 sand 聚酯胎改性沥青防水卷材

Vedatect®EⅡ（PYE PV200）S3 sand 聚酯胎改性沥青防水卷材符合Ⅱ型防水卷材的技术要求，厚度 3mm。这是一种高质量的弹性改性沥青防水材料，即使在高温度下仍能保持抗变性能力，卷材是通过使用高强度的聚酯胎基浸透优质 SBS 改性沥青涂层，上表面附着石英砂，下表面附以聚丙烯保护膜。产品的生产过程通过 ISO 9001 认证，具有绿色环保材料认证证书。

铺设时可采用喷灯或用热沥青安装，满铺或点铺，长边及短边搭接宽度均应大于 8cm，点铺或空铺一般采用 10cm 搭接。

2.4.2.2 防水涂料

防水涂料是由沥青、合成高分子聚合物、合成高分子聚合物与沥青、合成高分子聚合物与水泥或以无机复合材料等为主要成膜物质，掺入适量的颜料、助剂、溶剂等加工制成的溶剂型、水乳型或反应型的，在常温下呈无固定形状的黏稠状液体或可液化的固体粉末状的高分子合成材料，可单独或与胎体增强材料复合、分层涂刷或喷涂在需要进行防水处理的基层表面上，通过溶剂的挥发或水分的蒸发或反应固化后形成一个连续、无缝、整体的，且具有一定厚度的、坚韧的、能满足工业与民用建筑的屋面、地下室、厕浴间、厨房间及外墙等部位的防水渗漏要求的一类材料的总称。

1. 聚氨酯防水涂料

聚氨酯（PU）防水涂料也称聚氨酯涂膜防水材料，是一类以聚氨酯树脂为主要成膜物质的高分子防水涂料。

聚氨酯防水涂料是由异氰酸酯基（—NCO）的聚氨酯预聚体和含有多羟基（—OH）或氨基（—NH$_2$）的固化剂以及其他助剂的混合物按照一定比例混合所形成的一种反应型涂膜防水材料。此类涂料产品已发布了适用于工程防水的国家标准《聚氨酯防水涂料》GB/T 19250—2013。

聚氨酯防水涂料产品按组分，可分为单组分（S）和多组分（M）两种；按基本性能分为Ⅰ型、Ⅱ型和Ⅲ型；按是否曝露使用分为外露（E）和非外露（N）；按有害物质限量分为 A 类和 B 类。

聚氨酯防水涂料Ⅰ型产品用于工业与民用建筑工程；Ⅱ型产品用于桥梁等非直接通行部位；Ⅲ型产品用于桥梁、停车场、上人屋面等外露通行部位。

室内、隧道等密闭空间宜选用有害物质限量 A 类的产品，施工与使用应注意通风。

聚氨酯防水涂料的技术性能要求如下：

（1）产品的一般要求：产品的生产和应用不应对人体、生物与环境造成有害的影响，所涉及与使用有关的安全与环保要求，应符合我国的相关国家标准和规范的规定。

（2）产品的外观为均匀黏稠体，无凝胶、结块。

（3）聚氨酯防水涂料的基本性能应符合表 2-56 的规定。

（4）聚氨酯防水涂料的可选性能应符合表 2-57 的规定，根据产品应用的工程或环境条件由供需双方商定选用，并在订货合同与产品包装上明示。

（5）聚氨酯防水涂料中的有害物质限量应符合表 2-58 的规定。

表 2-56 聚氨酯防水涂料的基本性能

序号	项目		技术指标		
			I	II	III
1	固体含量/% ≥	单组分	85.0		
		多组分	92.0		
2	表干时间/h ≤		12		
3	实干时间/h ≤		24		
4	流平性[a]		20min 时，无明显齿痕		
5	拉伸强度/MPa ≥		2.00	6.00	12.0
6	断裂伸长率/% ≥		500	450	250
7	撕裂强度/（N/mm） ≥		15	30	40
8	低温弯折性		−35℃，无裂纹		
9	不透水性		0.3MPa，120min，不透水		
10	加热伸缩率/%		−4.0～+1.0		
11	粘结强度/MPa ≥		1.0		
12	吸水率/% ≤		5.0		
13	定伸时老化	加热老化	无裂纹及变形		
		人工气候老化[b]	无裂纹及变形		
14	热处理（80℃，168h）	拉伸强度保持率/%	80～150		
		断裂伸长率/% ≥	450	400	200
		低温弯折性	−30℃，无裂纹		
15	碱处理[0.1%NaOH+饱和 Ca（OH）$_2$ 溶液，168h]	拉伸强度保持率/%	80～150		
		断裂伸长率/% ≥	450	400	200
		低温弯折性	−30℃，无裂纹		
16	酸处理（2%H$_2$SO$_4$ 溶液，168h）	拉伸强度保持率/%	80～150		
		断裂伸长率/% ≥	450	400	200
		低温弯折性	−30℃，无裂纹		
17	人工气候老化[b]（1000h）	拉伸强度保持率/%	80～150		
		断裂伸长率/% ≥	450	400	200
		低温弯折性	−30℃，无裂纹		
18	燃烧性能[b]		B$_2$-E（点火 15s，燃烧 20s，Fs≤150mm，无燃烧滴落物引燃滤纸）		

[a] 该项性能不适用于单组分和喷涂施工的产品，流平性时间也可根据工程要求和施工环境由供需双方商定并在订货合同与产品包装上明示。

[b] 仅外露产品要求测定。

摘自 GB/T 19250—2013

表 2-57 聚氨酯防水涂料的可选性能

序号	项目		技术指标	应用的工程条件
1	硬度（邵 AM）	≥	60	上人屋面，停车场等外露通行部位
2	耐磨性（750g，500r）/mg	≤	50	上人屋面，停车场等外露通行部位

续表

序号	项目		技术指标	应用的工程条件
3	耐冲击性/kg·m	≥	1.0	上人屋面，停车场等外露通行部位
4	接缝动态变形能力/10000 次		无裂纹	桥梁、桥面等动态变形部位

摘自 GB/T 19250—2013

表 2-58　聚氨酯防水涂料中的有害物质限量

序号	项目		有害物质限量	
			A 类	B 类
1	挥发性有机化合物（VOC）/（g/L）	≤	50	200
2	苯/（mg/kg）	≤	200	
3	甲苯＋乙苯＋二甲苯/（g/kg）	≤	1.0	5.0
4	苯酚/（mg/kg）	≤	100	100
5	蒽/（mg/kg）	≤	10	10
6	萘/（mg/kg）	≤	200	200
7	游离 TDI/（g/kg）	≤	3	7
8	可溶性重金属/（mg/kg）[a] ≤	铅 Pb	90	
		镉 Cd	75	
		铬 Cr	60	
		汞 Hg	60	

[a]　可选项目，由供需双方商定。

摘自 GB/T 19250—2013

2. 聚合物水泥防水涂料

聚合物水泥防水涂料（简称 JS 防水涂料），是指以丙烯酸酯、乙烯－乙酸乙酯等聚合物乳液和水泥为主要原料，加入填料及其他助剂配制而成，经水分挥发和水泥水化反应固化成膜的双组分水性防水涂料。此类产品现已发布了国家标准《聚合物水泥防水涂料》GB/T 23445—2009。

聚合物水泥防水涂料按物理力学性能分为Ⅰ型、Ⅱ型和Ⅲ型。Ⅰ型适用于活动量较大的基层，Ⅱ型和Ⅲ型适用于活动量较小的基层。

聚合物水泥防水涂料产品的技术性能要求如下：

（1）产品的一般要求是不应对人体与环境造成有害的影响，所涉及与使用有关的安全与环保要求应符合相关国家标准和规范的规定。产品中有害物质含量应符合建材行业标准《建筑防水涂料中有害物质限量》JC 1066—2008 中 4.1 中 A 级的要求。

（2）产品的外观要求是产品的两组分经分别搅拌后，其液体组分应无杂质、无凝胶的均匀乳液，其固体组分应为无杂质、无结块的粉末。

（3）产品的物理力学性能应符合表 2-59 的要求。

（4）产品的自闭性为可选项目，指标由供需双方商定。自闭性是指防水涂膜在水的作用下，经物理和化学反应是涂膜裂缝自行愈合、封闭的性能，以规定条件下涂膜裂缝自封闭的时间表示。

表 2-59　聚氨酯防水涂料的物理力学性能

序号	试验项目			技术指标		
				Ⅰ型	Ⅱ型	Ⅲ型
1	固体含量/%		≥	70	70	70
2	拉伸性能	无处理/MPa	≥	1.2	1.8	1.8
		加热处理后保持率/%	≥	80	80	80
		碱处理后保持率/%	≥	60	70	70
		浸水处理后保持率/%	≥	60	70	70
		紫外线处理后保持率/%	≥	80	—	—
3	断裂伸长率	无处理/%	≥	200	80	30
		加热处理/%	≥	150	65	20
		碱处理/%	≥	150	65	20
		浸水处理/%	≥	150	65	20
		紫外线处理/%	≥	150	—	—
4	低温柔性（φ10mm 棒）			—10℃无裂纹	—	—
5	粘结强度	无处理/MPa	≥	0.5	0.7	1.0
		潮湿基层/MPa	≥	0.5	0.7	1.0
		碱处理/MPa	≥	0.5	0.7	1.0
		浸水处理/MPa	≥	0.5	0.7	1.0
6	不透水性（0.3MPa，30min）			不透水	不透水	不透水
7	抗渗性（砂浆背水面）/MPa		≥	—	0.6	0.8

摘自 GB/T 23445—2009

3. 喷涂聚脲防水涂料

喷涂聚脲防水涂料是以异氰酸酯类化合物为甲组分、胺类化合物为乙组分，采用喷涂施工工艺使两组分混合、反应生成的弹性体防水涂料。产品按组成分为喷涂（纯）聚脲防水涂料（代号 JNC）和喷涂聚氨酯（脲）防水涂料（代号 JNJ）；产品按物理力学性能分为Ⅰ型和Ⅱ型。此类产品已发布国家标准《喷涂聚脲防水涂料》GB/T 23446—2009。

喷涂聚脲防水涂料的技术性能要求如下：

（1）产品不应对人体、生物与环境造成有害的影响，所涉及与使用有关的安全与环保要求，应符合我国的相关国家标准和规范的规定。

（2）产品的外观要求：产品各组分为均匀黏稠体，无凝胶、结块。

（3）喷涂聚脲防水涂料的基本性能应符合表 2-60 的规定；喷涂聚脲防水涂料的耐久性能应符合表 2-61 的规定；喷涂聚脲防水涂料的特殊性能应符合表 2-62 的规定，特殊性能根据产品特性用途需要时或供需双方商定需要时测定，指标也可由供需双方另行商定；

（4）喷涂聚脲防水涂料产品中有害物质含量应符合行业标准《建筑防水涂料中有害物质限量》JC 1066—2008 中反应型防水涂料 A 型要求。

表 2-60　喷涂聚脲防水涂料的基本性能

序号	项目			技术指标	
				Ⅰ型	Ⅱ型
1	固体含量/%		≥	96	98
2	凝胶时间/s		≤	45	
3	表干时间/s		≤	120	
4	拉伸强度/MPa		≥	10.0	16.0
5	断裂伸长率/%		≥	300	450
6	撕裂强度/（N/mm）		≥	40	50
7	低温弯折性/℃		≤	−35	−40
8	不透水性（0.4MPa，2h）			0.4MPa，2h 不透水	
9	加热伸长率/%	伸长	≤	1.0	
		收缩	≤	1.0	
10	粘结强度/MPa		≥	2.0	2.5
11	吸水率/%		≤	5.0	

摘自 GB/T 23446—2009

表 2-61　喷涂聚脲防水涂料的耐久性能

序号	项目			技术指标	
				Ⅰ型	Ⅱ型
1	定伸时老化	加热老化		无裂纹及变形	
		人工气候老化		无裂纹及变形	
2	热处理	拉伸强度保持率/%		80～150	
		断裂伸长率/%	≥	250	400
		低温弯折性/℃	≤	−30	−35
3	碱处理	拉伸强度保持率/%		80～150	
		断裂伸长率/%	≥	250	400
		低温弯折性/℃	≤	−30	−35
4	酸处理	拉伸强度保持率/%		80～150	
		断裂伸长率/%	≥	250	400
		低温弯折性/℃	≤	−30	−35
5	盐处理	拉伸强度保持率/%		80～150	
		断裂伸长率/%	≥	250	400
		低温弯折性/℃	≤	−30	−35
6	人工气候老化	拉伸强度保持率/%		80～150	
		断裂伸长率/%	≥	250	400
		低温弯折性/℃	≤	−30	−35

摘自 GB/T 23446—2009

表 2-62　喷涂聚脲防水涂料的特殊性能

序号	项目		技术指标	
			Ⅰ型	Ⅱ型
1	硬度（邵A）	≥	70	80
2	耐磨性（750g，500r）/mg	≤	40	30
3	耐冲击性/kg·m	≥	0.6	1.0

摘自 GB/T 23446—2009

4. 喷涂橡胶沥青防水涂料

适用于防水工程用的双组分喷涂橡胶沥青防水涂料产品的技术性能要求如下：

（1）产品的生产和应用不应对人体、生物与环境造成有害的影响，所涉及与使用有关的安全与环保要求应符合相关国家标准和规范的规定。

（2）产品的外观要求如下：①橡胶沥青乳液组分（A 组分）搅拌后颜色应均匀一致，无凝胶、无结块、无丝状物；②破乳剂（B 组分）应无结块，溶于水后能形成均匀的液体。

（3）产品的物理力学性能应符合表 2-63 的要求。

（4）产品的有害物质含量应符合建材行业标准《建筑防水涂料中有害物质限量》JC 1066—2008 中水性防水涂料 B 级要求。

表 2-63　喷涂橡胶沥青防水涂料物理力学性能

序号	项目			技术指标
1	固体含量/%		≥	55
2	凝胶时间/s		≤	5
3	实干时间/h		≤	24
4	耐热度			(120±2)℃，无流淌、滑动、滴落
5	不透水性			0.3MPa，30min 无渗水
6	粘结强度ª/MPa	≥	干燥基面	0.40
			潮湿基面	0.40
7	弹性恢复率/%		≥	85
8	钉杆自愈性			无渗水
9	吸水率（24h）/%		≤	2.0
10	低温柔性ᵇ		无处理	−20℃，无裂纹、断裂
			碱处理	−15℃，无裂纹、断裂
			酸处理	
			盐处理	
			热处理	
			紫外线处理	
11	粘结强度	拉伸强度/MPa　≥	无处理	0.80
		断裂伸长率/%　≥	无处理	1000
			碱处理	800
			酸处理	
			盐处理	
			热处理	
			紫外线处理	

ª粘结基材可以根据供需双方要求采用其他基材。

ᵇ供需双方可以商定更低温度的低温柔性指标。

5. 高聚物改性沥青防水涂料

高聚物改性沥青防水涂料一般是以沥青为基料，用合成高分子聚合物对其进行改性，配制而成的溶剂型或水乳型涂膜防水材料。

高聚物改性沥青防水涂料按成分可分为溶剂型高聚物改性沥青防水涂料、水乳型高聚物改性沥青防水涂料二大类型。

水乳型沥青防水涂料是以水为介质，采用化学乳化剂和（或）矿物乳化剂制得的沥青基防水涂料。此类产品已发布了建材行业标准《水乳型沥青防水涂料》JC/T 408—2005。

水乳型沥青防水涂料产品的技术性能要求如下：

（1）产品按性能分为 H 型和 L 型。

（2）产品外观要求样品搅拌后均匀无色差、无凝胶、无结块、无明显沥青丝。

（3）产品的物理力学性能应满足表 2-64 的要求。

表 2-64　水乳型沥青防水涂料物理力学性能

项　目		L	H
固体含量/%	≥	45	
耐热度/℃		80±2	110±2
		无流淌、滑动、滴落	
不透水性		0.10MPa，30min 无渗水	
粘结强度/MPa	≥	0.3	
表干时间/h	≤	8	
实干时间/h	≤	24	
低温柔度[a]/℃	标准条件	−15	0
	碱处理	−10	5
	热处理		
	紫外线处理		
断裂伸长率/% ≥	标准条件	600	
	碱处理		
	热处理		
	紫外线处理		

[a]　供需双方可以商定更低温度的低温柔度指标。

摘自 JC/T 408—2005

2.4.2.3　土工膜

土工膜是以 HDPE（高密度聚乙烯）、LDPE（低密度聚乙烯）、EVA（乙烯－醋酸乙烯共聚物）等高分子聚合物为基础原料，加入抗氧剂、紫外线吸收剂、塑料着色剂等助剂而制成的一类防水阻隔型材料。HDPE 土工膜的物理机械性能好，具有耐老化、耐化学腐蚀、耐风化和抗戳穿性强等综合特点，主要适用于垃圾掩埋场、废水处理厂等防水工程；LDPE、EVA 土工膜延伸率大，低温性能好，柔软易施工，LDPE 土工膜主要用于隧道复合衬砌但不适合外露屋面，EVA 土工膜主要用于地铁工程、防空洞、挡水坝、人工湖等防水工程。

聚乙烯土工膜产品现已发布了国家标准《土工合成材料　聚乙烯土工膜》GB/T 17643—2011。

聚乙烯土工膜产品的分类及代号见表 2-65。光面土工膜是指双面均具有平整、光滑外观的土工膜；糙面土工膜是指经一定工艺手段生产的单面或双面具有均匀毛糙外观的土工膜；高密度聚乙烯土工膜是指以中密度聚乙烯树脂（PE-MD）或高密度聚乙烯树脂（PE-HD）为原料生产的土工膜，土工膜密度为 $0.940g/cm^3$ 或以上；低密度聚乙烯土工膜是指以低密度聚乙烯树脂（PL-ED）、线性低密度聚乙烯树脂（PE-LLD）、乙烯共聚物等原料生产的土工膜，土工膜密度为 $0.939g/cm^3$ 或以下；线形低密度聚乙烯土工膜是指以线形低密度聚乙烯树脂（PE-LLD）为原料生产的土工膜，土工膜密度为 $0.939g/cm^3$ 或以下。

表 2-65　聚乙烯土工膜产品的分类及代号

分类	代号	主要原材料
普通高密度聚乙烯土工膜	GH-1	中密度聚乙烯树脂 高密度聚乙烯树脂
环保用光面高密度聚乙烯土工膜	GH-2S	
环保用单糙面高密度聚乙烯土工膜	GH-2T1	
环保用双糙面高密度聚乙烯土工膜	GH-2T2	
低密度聚乙烯土工膜	GL-1	低密度聚乙烯树脂、线形低密度聚乙烯树脂、乙烯共聚物等
环保用线形低密度聚乙烯土工程	GL-2	线形低密度聚乙烯树脂、茂金属线形低密度聚乙烯等

摘自 GB/T 17643—2011

聚乙烯土工膜产品的技术性能要求如下：

（1）产品单卷长度应不小于 40m，偏差控制在 ±1% 范围内；产品宽度尺寸应不小于 2000mm，偏差控制在 $^{+1.5}_{-1.0}$% 范围内；普通高密度聚乙烯土工膜（GH-1）、低密度聚乙烯土工膜（GL-1）、环保用线形低密度聚乙烯土工膜（GL-2）厚度及偏差应符合表 2-66 的要求；环保用高密度聚乙烯土工膜（含 GH-2S、GH-2T1、GH-2T2）的厚度及偏差应符合表 2-67 的要求。

表 2-66　聚乙烯土工膜（GH-1、GL-1、GL-2 型）厚度及偏差

项目	指标								
公称厚度/mm	0.30	0.50	0.75	1.00	1.25	1.50	2.00	2.50	3.00
平均厚度/mm	≥0.30	≥0.50	≥0.75	≥1.00	≥1.25	≥1.50	≥2.00	≥2.50	≥3.00
厚度极限偏差/%	—10								

注：表中没有列出的厚度规格及偏差按照内插法执行。

摘自 GB/T 17643—2011

表 2-67　环保用高密度聚乙烯土工膜（GH-2 型）厚度及偏差

项目		指标						
光面	公称厚度/mm	0.75	1.00	1.25	1.50	2.00	2.50	3.00
	平均厚度/mm　　　≥	0.75	1.00	1.25	1.50	2.00	2.50	3.00
	厚度极限偏差/%	−10						
糙面	公称厚度/mm	0.75	1.00	1.25	1.50	2.00	2.50	3.00
	平均厚度偏差/%　　　≥	−5						
	厚度极限偏差（10 个中的 8 个）/%	−10						
	厚度极限偏差（10 个中的任意一个）/%	−15						

注：表中没有列出的厚度规格及偏差按照内插法执行。

摘自 GB/T 17643—2011

（2）聚乙烯土工膜的外观质量要求如下：①低密度聚乙烯土工膜（GL-1）一般为本色或黑色，其他型号产品颜色一般为黑色，其他颜色可由供需双方商定；②外观质量应符合表 2-68 的要求。

表 2-68　聚乙烯土工膜外观质量要求

序号	项目	要求
1	切口	平直，无明显锯齿现象
2	断头、裂纹、分层、穿孔修复点	不允许
3	水纹和机械划痕	不明显
4	晶点、僵块和杂质	0.6～2.0mm，每平方米限于 10 个以内大于 2.0mm 的不允许
5	气泡	不允许
6	糙面膜外观	均匀，不应有结块、缺损等现象

摘自 GB/T 17643—2011

（3）普通高密度聚乙烯土工膜技术性能指标应符合表 2-69 要求；环保用光面高密度聚乙烯土工膜技术性能指标应符合表 2-70 的要求；环保用糙面高密度聚乙烯土工膜技术性能指标应符合表 2-71 的要求；低密度聚乙烯土工膜技术性能指标应符合表 2-72 的要求；环保用线形低密度聚乙烯土工膜技术性能指标应符合表 2-73 的要求。

表 2-69　普通高密度聚乙烯土工膜（GH-1 型）

序号	项目	指　标								
	厚度/mm	0.30	0.50	0.75	1.00	1.25	1.50	2.00	2.50	3.00
1	密度/（g/cm³）	≥0.940								
2	拉伸屈服强度（纵、横向)/(N/mm)	≥4	≥7	≥10	≥13	≥16	≥20	≥26	≥33	≥40
3	拉伸断裂强度（纵、横向)/(N/mm)	≥6	≥10	≥15	≥20	≥25	≥30	≥40	≥50	≥60
4	屈服伸长率（纵、横向）/%	—	—	—	≥11					
5	断裂伸长率（纵、横向）/%	≥600								
6	直角撕裂负荷(纵、横向)/N	≥34	≥56	≥84	≥115	≥140	≥170	≥225	≥280	≥340
7	抗穿刺强度/N	≥72	≥120	≥180	≥240	≥300	≥360	≥480	≥600	≥720
8	炭黑含量/%	2.0～3.0								
9	炭黑分散性	10 个数据中 3 级不多于 1 个，4 级、5 级不允许								

续表

序号	项目	指　标								
	厚度/mm	0.30	0.50	0.75	1.00	1.25	1.50	2.00	2.50	3.00
10	常压氧化诱导时间(OIT)/min	≥60								
11	低温冲击脆化性能	通过								
12	水蒸气渗透系数/[g•cm/(cm²•s•Pa)]	≤1.0×10⁻¹³								
13	尺寸稳定性/%	±2.0								

注：表中没有列出厚度规格的技术性能指标要求按照内插法执行。

摘自 GB/T 17643—2011

表 2-70　环保用光面高密度聚乙烯土工膜（GH-2S 型）

序号	项目	指　标						
	厚度/mm	0.75	1.00	1.25	1.50	2.00	2.50	3.00
1	密度/（g/cm³）	≥0.940						
2	拉伸屈服强度（纵、横向)/(N/mm)	≥11	≥15	≥18	≥22	≥29	≥37	≥44
3	拉伸断裂强度（纵、横向)/(N/mm)	≥20	≥27	≥33	≥40	≥53	≥67	≥80
4	屈服伸长率(纵、横向)/%	≥12						
5	断裂伸长率(纵、横向)/%	≥700						
6	直角撕裂负荷(纵、横向)/N	≥93	≥125	≥160	≥190	≥250	≥315	≥375
7	抗穿刺强度/N	≥240	≥320	≥400	≥480	≥640	≥800	≥960
8	拉伸负荷应力开裂(切口恒载拉伸法)/h	—	≥300					
9	炭黑含量%	2.0~3.0						
10	炭黑分散性	10 个数据中 3 级不多于 1 个，4 级、5 级不允许						
11[a]	氧化诱导时间(OIT)/min	常压氧化诱导时间≥100						
		高压氧化诱导时间≥400						
12	85℃热老化(90d 后常压 OIT 保留率)/%	≥55						
13[a]	抗紫外线(紫外线照射 1600h 后 OIT 保留率)/%	≥50						

注：表中没有列出厚度规格的技术性能指标要求按照内插法执行。

[a]11、13 两项指标的常压 OIT（保留率）和高压 OIT（保留率）可任选其一测试。

摘自 GB/T 17643—2011

表 2-71　环保用糙面高密度聚乙烯土工膜（GH-2T1、GH-2T2 型）

序号	项目	指　标						
	厚度/mm	0.75	1.00	1.25	1.50	2.00	2.50	3.00
1	密度/（g/cm³）	≥0.940						
2[a]	毛糙高度 mm	≥0.25						
3	拉伸屈服强度（纵、横向)/(N/mm)	≥11	≥15	≥18	≥22	≥29	≥37	≥44
4	拉伸断裂强度（纵、横向)/(N/mm)	≥8	≥10	≥13	≥16	≥21	≥26	≥32
5	屈服伸长率(纵、横向)/%	≥12						
6	断裂伸长率(纵、横向)/%	≥100						
7	直角撕裂负荷(纵、横向)/N	≥93	≥125	≥160	≥190	≥250	≥315	≥375

续表

序号	项目	指标						
	厚度 mm	0.75	1.00	1.25	1.50	2.00	2.50	3.00
8	抗穿刺强度/N	≥200	≥270	≥335	≥400	≥535	≥670	≥800
9	拉伸负荷应力开裂(切口恒载拉伸法)/h	≥300						
10	炭黑含量%	2.0~3.0						
11	炭黑分散性	10个数据中3级不多于1个,4级、5级不允许						
12[b]	氧化诱导时间(OIT)/min	常压氧化诱导时间≥100						
		高压氧化诱导时间≥400						
13	85℃热老化(90d后常压OIT保留率)/%	≥55						
14	抗紫外线(紫外线照射1600h后OIT保留率)/%	≥50						

注:表中没有列出厚度规格的技术性能指标要求按照内插法执行。

[a] 序号2项指标在10次测试中,8次的结果应大于0.18mm,最小值应大于0.13mm。

[b] 序号13、14两项指标的常压OIT(保留率)和高压OIT(保留率)可任选其一测试。

摘自GB/T 17643—2011

表 2-72　低密度聚乙烯土工膜（GL-1 型）

序号	项目	指标								
	厚度/mm	0.30	0.50	0.75	1.00	1.25	1.50	2.00	2.50	3.00
1	密度/（g/cm³）	≥0.939								
2	拉伸断裂强度（纵、横向）/(N/mm)	≥6	≥9	≥14	≥19	≥23	≥28	≥37	≥47	≥56
3	断裂伸长率（纵、横向）/%	≥560								
4	直角撕裂负荷(纵、横向)/N	≥27	≥45	≥63	≥90	≥108	≥135	≥180	≥225	≥270
5	抗穿刺强度/N	≥52	≥84	≥135	≥175	≥220	≥260	≥350	≥435	≥525
6[a]	炭黑含量/%	2.0~3.0								
7[a]	炭黑分散性	10个数据中3级不多于1个,4级、5级不允许								
8	常压氧化诱导时间(OIT)/min	≥60								
9	低温冲击脆化性能	通过								
10	水蒸气渗透系数/[g·cm/(cm²·s·Pa)]	≤1.0×10⁻¹³								
11	尺寸稳定性/%	±2.0								

注:表中没有列出厚度规格的技术性能指标要求按照内插法执行。

[a]6、7两项指标只适用于黑色土工膜。

摘自GB/T 17643—2011

表 2-73　环保用线形低密度聚乙烯土工膜（GL-2 型）

序号	项目	指标							
	厚度/mm	0.50	0.75	1.00	1.25	1.50	2.00	2.50	3.00
1	密度/（g/cm³）	≤0.939							
2	拉伸断裂强度（纵、横向）/(N/mm)	≥13	≥20	≥27	≥33	≥40	≥53	≥66	≥80
3	断裂伸长率（纵、横向）/%	≥800							

序号	项目	指标							
	厚度 mm	0.50	0.75	1.00	1.25	1.50	2.00	2.50	3.00
4	2%正割模量/（N/mm）	≤210	≤370	≤420	≤520	≤630	≤840	≤1050	≤1260
5	直角撕裂负荷（纵、横向）/N	≥50	≥70	≥100	≥120	≥150	≥200	≥250	≥300
6	抗穿刺强度/N	≥120	≥190	≥250	≥310	≥370	≥500	≥620	≥750
7	炭黑含量/%	2.0~3.0							
8	炭黑分散性	10 个数据中 3 级不多于 1 个，4 级、5 级不允许							
9[a]	氧化诱导时间（OIT）/min	常压氧化诱导时间≥100							
		高压氧化诱导时间≥400							
10	85℃热老化（90d 后常压 OIT 保留率）/%	≥35							
11[a]	抗紫外线（紫外线照射 1600h 后 OIT 保留率）/%	≥35							

注：表中没有列出厚度规格的技术性能指标要求按照内插法执行。

[a]　9、11 两项指标的常压 OIT（保留率）和高压 OIT（保留率）可任选其一测试。

摘自 GB/T 17643—2011

2.5

- - - - - - - -

耐根穿刺防水层材料

　　耐根穿刺防水层是指具有防水和阻止植物根系穿刺功能的构造层。

　　耐根穿刺防水层有多种不同的叫法，如抗植物根系穿刺层、隔根层、阻根层、根阻层等，其含义都是阻止植物根系穿透防水层，由于耐根穿刺材料都具有防水的功能，根据习惯叫法称作耐根穿刺防水层。

　　由于植物根系具有向水性及向下发展性，根系会由种植土植被层连续向下发展，由于种植土层植被层相对较浅，植物的根系会很快发展到防水层并产生巨大的压力。普通防水层所采用的防水卷材如高聚物改性沥青防水卷材或高分子防水卷材，对植物根系的抵抗能力是极有限的，植物根系在短时间内就会穿过卷材从而破坏整个防水体系。因此，必须在普通防水层上面设置由耐根穿刺防水材料组成的耐根穿刺防水层。

2.5.1 耐根穿刺防水材料的阻根机理

普通防水卷材主要是沥青基防水卷材和合成高分子防水卷材。沥青基防水卷材是由 SBS 或 APP 改性沥青涂层及胎基（聚酯胎、玻纤胎或复合胎）所构成。沥青中含有一种植物的亲和物——蛋白酶，此类物质对植物来说是一种营养物质，当植物根系接近这类物质后，根系会穿入沥青中来吸收该成分，而普通的防水卷材其胎基对植物根系的抵抗能力近乎为零，常规改性沥青卷材组成防水系统的种植屋面中，植物根系第一年就可穿入其防水系统，接下来在很短的时间内就造成了防水系统的破坏。

由普通高分子防水卷材组成的防水系统中，虽然 PVC 或聚乙烯（PE）以及其他高分子材料做成的防水卷材不含有植物的亲和物——蛋白酶，植物不会主动攻击防水系统，但是所有的植物根系都有同样的生长特性——向水性及向下性，在植物根系生长的巨大压力下，PVC 防水卷材在第一年就可被植物根系所破坏。

由此可见，普通的防水卷材在不具备生物阻拦及机械阻拦的防水系统中，面对植物根系是十分脆弱的，故必须采用具有耐根穿刺的防水材料构成一道阻根防水层。

耐根穿刺防水材料根据阻根机理的不同，分为物理阻根材料和化学阻根材料两大类。

（1）物理阻根材料是指利用材料自身的物理特性（如采用不锈钢薄板、铝箔、铜等金属材料作胎基或直接采用铝锡合金卷材等）来阻挡植物根系的耐根穿刺材料。这类材料增加了卷材的机械强度和防水抗渗功能，其用于种植屋面，主要起抗植物根穿刺的作用，其机理是因为金属材料具有密度大、强度高、水蒸气渗透小等特点，故不能给植物提供水分，使植物无法溯水生长，同时又不会影响植物的正常生长，当植物的根在向下竖向找不到水分时，便会产生横向生长的现象，向周围有水的地方生长，从而有效地阻拦了植物根系竖向的生长，起到防止植物根系破坏防水层和建筑结构的作用。铝箔的两面（或一面）复合的是高分子树脂层，可起到防水作用，同时也具有一定的抗植物根穿刺的作用，卷材的上、下层是高分子织物，其下层可直接复合在普通防水层上，再粘贴在水泥基结构的基层（找平层）上，使材料与结构基层合为一体，这样可更有效地阻拦了具有强冲击性植物根的穿刺；其上层可针对不同植物的生长特点及工程的实际情况，复合不同厚度的无纺布、毛毡等组成的（蓄）排水层，以保护防水阻根材料，过滤泥沙，防止营养土流失，同时亦可排除多余的水分及储存一定的水分以供植物生长。

（2）化学阻根材料的作用机理通常是在改性沥青涂层（如 SBS）中加入可以抑制植物根系生长的生物添加剂。由于沥青是比较柔软的有机材料，故十分容易与添加剂融合，当植物根的尖端生长到涂层时，在添加剂的作用下即会产生角质化，故不会继续生长以至于破坏下面的胎基，从而使卷材可继续发挥防水功能。

考虑到许多植物其根系均具有极强的穿透能力（如竹子、茅草等植物），故有一些耐根穿刺防水卷材往往是将物理、化学方法相结合处理，使其具有生物阻挡及机械阻拦的双重特性，使得屋面防水性能更佳。

2.5.2 耐根穿刺防水材料的种类

耐根穿刺防水材料对于种植屋面来说是至关重要的材料。目前耐根穿刺防水材料主要是采用具有耐根穿刺性能的防水卷材，主要品种有采用阻根剂或耐根穿刺胎基的改性沥青防水卷材、采用胎基增强方式的合成高分子防水卷材（塑料防水卷材、橡胶防水卷材）以及金属防水卷材等多种。其次还有喷涂聚脲防水涂料。

塑料防水卷材品种最大，其包括 PVC、TPO、HDPE 等，通常都采用胎基增强的方式；橡胶防水卷材品种则较少，主要是三元乙丙防水卷材。带有化学阻根剂的高聚物改性沥青防水卷材是广泛应用的一类阻根材料，其是在沥青混合过程中直接添加环保型阻根剂，使其均匀地分布在卷材的改性沥青层中，充分利用添加剂与植物根的生化反应，使植物根在生长到沥青层中时，在添加剂的作用下角质化，并平行生长，从而达到防止植物根穿破防水层的目的。此类耐根穿刺卷材已广泛应用，为成熟、可靠的产品，产品可以和下层普通防水材料直接融合成为一体，可直接提高整个防水系统的可靠性。铜胎基改性沥青卷材则是高聚物改性沥青耐根穿刺防水卷材的另一个重要的类别，其包括铜－聚酯复合胎基改性沥青防水卷材和铜膜胎基改性沥青防水卷材等产品。耐根穿刺防水卷材的分类如图 2-1 所示。

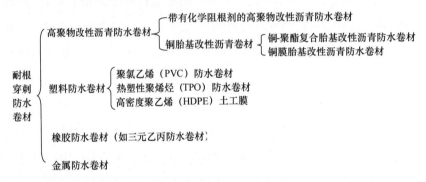

图 2-1 耐根穿刺防水卷材的分类

2.5.3 我国相关标准对耐根穿刺防水材料提出的要求

2.5.3.1 《种植屋面工程技术规程》JGJ 155—2013 对耐根穿刺防水材料提出的要求

耐根穿刺防水材料的选用应通过耐根穿刺性能试验，其试验方法应符合现行行业标准《种植屋面用耐根穿刺防水卷材》JC/T 1075 的规定，并由具有资质的检测机构出具具有合格检验报告。

耐根穿刺防水材料应具有耐霉菌腐蚀的性能，改性沥青类耐根穿刺防水材料应含有化学阻根剂。各种耐根穿刺防水材料的技术性能应符合下列要求：

（1）弹性体改性沥青防水卷材的厚度不应小于 4.0mm，产品包括复合铜胎基、聚酯胎基的卷材，应含有化学阻根剂，其主要性能应符合现行国家标准《弹性体改性沥青防水卷材》GB 18242（见 2.4.2.1 节 1）及表 2-74 的规定。

表 2-74　弹性体改性沥青防水卷材主要性能

项目	耐根穿刺性能试验	可溶物含量/(g/m²)	拉力/(N/50mm)	延伸率/%	耐热性/℃	低温柔性/℃
性能要求	通过	≥2900	≥800	≥40	105	−25

摘自 JGJ 155—2013

（2）塑性体改性沥青防水卷材的厚度不应小于 4.0mm，产品包括复合铜胎基、聚酯胎基的卷材，应含有化学阻根剂，其主要性能应符合现行国家标准《塑性体改性沥青防水卷材》GB 18243（见 2.4.2.1 节 2）及表 2-75 的规定。

表 2-75　塑性体改性沥青防水卷材主要性能

项目	耐根穿刺性能试验	可溶物含量/(g/m²)	拉力/(N/50mm)	延伸率/%	耐热性/℃	低温柔性/℃
性能要求	通过	≥2900	≥800	≥40	130	−15

摘自 JGJ 155—2013

（3）聚氯乙烯防水卷材的厚度不应小于 1.2mm，其主要性能应符合现行国家标准《聚氯乙烯（PVC）防水卷材》GB 12952（见 2.4.2.1 节 6）及表 2-76 的规定。

表 2-76　聚氯乙烯防水卷材主要性能

类型	耐根穿刺性能试验	拉伸强度	断裂伸长率/%	低温柔性/℃	热处理尺寸变化率/%
匀质	通过	≥10MPa	≥200	−25	≤2.0
玻纤内增强	通过	≥10MPa	≥200	−25	≤0.1
织物内增强	通过	≥250N/cm	≥15（最大拉力时）	−25	≤0.5

摘自 JGJ 155—2013

（4）热塑性聚烯烃防水卷材的厚度不应小于 1.2mm，其主要性能应符合现行国家标准《热塑性聚烯烃（TPO）防水卷材》GB 27789（见 2.4.2.1 节 7）及表 2-77 的规定。

表 2-77　热塑性聚烯烃防水卷材主要性能

类型	耐根穿刺性能试验	拉伸强度	断裂伸长率/%	低温柔性/℃	热处理尺寸变化率/%
匀质	通过	≥12MPa	≥500	−40	≤2.0
织物内增强	通过	≥250N/cm	≥15（最大拉力时）	−40	≤0.5

摘自 JGJ 155—2013

（5）高密度聚乙烯土工膜的厚度不应小于 1.2mm，其主要性能应符合现行国家标准《土工合成材料 聚乙烯土工膜》GB/T 17643（见 2.4.2.3 节）及表 2-78 的规定。

表 2-78　高密度聚乙烯土工膜主要性能

项目	耐根穿刺性能试验	拉伸强度/MPa	断裂伸长率/%	低温弯折性/℃	尺寸变化率（100℃，15min）/%
性能要求	通过	≥25	≥500	−30	≤1.5

摘自 JGJ 155—2013

（6）三元乙丙橡胶防水卷材的厚度不应小于 1.2mm，其主要性能应符合现行国家标准《高分子防水材料　第1部分：片材》GB 18173.1 中 JL1（见 2.4.2.1 节 5）及表 2-79 的规定；三元乙丙橡胶防水卷材搭接胶带的主要性能应符合表 2-80 的规定。

表 2-79　三元乙丙橡胶防水卷材主要性能

项目	耐根穿刺性能试验	断裂拉伸强度/MPa	扯断伸长率/%	低温弯折性/℃	加热伸缩量/mm
性能要求	通过	≥7.5	≥450	−40	+2，−4

摘自 JGJ 155—2013

表 2-80　三元乙丙橡胶防水卷材搭接胶带主要性能

项目	持粘性/min	耐热性（80℃，2h）	低温柔性（−40℃）	剪切状态下粘合性（卷材）/（N/mm）	剥离强度（卷材）/（N/mm）	热处理剥离强度保持率（卷材，80℃，168h）/%
性能要求	≥20	无流淌、龟裂、变形	无裂纹	≥2.0	≥0.5	≥80

摘自 JGJ 155—2013

（7）聚乙烯丙纶防水卷材和聚合物水泥胶结料复合耐根穿刺防水材料，其中聚乙烯丙纶防水材料的聚乙烯膜层厚度不应小于 0.6mm，其主要性能应符合表 2-81 的规定；聚合物水泥胶结料的厚度不应小于 1.3mm，其主要性能应符合表 2-82 的规定。

表 2-81　聚乙烯丙纶防水卷材主要性能

项目	耐根穿刺性能试验	断裂拉伸强度/MPa	扯断伸长率/%	低温弯折性/℃	加热伸缩量/mm
性能要求	通过	≥60	≥400	−20	+2，−4

摘自 JGJ 155—2013

表 2-82　聚合物水泥胶结料主要性能

项目	与水泥基层粘结强度/MPa	剪切状态下的粘合性/（N/mm）		抗渗性能（7d）/MPa	抗压强度（7d）/MPa
		卷材—基层	卷材—卷材		
性能要求	≥0.4	≥1.8	≥2.0	≥1.0	≥9.0

摘自 JGJ 155—2013

（8）喷涂聚脲防水涂料的厚度不应小于 2.0mm，其主要性能应符合现行国家标准《喷涂聚脲防水涂料》GB/T 23446（见 2.4.2.2 节 3）的规定及表 2-83 的规定；喷涂聚脲防水涂料的配套底涂料、涂层修补材料和层间搭接剂的性能应符合现行行业标准《喷涂聚脲防水工程技术规程》JGJ/T 200 的相关规定。

表 2-83　喷涂聚脲防水涂料主要性能

项目	耐根穿刺性能试验	拉伸强度/MPa	断裂伸长率/%	低温弯折性/℃	加热伸缩率/%
性能要求	通过	≥16	≥450	−40	+1.0，−1.0

摘自 JGJ 155—2013

2.5.3.2　《种植屋面用耐根穿刺防水卷材》JC/T 1075—2008 对材料提出的要求

现行行业标准《种植屋面用耐根穿刺防水卷材》JC/T 1075—2008 对改性沥青类（B）、塑料类（P）、橡胶类（R）种植屋面用耐根穿刺防水卷材提出的技术要求如下：

（1）种植屋面用耐根穿刺防水卷材的生产与使用不应对人体、生物与环境造成有害的影响，所涉及与使用有关的安全与环保要求，应符合我国相关国家标准和规范的规定。

（2）改性沥青类防水卷材厚度不小于 4.0mm，塑料、橡胶类防水卷材不小于 1.2mm。

（3）种植屋面用耐根穿刺防水卷材基本性能（包括人工气候加速老化），应符合现行国家标准或行业标准中的相关要求。表 2-84 列出了应符合的现行国家标准中的相关要求。

表 2-84　现行国家标准及相关要求

序号	标准名称	要求
1	《弹性体改性沥青防水卷材》GB 18242	Ⅱ型全部要求（见本章 2.4.2.1 节 1）
2	《塑性体改性沥青防水卷材》GB 18243	Ⅱ型全部要求（见本章 2.4.2.1 节 2）
3	《改性沥青聚乙烯胎防水卷材》GB 18967	Ⅱ型全部要求（见本章 2.4.2.1 节 3）
4	《聚氯乙烯防水卷材》GB 12952	Ⅱ型全部要求（见本章 2.4.2.1 节 6）
5	《高分子防水材料 第 1 部分：片材》GB 18173.1	全部要求（见本章 2.4.2.1 节 5）

（4）种植屋面用耐根穿刺防水卷材应用性能应符合表 2-85 的要求。

表 2-85　耐根穿刺防水卷材的应用性能

序号	项目		技术指标
1	耐根穿刺性能		通过
2	耐霉菌腐蚀性	防霉等级	0 级或 1 级
		拉力保持率（%）　≥	80
3	尺寸变化率（%）　≤		1.0

摘自 JC/T 1075—2008

2.5.4　德国威达耐根穿刺防水卷材

德国威达种植屋面系统的阻根防水材料分为物理阻根和化学阻根两大类，主要产品有：

1. WEDAFLOR WS-I（RC）板岩面铜离子复合胎基改性沥青阻根防水卷材

WEDAFLOR WS-I（RC）是一种采用铜离子复合胎基的 SBS 改性沥青阻根防水卷材。铜离子赋予了产品独特的引导植物根系靠近阻根卷材时转向生长，从而达到防水功能不被破坏的效果，上表面的蓝绿色板岩颗粒具有抗紫外线辐射的功能。产品生产流程和工厂控制已通过 EN ISO 9001 认证。除了耐根穿刺功能以外，这款产品还具有高耐折力和良好的低温柔度等特点，是一种理想的种植屋面用阻根防水卷材，适用于各种类型的种植屋面，它的阻根性能已经通过了德国 FLL 的试验认证。

根据德国屋面绿化组织（ZVDH）和德国屋顶联合会（VDD）标准，它既是两层防水的面层防水材料，又是各类绿化屋面植物阻根层材料。

该产品与高密度聚乙烯膜（HDPE）的性能比较见表 2-86。

表 2-86　VEDAFLOR WS-I（RC）与高密度聚乙烯膜（HDPE）的性能比较

序号	项目	VEDAFLOR WS-I（RC）	HDPE 高密度聚乙烯膜
1	功能	既有阻根功能，又满足防水卷材的技术要求，适用各种植屋面的需求	适用于轻型花园屋面
2	安装	与底层防水卷材紧密粘结，整体性强	采用空铺法，接缝处采用焊接工艺
3	对基层的要求	对基层平整度的适应性强	对基层要求较高，尖锐的突出物容易造成材料的破坏
4	胎基	聚酯胎基	无胎基
5	涂层	含有生物阻根剂，以化学阻根方式防止植物根穿透涂层	机械阻根
6	强度	整体强度高，抗变形能力强	搭接处是一个薄弱环节
7	耐久性	耐久性强	耐久性强
8	验证	通过 FLL 认证	在欧洲 HDPE 未通过 FLL 验证

作为耐根穿刺水卷材，首先要满足建筑防水的要求，高密度聚乙烯膜很少被作为建筑防水材料使用。德国威达的种植屋面系统由隔汽层、双层防水卷材构成一个严密的防水系统，面层防水卷材具有优异的耐根穿刺功能，适合各种类型的种植屋面。

高密度聚乙烯膜在混凝土顶板上采用单层空铺施工，渗漏的风险比较大。WEDAFLOR WS-I（RC）采用喷灯满粘法安装，与底层防水材料错缝平铺，搭接短边搭接 10cm，长边搭接 8cm，两层防水卷材施工必须连续进行。

2. VEDATECT® ＿ WF（RC）blue-green 板岩面化学改性沥青阻根防水卷材

VEDATECT® ＿ WF（RC）blue-green 是一种根据德国标准 DIN 52133S 生产的具有阻根功能的弹性体沥青片材，上表面是板岩颗粒。生产流程和工厂控制通过 EN ISO 9001 认证。产品具有高耐折力和植物阻根拦功能持久的低温柔度和良好的防火性能。

根据德国屋面绿化组织（ZVDH）和德国屋顶联合会（VDD）标准，它既是两层防水的面层防水材料，又是轻型绿化屋面植物阻根层材料。

VEDATECT® ＿ WF（RC）blue-green 采用喷灯满粘法安装，与底层防水材料错缝平铺，搭接短边搭接 10cm，长边搭接 8cm，两层防水卷材施工必须连续进行。

2.5.5 防水卷材耐根穿刺性能的试验方法

种植屋面所采用的防水材料在满足防水功能的同时，还要求具有良好的耐根穿刺性能，因此对材料进行耐根穿刺试验认证是耐根穿刺防水材料进行生产、选择、使用中所必不可少的过程，只有在确认其具有耐根穿刺性能，才能在工程中安全使用。

2.5.5.1 国外防水卷材耐根穿刺性能的试验情况

在国外，种植屋面用防水卷材应按照欧洲规范 DIN EN13948 来确定卷材是否为阻根材料，德国绿化组织（FLL）已发表了一份关于种植屋面的指南，且在 1984 年进行的对卷材的阻根性能试验中取得了成功。

阻根试验可分为 2 年标准化条件下试验和 4 年自然条件下试验两种试验方法。2 年标准化条件下试验方法如下：在一个具有标准化条件下［室内温度在白天达到（18±2）℃，在夜晚达到（16±2）℃］的试验箱里，对阻根卷材的抗穿透性能进行试验。阻根防水卷材在具有阻根性能的同时要做到不影响植物的生长。在有空调的标准试验条件下的阻根试验持续 2 年。将具有多种搭接形式的试验卷材放进 6 个试验箱（内部尺寸至少为 800mm×800mm×250mm）里。另外的 2 个箱子进行没有卷材的试验，用于监视植物的生长。将薄的支持植物生长发育的营养层铺满试验箱里与紧密种植的植物相结合，此时种上一个品种的植物，产生一种高的生根张力，通过适度的施肥和有保留的浇水应继续提高生根张力。在试验结束后，将支持植物生长发育的营养层取走，并对卷材有关根穿透和生根侵入方面进行检查，图 2-2～图 2-11 为在德国进行阻根试验的相关图片。

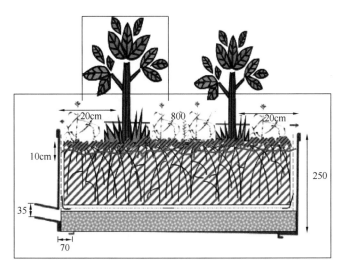

图 2-2　试验示意图

图 2-3　试验大棚

图 2-4　阻根材料做成的植物生长容器（1）

图 2-5　阻根材料做成的植物生长容器（2）

图 2-6　4 年后容器中挖出的植物

图 2-7　对比试验中失败的普通改性沥青防水材料

（黑色边缘为防水材料）

图 2-8　从透明容器底部观
察到失败阻根的生长情况放大

图 2-9　对比试验失败的植物阻根拦

图 2-10　对比试验中容器中穿过的植物根系　　　图 2-11　对比试验中 PVC 被植物根穿透

2.5.5.2　我国防水卷材耐根穿刺性能的试验方法

我国已于 2008 年发布了行业标准《种植屋面用耐根穿刺防水卷材》JC/T 1075—2008，明确了耐根穿刺性能的具体试验方法。

该试验方法适用于种植屋面用沥青类、塑料类、橡胶类等防水卷材耐植物根侵入和穿透能力的试验。

耐根穿刺试验应在试验箱中进行，并在指定的条件下将试验卷材置于根的下方。

试验卷材的试样应分别安装在 6 个试验箱中，并需包含几条接缝。另外需要 2 个不安装试验卷材的对照箱，以便在整个试验期间比较植物的生长效率。

试验箱中包含种植土层和密集的植物覆盖层，这将产生来自根部的高的生长应力。为了保证这种高的生长应力，应适度施肥并浇水灌溉。

试验箱和对照箱安放在装有空调的温室里。由于环境条件对植物的生长有影响，因此，生长条件须具有可控性。

两年试验期是获得可靠结果所需的最短时间。

试验结束后，将种植土层取走，观察并评价试验卷材是否有根穿刺发生。

1. 试验用植物

试验采用的植物种类为火棘（Pyracantha fortuneana 'orange charmer'），栽在 2L 的容器中，高度（700±100）mm。

试验植物生长量的要求为：在挑选植物时应确保长势一致。在整个试验期间，试验箱中的植物至少达到对照箱中植物平均生长量的 80%（高度，干茎直径）。

试验植物的数量：在每个试验箱与对照箱中，应种 4 株试验植物。

2. 试验设备和材料

1）温室

温室温度须可调节并且具有通风设备。在白天应不低于18℃，在夜晚应不低于16℃。室内温度从22℃起必须通风，应避免室内温度高于35℃。需要时可在夏天进行遮阳或者在冬天进行人工光照。

2）试验箱

每个试验试件需要6个试验箱和2个对照箱。试验箱的内部尺寸不小于（800×800×250）mm。根据需要，考虑安装要求，也可使用比较大和高的试验箱。试验箱底部采用透明材料，用于观察植物根系的生长状况。为了预防在潮湿层里生长藻类，箱底应遮光（如用塑料薄膜）。

试验箱结构层，应该由下至上，植物层在最上层。为保证潮湿层的水分，需在箱体下部镶上φ35mm注水管，注水管顶端需向上倾斜（图2-12）。

3）潮湿层

潮湿层由陶粒（颗粒度8～16mm）组成，直接铺放在透明的底板上，厚度为（50±5）mm，电导率＜15.0ms/m。

4）保护层

保护层为规格不小于170g/m²的聚酯无纺布，铺在潮湿层上部、试验卷材下部，并保证此种材料与试验卷材相容。

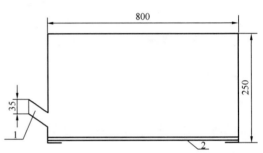

图2-12 试验箱示意图（单位：mm）
1—注水管；2—透明底部

5）种植土层

种植土层应是品种稳定、均匀一致的原料的混合物。在同一试验室内的这种稳定和均一性应保持一致，具有结构上的稳定性并有适宜的水/气比率。为了保证植物根部最佳的生长状态，还应含薄肥。

70%（体积比）由刚分解的泥炭组成，电导率应小于8.0ms/m，pH值为（4.0±1.0）。

30%（体积比）由潮湿层的陶粒（颗粒度8～16mm）组成，其品质应符合潮湿层的要求。

种植土应和基料肥混合均匀。

混合均匀后的种植土应符合表2-87的要求。

表2-87 混合均匀后种植土要求

项目	指标
pH	6.5±0.8
电导率（ms/m）	＜30
N（氮）（mg/L）	100±50
P（磷）（mg/L）	40±20
K（钾）（mg/L）	100±50

6）肥料

种植土基肥包含N、P、K元素，氯化物的含量最低（＜0.5%Cl）；基肥的成分和数量应符合种植土的要求（表 2-87）。种植土基肥还应包含 Fe、Cu、Mo、Mn、B 和 Zn 元素，为使其富有营养，应使用生产商推荐的含量。

缓释肥有效期为（6～8）个月，包含（15±5）％N，（7±3）％P 和（15±5）％K。

缓释肥的使用量应符合每（800×800）mm 试验箱中 5gN 的需求量。

7）张力计

测量范围为（−600～0）hPa 的控制水分用张力计，每个试验箱配备一个。

8）灌溉用水

灌溉用水应符合表 2-88 的规定。

表 2-88　灌溉用水要求

项目	指标
电导率（ms/m）	<70
重碳酸盐（HCO_3，me/L）	3±1
硫酸盐（SO_4，mg/L）	<250
氯化物（Cl，mg/L）	<50
钠（Na，mg/L）	<50
硝酸盐（NO_3，mg/L）	<50

注：me 为毫克当量，1me ＝1 毫摩尔电子电荷。

3. 试验样品

试验前后都需从卷材上取出参比样品，参比样品至少含一条接缝并至少为 $1m^2$。参比样品应存放在试验室黑暗、干燥、温度在（15±10）℃的地方。

为了便于清楚确认试验卷材，下列信息在试验开始时需要明确：产品名称、用途、材料类型、防水层厚度（塑料和橡胶卷材的有效厚度）、产品构造、生产日期、在试验室的安装方法（搭接、接缝方式、接缝处理剂、接缝密封类型、接缝封边带、特殊的拐角的搭接）、阻根剂（如延缓生根的物质）等。

进行第三方试验时，卷材生产商应向试验机构提供施工说明书（附带有效日期）。

4. 安装

（1）试验箱中的各层应按从下至上顺序设置：潮湿层、保护层、试验卷材、种植土层。

（2）潮湿层应直接安放在透明底部上面，厚度均匀。

（3）保护层裁减成适当的尺寸，直接铺设在潮湿层上。

（4）试验卷材的铺设：试验的试样由试验的委托者裁剪成试验箱安装的尺寸；搭接和安装由试验的委托者根据生产商的安装说明施工，每个试样应有四条立角接缝、两条底边接缝以及一条中心 T 形接缝（图 2-13）；卷材试样必须向上延伸到试验箱边缘。只要达到材料接缝形式相同的目的（如：热熔焊接和热风焊接的接缝方式被看做是同等的），允许在试验中使用不同的接缝工艺。然而，无胶粘剂接头和有胶粘剂接头或者用两种不同胶粘剂的接头，是不同类的接缝工艺，需要分别试验。

（5）卷材铺设完成后，放入种植土，种植土厚度应均匀，为（150±10）mm。

（6）在每个试验箱里种上4株试验植物火棘，使它们平均地分布在现有的平面上（图2-14）。如果使用更大尺寸的试验箱，为了获得同样的种植密度，应增加植物数量（至少6株/m²）。

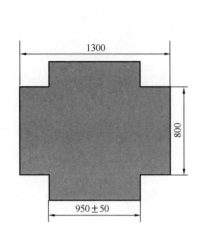

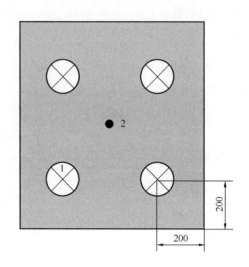

图 2-13　试验卷材上的接缝示意图　　　图 2-14　植物栽植分布方式和张力计安置位置（单位：mm）

（单位：mm）　　　　　　　　　　　　　　　　1—试验植物；2—张力计

（7）为了在试验期间能观察根穿刺情况，应将试验箱放在台子上，试验箱四周至少保证0.4m间距。试验箱和对照箱应随机放置。

（8）张力计直接安置在种植土层里，保持与植物相等的间距（图2-14）。

（9）对照箱步骤与方法和试验箱相同，只是不需铺设试验卷材，将种植土直接放在保护层上。

5. 植物养护

（1）根据植物的需要，向种植土层浇水，调整种植土的湿度。通过张力计测定湿度。当吸水张力下降到－（350±50）hPa时浇水，使吸水张力接近0hPa。

（2）整个种植土层（尤其是四边范围）应均匀地湿润，避免在种植土层下部持续积水。

（3）潮湿层通过安装在试验箱侧面的注水管每周注一次水，保持足够湿润。

（4）缓释肥每六个月施用一次，第一次应在种植三个月后施用。

（5）种植后三个月内死掉的植物应替换。为了不干扰保留植物的根系生长，替换只允许在试验的前三个月进行。

（6）不允许修剪试验植物，允许在试验箱之间的通道范围里修剪侧芽。

（7）当出现病虫害时应采取适当的保护植物的措施。

（8）如果在试验的过程中有超过25%的植物死亡，试验需要重新进行。

6. 试验情况

1）概述

以下情况不属于卷材被根穿刺，但在试验报告中需要提及：

（1）在试验开始前，生产商应明确表明这种卷材是否含阻根剂。因为只有当植物根侵入后阻根剂才能发挥作用，所以当卷材含有阻根剂（如延缓生根的物质）时，植物根侵入卷材平面或者不大于 5mm 的接缝深度时不属于被根穿刺。

（2）当产品是由多层组成的情况下，比如，带铜带衬里的沥青卷材或者带聚酯无纺布衬里的 PVC 卷材，植物根虽侵入平面里，但若起防止根穿刺作用的那层并没有被损害，则不属于被根穿刺。在试验开始时，起作用的这层就应被明确表明。

（3）因为接缝衬边是焊接时挤压出的熔化物质或者是保护接缝边缘的液体物质，所以根侵入接缝封边（接缝没有损害）也不属于被根穿刺。

2）试验期间

（1）六个月时通过透明底部观察 6 个试验箱的潮湿层是否有根穿刺现象发生。当有根穿刺现象发生时，必须通知试验委托者，停止试验。

（2）每年记录试验箱和对照箱里试验植物的生长量，方法是记录试验箱中的植物高度，植物高度在（20±2）cm 处干茎的直径，并与对照箱里试验植物进行比较。

（3）受损的植物（如生长变形或树叶变色等）要单独记录。

3）试验结束

（1）事先通知试验的委托者试验结束的日期，以便其准时到场。

（2）记录下每个试验箱中侵入和穿透卷材的植物根的数量。对于平面和接缝处的穿刺要分开记录。

（3）无论有没有根穿刺现象发生，都要为实物拍照作为证明。

（4）试验结束后，在每个试验箱中都没有任何根穿刺现象发生，且同时满足试验期间试验箱中植物的生长量至少达到对照箱植物平均生长量的 80％（高度、干茎直径），此卷材认为是耐根穿刺。

（5）根据上述第 6 条 1）对植物根的生长进行描述。

（6）试验样品按 2.5.5.2 第 3 条进行保存。

7. 试验报告

试验报告至少应包含如下信息：确认与 2.5.5.2 第 3 条一致的产品的所有信息；如 2.5.5.2 第 4 条所述的安装细节；按 2.5.5.2 第 6 条判定的试验结果；依照 2.5.5.2 第 6 条 3 所作的对试验卷材的评价；按 2.5.5.2 第 6 条 1）的相关信息及试验日期和地点。

2.6 - - - - - - -

保护层和隔离层材料

阻根防水卷材的保护层常采用的材料为水泥砂浆或细石混凝土。隔离层常用的材料为聚乙烯膜（PE）以及土工布、卷材、低强度等级砂浆等。

威达种植屋面系统采用 VEDAFLOR® TGF200（Separation layer PE）作为分离滑动保护膜，这是一种黑色的、防紫外线的、柔软坚实的 PE 膜，具有耐腐蚀性、化学稳定性高、抗腐殖酸性能和抗微生物腐蚀性强等特点。

分离滑动保护膜铺设在面层阻根防水材料上方，作为防水材料与上面排水层材料之间的隔离保护膜材料应满铺于阻根防水材料之上，所有部位搭接边宽度 10cm。

2.7 - - - - - - -

排（蓄）水层材料

排（蓄）水层是指排出种植土中多余水分（或具有一定蓄水能力）的一种构造层。

排水是种植屋面的关键技术之一，历来营造种植屋面都十分注意排水处理。目前种植屋面的排水层主要是铺设（蓄）排水板，在边缘铺设卵石、陶粒等。

排水板又称排疏板，是指在塑胶板材的凸台顶面上覆盖土工布滤层，用于渗水、疏水、排水和储水的一类排（蓄）水材料。

排水板主要采用高密度聚乙烯（PE）、聚苯烯（PP）等塑料材质制成，具有抗压强、抗老化、使用年限长的特性，还具有蓄水功能。排水板根据其形式可分为单面凸台排水板、双面凸台排水板和模块式排水板三种。双面凸台排水板不仅可以排水，更能贮水，凸台上的孔可以保持通气。此外，还有一类集过滤、排水、有机物质为一体的营养基（蓄）排水毯。

排（蓄）水层材料品种较多，为了减轻屋面荷载，种植屋面和地下车库顶板绿化宜选用由轻质材料制成的，留有足够空隙并有一定承载能力的专用塑料、橡胶类凹凸型排（蓄）水板或网状交织排水板。其可将通过过滤层的水，迅速地从排水层的空隙中汇集到汇水孔排出去。此类排水板受压强度高，可代替传统的陶粒、卵石排水防水；排水迅速，在屋面上不会形成积水，有利于植被的生长；排水层厚度和重量小，可减轻屋面的荷载；排水板中设计的凹槽有贮水功能，可以双向调节；具有多向性排水功能；透气性好；兼有抗植物根刺穿功能。排水板的排水量，应根据最大降雨强度时的降水量和需排水量计算确定，按需选用排水板型号。

2.7.1　我国相关标准对排（蓄）水层材料提出的要求

2.7.1.1　《种植屋面工程技术规程》JGJ 155—2013 对排（蓄）水层材料提出的要求

种植屋面排（蓄）水层应选用抗压强度大、耐久性好的轻质材料。排水板主要有用高密度聚乙烯（PE）、聚丙烯（PP）等材质制成的塑料排水板以及橡胶排水板。

排（蓄）水板材料应符合下列规定：

（1）凹凸型排（蓄）水板的主要性能应符合表 2-89 的规定；网状交织排水板的主要性能应符合表 2-90 的规定。

表 2-89　凹凸型排（蓄）水板主要物理性能

项　目	伸长率10%时拉力/(N/100mm)	最大拉力/(N/100mm)	断裂伸长率/%	撕裂性能/N	压缩性能		低温柔度	纵向通水量（侧压力150kPa）/(cm³/s)
					压缩率为20%时最大强度/kPa	极限压缩现象		
性能要求	≥350	≥600	≥25	≥100	≥150	无破裂	—10℃无裂纹	≥10

摘自 JGJ 155—2013

表 2-90　网状交织排水板主要物理性能

项目	抗压强度/（kN/m²）	表面开孔率/%	空隙率/%	通水量/（cm³/s）	耐酸碱性
性能要求	≥50	≥95	85～90	≥380	稳定

摘自 JGJ 155—2013

（2）级配碎石的粒径宜为 10～25mm，卵石的粒径宜为 25～40mm，铺设厚度均不宜小于 100mm。

（3）陶粒的粒径宜为 10～25mm，堆积密度不宜大于 500kg/m³，铺设厚度不宜小于 100mm。

2.7.1.2　《塑料防护排水板》JC/T 2112—2012 对用于种植屋面的塑料防护排水板提出的技术要求

建材行业标准《塑料防护排水板》JC/T 2112—2012 对以聚乙烯、聚丙烯等树脂为主要原材料，表面呈凹凸形状，用于种植屋面、地下建筑、隧道等工程的塑料防护排水板提出的产品技术性能要求如下：

（1）排水板按表面是否覆盖过滤用无纺布分为：不带无纺布排水板（N）和带无纺布排水板（F）两大类。

（2）排水板厚度（厚度是指排水板主材的厚度，不含无纺布）为：0.50mm、0.60mm、0.70mm、0.80mm、1.00mm；排水板的凹凸高度为：8mm、12mm、20mm；排水板宽度不小于1000mm；其他规格可由供需双方商定。

（3）产品的生产与使用不应对人体、生物与环境造成有害的影响，所涉及与生产、使用有关的安全和环境要求应符合我国相关标准和规范的规定。

（4）排水板厚度、凹凸高度、宽度、长度应不小于生产商明示值。板厚度应不小于0.50mm，凹凸高度应不小于8mm。排水板主材单位面积质量与无纺布单位面积质量应不小于生产商明示值。无纺布单位面积质量应不小于200g/m^2。

（5）产品外观要求如下：①排水板应边缘整齐，无裂纹、缺口、机械损伤等可见缺陷。②每卷板材接头不得超过一个。较短的一段长度不应小于2000mm，接头处应剪切整齐，并加长300mm。

（6）排水板物理力学性能应符合表2-91的规定。

表2-91 排水板物理力学性能

序号	项　　目			指　标
1	伸长率10%时拉力/（N/100mm）		≥	350
2	最大拉力/（N/100mm）		≥	600
3	断裂伸长率/%		≥	25
4	撕裂性能/N		≥	100
5	压缩性能	压缩率为20%时最大强度/kPa	≥	150
		极限压缩现象		无破裂
6	低温柔度			−10℃无裂纹
7	热老化 （80℃，168h）	伸长率10%时拉力保持率/%	≥	80
		最大拉力保持率/%	≥	90
		断裂伸长率保持率/%	≥	70
		压缩率为20%时最大强度保持率/%	≥	90
		极限压缩现象		无破裂
		低温柔度		−10℃无裂纹
8	纵向通水量（侧压力150kPa）/（cm^3/s）		≥	10

摘自 JC/T 2112—2012

2.7.2　德国威达排（蓄）层材料

德国威达种植屋面系统采用的排（蓄）水层材料品种有多种，下面分别介绍。

1. VEDAFLOR® Vegetation Mat 30/10 德国威达种植屋面用蓄排水营养毯

VEDAFLOR® Vegetation Mat 30/10 德国威达种植屋面用蓄排水营养毯是一种下表面为成型的聚

氨酯软泡沫，其上附有用黏土和原始肥料组成的掺合物，在种植屋面中它起到排水、过滤水、储存水及储存养分的作用，并可作为下层培养基。产品储水能力强，具有很好的导水性能和良好的空隙率，密度低，抗老化能力强。产品已通过 FLL 阻根检测，可对建筑物起到保护作用。

VEDAFLOR® Vegetation Mat 30/10 德国威达种植屋面用蓄排水营养毯作为蓄排水材料，用在轻型种植屋面阻根材料 VEDAFLOR-或者 VEDAPLAN-防水材料的上面，屋面斜度在 5°以上的屋顶要做防滑处理。当用在重型种植屋面中时，VEDAFLOR® Vegetation Mat 30/10 可以承受厚度 40cm 的土层。其技术性能要求参见表 2-92。

表 2-92　VEDAFLOR® Vegetation Mat 30/10 的技术性能指标

项　　目		指　　标
厚度/mm		30，（10mm 成型泡沫层）
尺寸/m	宽	1.0
	长	1.0
面密度/（kg/m²）		2.6
最大含水率下的面密度/（kg/m²）		22
总孔隙率/%		90～96 体积%
相对孔隙率（0～1.8 皮法，%）		大约 68 体积%
相对孔隙率（1.8～4.2 皮法，%）		大约 27 体积%
最大储水率/（体积%）		66
每平方米的储水量/（L/m²）		大约 19
透水性/（mm/min）		400
pH 值		6.8
含盐量/（g/L）		0.03

注：上述数值是统计标称数值。威达保留技术修改的权利。使用者要根据有关特性评估产品的适用性，并确保得到的是当前使用的指标卡版本。

产品可铺在耐根穿刺防水层的上面，接缝处用大约 10cm 宽的过滤带用 PU-胶条粘接。

2. VEDAFLOR® Vegetation Mat 15/5 德国威达种植屋面用蓄排水营养毯

VEDAFLOR® Vegetation Mat 15/5 德国威达种植屋面用蓄排水营养毯是一种下表面为成型的聚氨酯软泡沫，其上附有用黏土和原始肥料组成的掺合物，在种植屋面中它起到排水、过滤水、储存水及储存养分的作用，并可作为下层培养基。产品储水能力强，具有很好的导水性能和良好的空隙率，密度低，抗老化能力强，可对建筑物起到保护作用。

VEDAFLOR® Vegetation Mat 15/5 德国威达种植屋面用蓄排水营养毯作为蓄排水材料，用在轻型种植屋面阻根材料 VEDAFLOR-或者 VEDAPLAN-防水材料的上面，屋面斜度在 5°以上的屋顶要做防滑处理。其技术性能指标见表 2-93。

其产品铺在阻根防水层的上面，接缝处可用大约 10cm 宽的过滤带用 PU-胶条粘接。潮湿气候条件下，可以在其上铺设 2cm 左右的土种上景天属植物。相对干燥气候条件下，须采用相对较厚的同类材料 VEDAFLOR® Vegetation Mat 30/10。

表 2-93　VEDAFLOR® Vegetation Mat 15/5 的技术性能指标

项　　目		指　　标
厚度（mm）		15，（5mm 成型泡沫层）
尺寸（m）	宽	1.0
	长	1.0
干密度/（kg/m²）		1.6
最大含水率下的密度/（kg/m²）		10
总孔隙率/%		90～96 体积%
相对孔隙率（0～1.8 皮法，%）		大约 68 体积%
相对孔隙率（1.8～4.2 皮法，%）		大约 27 体积%
最大储水率/（体积%）		66
每平方米的储水量/（L/m²）		大约 8
透水性/（mm/min）		400
pH 值		6.8
含盐量/（g/L）		0.03

3. VEDAG DRAIN 德国威达种植屋面排水-保护板

VEDAG DRAIN 德国威达种植屋面排水-保护板是一种凹凸成型的 HDPE（高密度聚乙烯）排水板。其主要技术性能指标见表 2-94。

表 2-94　HDPE 排水板的技术性能指标

项　　目		标准值	误差	依据规范
规格（每卷）	宽度/m	1.0、1.5、2.0、2.4、4.8	±0.01	—
	长度/m	20	±0.1	
	HDPE 厚度/mm	0.55	±0.10	
	成型产品厚度/mm	7.5	±1	
	单位质量/g/m²	500	±5%	
	每卷面积/m²	20、30、40、48、96	—	
	卷重/kg	10、15、20、24、48	±5%	
力学性能	抗压强度/（kN/m²）	＞200	—	UNI 5819
	抗拉强度/（N/50mm） 纵向	＞250	—	
	横向	＞250	—	
	延伸率/% 纵向	＞20	—	
	横向	＞25	—	
	孔隙排水量/（L/m²）	5.8	—	
包装（托）	宽度/m	1.0、1.5、2.0、2.4、4.8		—
	卷数	24、12、12、—12、12		
	平方米/m²	480、360、480、576、1152		
	总质量（包括托板重，kg）	250、190、250、300、586		

4. VEDAG DRAIN GEOP 德国威达种植屋面排水-保护板

VEDAG DRAIN GEOP 德国威达种植屋面排水-保护板是由凹凸成型的 HDPE 排水板和聚酯毡两层组成。其主要技术性能指标见表 2-95。

表 2-95　VEDAG DRAIN GEOP 种植屋面排水-保护板的技术性能指标

项　　目				标准值	误差	依据规范
HDPE 排水板	规格（每卷）	宽度/mm		2000、2400	±10	—
		长度/m		20	±0.1	
		HDPE 厚度/mm		0.6	±0.10	
		成型产品厚度/mm		9	±1	
		单位质量/（g/m²）		630	±5%	
		每卷面积/m²		40、80	—	
		卷重/kg		25.2、30.2	±5%	
		抗压强度/（kN/m²）		>200	—	
	力学性能	抗拉强度/（N/50mm）	纵向	>250	—	UNI 5819
			横向	>250	—	
		延伸率/%	纵向	>20	—	
			横向	>25	—	
		孔隙排水量/（L/m²）		5.7	—	
	包装（托）	卷数		6、6		—
		平方米/m²		240、480		
		总质量（包括托板重，kg）		160、310		
酯胎		单位质量/（g/m²）		120	—	—
		厚度/mm		1	—	
		抗拉强度/（N/50mm）		175	—	
		延伸率/%		>40	—	
		渗水率/（L/m²s）		100	—	

5. VEDAG Maxistud perfored 德国威达种植屋面排水—保护板

VEDAG Maxistudperfored 德国威达种植屋面排水—保护板是一种带孔的凹凸成型的 HDPE 排水板。其主要技术指标性能指标见表 2-96。

表 2-96　HDPE 排水板（黑色）的技术性能指标

项　　目		标准值	误差	依据规范
规格（每卷）	宽度/m	1.9	±5‰	—
	长度/m	20	±5‰	
	凹凸成型疙瘩的数量/（个/m²）	400	—	
	HDPE 厚度/mm	1	±10%	
	成型产品厚度/mm	20	±10%	
	单位质量/（g/m²）	1000	5%	
	每卷面积/m²	38	—	
	卷重/kg	38	5%	

项目			标准值	误差	依据规范
力学性能	抗压强度/(kN/m²)		>150	—	EN ISO 10319
	抗拉强度/(N/50mm)	纵向	>500	—	
		横向	>500	—	
	延伸率/%	纵向	>20	—	
		横向	>25	—	
	排水性能/(L/m²s)		0.9	—	
	孔隙排水量/(L/m²)		15	—	
包装(托)	高度/m		1.9		—
	卷数		5		
	平方米/m²		190		
	总质量(包括托板重，kg)		200		

6. 聚丙烯多孔网状交织排水板

VEDAFLOR®DSM 1502 德国威达种植屋面过滤-排水-保护板是由三层组成，中间为排水性能良好的挤压成型的聚丙烯多孔立体网状板，两面附以（超高频焊接）机械加工成型的聚丙烯毡，上下聚丙烯毡分别加长作为搭接边。产品 20mm 厚，上附聚丙烯毡，具有抗寒、耐冲击、耐腐蚀、抗紫外线、抗微生物及酸性腐殖质、抵抗长期的种植屋面荷载等性能。

VEDAFLOR®DSM 1502 可同时作为过滤、排水、保护层，应用在种植屋面防水系统中，与下面 VEDAFLOR® 系列防水层和上面的 VEDAFLOR® 系列种植土共同构成整个种植屋面系统。VEDA-FLOR®DSM 1502 符合 FLL 种植屋面指南中过滤、排水、保护层的相关规定。产品的主要技术性能指标见表 2-97。

表 2-97　德国威达种植屋面过滤-排水-保护板技术指标

项目			标准值
过滤、保护毯 （上、下层）	原材料		聚丙烯
	面密度/(g/m²)		110(±10%)
	宽度/cm		210(±3%)
	最大拉力/(kN/m)	纵向	7(−10%)
		横向	8(−10%)
	最大拉力延伸率/%	纵向	50(±20%)
		横向	60(±20%)
	耐穿刺性能/N		1150(−115)
	针入度/mm		34(+7)
	渗透性(VH50，mm/s)		75(−25)
	空隙尺寸/(Micron−μm)		80(±30%)
网状排水板(中层)	原材料		聚丙烯
	宽度/cm		200(−2%)

续表

项 目		标准值
整体(三层)过滤-排水-保护板	面密度/(g/m²)	930(+10%)
	厚度/mm	20
	过滤毡搭接宽度/cm	10
	整体抗压性能，承压后的厚度/mm　20kPa	11.5
	50 kPa	8.6
	100 kPa	5.3
	200 kPa	3.7

7. VEDAFLOR® SSM 500

VEDAFLOR® SSM 500 是一种由聚酯和聚丙烯纤维组成的毛毡，单位面积质量约为 $500g/m^2$。该产品符合 FLL 绿色屋顶花园相关标准要求，具有在沥青作用下的高稳定性和优良的耐细菌性、很强的耐腐蚀性和抗寒性，以及优良的抗机械破坏性。该产品是屋顶绿色花园系统中优良的蓄水材料，其技术性能指标参见表 2-98。

表 2-98　VEDAFLOR® SSM 500 的技术性能指标

项 目		标 准 值
厚度/mm		大约 4.5
尺寸/m	宽	2.30
	长	50.00
单位面积质量/(g/m²)		大约 500
组成		聚酯/聚丙烯
耐穿刺性/N		大约 2500
拉伸强度（N/10cm）	纵向	大约 1200
	横向	大约 1800
伸长率（%）		大约 60
吸水量（L/m²）		大约 3
防火性能		B2

2.8

过滤层材料

为防止种植土中小颗粒及养料随着水分流失，流失的种植土会损害排水层，堵塞排水管道，造成植物死亡，严重的将会造成屋面积水，从而引起不可想象的严重后果。故需在排（蓄）水层上面、种植基质层下面铺设过滤层。过滤层是指防止种植土流失，且便于水渗透的一类构造层。

历史上的屋顶花园，排水时采用卵石、矿渣，过滤层用煤焦或稻草，时间一长，土壤将煤焦或稻草堵塞，进而将矿渣间隙塞满，使得屋顶花园无法使用。其修复工程往往比新建项目还费工、费时、费钱。

现在的过滤层一般采用玻璃纤维布或无纺布，其具有较强的渗透性和根系穿透性。在种植介质层与排水层之间，应采用质量不低于要求的聚酯纤维土工布做一道隔离过滤层。如用双层土工织物材料，搭接宽度必须达到 15~20cm，覆土时使用机械应注意不要损坏土工织物。

过滤层材料宜选用聚酯无纺布，其单位面积质量不小于 $200g/m^2$。

VEDAFLOR® SSV 300 德国威达种植屋面保护、过滤毯是一种由聚酯和聚丙烯等人造纤维制成的厚毛毡，单位面积质量达到 $300g/m^2$。VEDAFLOR® SSV 300 符合种植屋面工程技术规程中相应技术性能的要求。该产品不含金属，具有在沥青作用下的高稳定性，具有很强的耐腐蚀性、抗冻性，其抗微生物腐蚀性和抗腐植酸性强。

VEDAFLOR® SSV 300 可以作为蓄水防水保护层和过滤层材料。若作为蓄水保护层材料时，可铺设在防水层上方，以避免上层施工及其他外界荷载对防水层的破坏作用，起到一定的蓄水作用；若用作过滤层材料时，铺设在排水层上方起到过滤水的作用，从而避免种植土进入排水层。其产品的技术性能指标见表 2-99。

表 2-99　VEDAFLOR® SSV 300 种植屋面保护、过滤毯技术性能指标

项　目		标　准　值	依据规范
原材料		聚酯/聚丙烯纤维	
加工方式		机械针织	—
金属含量		不含	
单位面积质量/(g/m^2)		约 300	DIN 53854
毡厚/mm	≤	3	
冲压强度/N	≥	1100，达到 2 级水平	—
延伸率/%		约 60	DIN 54307
最大拉力/$(N/10cm)$	纵向	约 300	
	横向	约 800	DIN 53857
最大拉力时的延伸率/%	纵向	约 110	
	横向	约 50	
水的渗透性 $K_f/(m/s)$		2.6×10^{-3}	—
蓄水性（无压状态）/(L/m^2)		1.5	
防火性能		B2 级	DIN 4102

2.9

种植土层（种植介质层）材料

种植介质层是指屋面种植的植物赖以生长的土壤层。种植土是指具有一定渗透性、蓄水能力和空间稳定性，可提供屋面植物生长所需养分的田园土、改良土和无机种植土的总称。田园土即自然土，包括田园土和农耕土。田园土取土方便、价廉，单建式地下建筑顶板种植土较厚、用土量较大，故一般选用田园土比较经济；改良土（有机种植土）是指由田园土掺入珍珠岩、蛭石、草炭等轻质材料乙级有机或无机肥料等混合而成的一类种植土，其密度约为田园土的1/2，在采取了土壤消毒等措施后，适用于屋面种植；无机种植土是指由多种非金属矿物质、无机肥料等混合而成的一类种植土，其荷载较轻，适用于作简单式种植屋面。

种植土的选择是屋顶绿化的重点，考虑到屋顶承重的限制，故要求所选用的种植介质应具有质量轻、不板结、保水保肥、养分适度、清洁无毒和安全环保，适宜植物培育生长，施工简便和经济等特性。屋顶绿化选用的营养基质，其基本要求是：绿色环保，适当的 pH 值，无污染、无病虫害源体，可回收，轻质但不过于松散，抗板结但结构具有稳定性（如抗风蚀性、防止水土流失），适当的营养（即既要满足特定植物所需的营养而又不过剩），以及具有透气性和保水性。

常用种植土主要性能应符合表 2-100 的规定；常用改良土的配制宜符合表 2-101 的规定；改良土有机材料体积掺入量不宜大于 30％，有机质材料应充分腐熟灭菌。

表 2-100 常用种植土性能

种植土类型	饱和水密度/（kg/m³）	有机质含量/％	总孔隙率/％	有效水分/％	排水速率/（mm/h）
田园土	1500～1800	≥5	45～50	20～25	≥42
改良土	750～1300	20～30	65～70	30～35	≥58
无机种植土	450～650	≤2	80～90	40～45	≥200

摘自 JGJ 155—2013

表 2-101 常用改良土配制

主要配比材料	配制比例	饱和水密度/（kg/m³）
田园土：轻质骨料	1：1	≤1200
腐叶土：蛭石：沙土	7：2：1	780～1000
田园土：草炭：（蛭石和肥料）	4：3：1	1100～1300
田园土：草炭：松针土：珍珠岩	1：1：1：1	780～1100

续表

主要配比材料	配制比例	饱和水密度/（kg/m³）
田园土：草炭：松针土	3：4：3	780～950
轻沙壤土：腐殖土：珍珠岩：蛭石	2.5：5：2：0.5	≤1100
轻沙壤土：腐殖土：蛭石	5：3：2	1100～1300

摘自 JGJ 155—2013

地下建筑顶板种植宜采用田园土为主，土壤质地要求疏松、不板结，土块易打碎，主要性能宜符合表 2-102 的规定。

表 2-102　田园土主要性能

项目	渗透系数/（cm/s）	饱和水密度/（kg/m³）	有机质含量/%	全盐含量/%	pH 值
性能要求	≥10⁻⁴	≤1100	≥5	＜0.3	6.5～8.2

摘自 JGJ 155—2013

种植土厚度一般应依据种植物的种类而定，建设行业标准《绿化种植土壤》CJ/T 340—2011 对屋顶绿化种植土壤有效土层厚度提出的要求见表 2-103。

表 2-103　绿化种植土壤有效土层厚度的要求

植 被 类 型			土层厚度/cm
屋顶绿化	乔木		≥80
	灌木	高度≥50cm	≥50
		高度＜50cm	≥30
	花卉、草坪、地被		≥15

摘自 CJ/T 340—2011

绿化栽植或播种之前，应对该地区的土壤理化性质进行化验分析，采取相应的土壤改良、施肥和置换客土等措施。种植土层严禁使用含有害成分的土壤，园林植物种植土应符合以下规定：①土壤的 pH 值应符合本地区种植土标准或按照 pH 值 5.6～8.0 进行选择；②土壤全盐含量应为 0.1%～0.3%；③土壤表观密度应为 1.0～1.35g/cm³；④土壤有机质含量不应小于 1.5%；⑤土壤块径不应大于 5cm；⑥种植土应见证取样，经有资质检测单位检测，并在栽植前取得符合要求的测试结果。

2.10

植被层材料

植被层是指种植草本植物、木本植物的一类构造层。

植被是种植屋面系统中的可见部分，也是种植屋面展示的部分，因此，植被的选择在种植屋面系统中是非常重要的一个组成部分。

植物的成活与生长的好坏决定于其生长的环境条件。屋顶绿化要考虑屋顶环境恶劣造成植物成活难的问题。由于屋顶的生态环境因子与地面有明显的不同，光照、温度、湿度、风力等随着层高的增加而呈现不同的变化，如屋顶太阳辐射强、升温快、爆冷爆热，昼夜温差大等。由于屋面自然条件的限制，所以屋面种植的植物材料的选择比地面使用植物材料的选择要严格，需要根据不同植物的生长特性，选择适合屋顶生长环境的植物品种。一般而言，宜选择耐寒、耐热、耐旱、耐瘠，以及生命力旺盛的花草树木。种植植物按适应气候环境的不同，可分为北方植物和南方植物，植物的种类则可分为乔木、灌木、地被、藤本等类别。地被植物是指以覆盖地面的、株丛密集的低矮植物的统称。屋顶绿化在植物类型上应以草坪、花卉为主，并穿插点缀一些花灌木、小乔木。各类草坪、花卉、树木所占比例应在70％以上。一般使用植物类型的数量比例应是草坪、花卉、地被植物＞灌木＞藤木＞乔木。小乔木应选择浅根性的；深根性、钻透性强的植物不宜选用；生长快、长得高大的乔木则应慎用。在北方，要选用节水型植物，并且在配置上尽可能保证四季常绿，三季有花。在具体的植物材料设计中，要综合考虑以下因素：

① 屋顶离地面越高，自然条件越恶劣，植物的选择则更为严格。植株必须具有根系浅、耐寒冷、抗旱、耐瘠薄、喜阳的习性，以适应其特定的环境。

② 考虑到布局设计的需要和功能发挥，植株宜选择具有较鲜艳的色泽和开花时有较好观赏效果的品种。为便于管理，宜选用适应性强、生长缓慢、病虫害少、浅根性的植物。

③ 需符合防风等安全性的要求。植株要相对低矮，如果植株过高或植株不够坚硬，风大时植株则易倒伏，会影响到绿化的效果。在选择植被时还应考虑到水肥供应条件，侧方墙体材料和受光条件等因素。选择植物时还应考虑到其生长产生的活荷载变化。

种植屋面的植物选配形式，视其使用要求的不同而不同，但无论哪种使用要求和种植形式，都要求种植屋面在植物选配上比地面种植更为精细，只有精选品种，才能保持四季常青、季季有景。

种植屋面通常不种植冠大荫浓的乔木，但作为局部中心景物，赏其树形或姿态，可选择适量较小的乔木，要求这些乔木除树形也可观其花、果和叶色等，如油松、桧柏、龙爪槐、海棠、白皮松等。具有美丽芳香花朵或有鲜艳叶色和果实的灌木，如月季、丁香、腊梅、紫薇、茶花等则可广泛应用于屋顶绿化。地被植物是指能被覆地面的低矮植物，有草本植物和蕨类植物，也有矮灌木和藤本，地被植物是屋顶草坪广泛采用的品种。藤本是指有细长茎蔓的木质藤本植物，它们可以攀援或垂挂在各种支架上，有些可以直接吸附于垂直的墙壁上，它们不占或很少占用种植面积，应用形式灵活多变，故在屋顶绿化中运用广泛。

植物材料种类、品种名称及规格应符合设计要求。严禁使用带有严重病虫害的植物材料，非检疫对象的病虫害危害程度或危害痕迹不得超过树体的5％～10％。自外省市及国外引进的植物材料应有植物检疫证。

（1）行业标准《种植屋面工程技术规程》JGJ 155—2013对种植植物提出了以下要求：

① 乔灌木应符合下列规定：ⓐ胸径、株高、冠径、主枝长度和分枝点高度应符合现行行业标准《城市绿化和园林绿地用植物材料 木本苗》CJ/T 24的规定；ⓑ植株生长健壮，株形完整，枝干无机械

损伤，无冻伤，无毒无害，少污染；ⓒ禁止使用入侵物种。

② 绿篱、色块植物应株形丰满，耐修剪。

③ 藤本植物应覆盖，攀爬能力强。

④ 草坪块、草坪卷应符合下列规定：ⓐ规格一致，边缘平直，杂草数量不得多于1‰；ⓑ草坪块土层厚度宜为30mm，草坪卷土层厚度宜为18～25mm。

⑤ 北方地区屋面种植的植物可按表2-104选用；南方地区屋面种植的植物可按表2-105选用。

表 2-104　北京地区选用植物

类别	中　名	学　名	科　目	生物学习性
乔木类	侧柏	*Platycladus orientalis*	柏科	阳性，耐寒，耐干旱、瘠薄，抗污染
	洒金柏	*Platycladus orientalis cv. aurea. nana*		阳性，耐寒，耐干旱，瘠薄，抗污染
	铅笔柏	*Sabina chinensis var. pyramidalis*		中性，耐寒
	圆柏	*Sabina chinensis*		中性，耐寒，耐修剪
	龙柏	*Sabina chinensis cv. kaizuka*		中性，耐寒，耐修剪
	油松	*Pinus tabulae formis*	松科	强阳性，耐寒，耐干旱、瘠薄和碱土
	白皮松	*Pinus bungeana*		阳性，适应干冷气候，抗污染
	白杆	*Picea meyeri*		耐阴，喜湿润冷凉
	柿子树	*Diospyros kaki*	柿树科	阳性，耐寒，耐干旱
	枣树	*Ziziphus jujuba*	鼠李科	阳性，耐寒，耐干旱
	龙爪枣	*Ziziphus jujuba var. tortuosa*		阳性，耐干旱，瘠薄，耐寒
	龙爪槐	*Sophora japonica cv. pendula*	蝶形花科	阳性，耐寒
	金枝槐	*Sophora japonica "Golden Stem"*		阳性，浅根性，喜湿润肥沃土壤
	白玉兰	*Magnolia denudata*	木兰科	阳性，耐寒，稍耐阴
	紫玉兰	*Magnolia lili flora*		阳性，稍耐寒
	山桃	*Prunus davidiana*	蔷薇科	喜光，耐寒，耐干旱、瘠薄，怕涝
灌木类	小叶黄杨	*Buxus sinica var. parvifolia*	黄杨科	阳性，稍耐寒
	大叶黄杨	*Buxus megistophylla*	卫矛科	中性，耐修剪，抗污染
	凤尾丝兰	*Yucca gloriosa*	龙舌兰科	阳性，稍耐严寒
	丁香	*Syringa oblata*	木樨科	喜光，耐半阴，耐寒，耐旱，耐瘠薄
	黄栌	*Cotinus coggygria*	漆树科	喜光，耐寒，耐干旱、瘠薄
	红枫	*Acer palmatum "Atropurpureum"*	槭树科	弱阳性，喜湿凉，喜肥沃土壤，不耐寒
	鸡爪槭	*Acer palmatum*		弱阳性，喜湿凉，喜肥沃土壤，稍耐寒
	紫薇	*Lagerstroemia indica*	千屈菜科	耐旱，怕涝，喜温暖潮润，喜光，喜肥
	紫叶李	*Prunus cerasifera "Atropurpurea"*	蔷薇科	弱阳性，耐寒，耐干旱、瘠薄和盐碱
	紫叶矮樱	*Prunus cistena*		弱阳性，喜肥沃土壤，不耐寒
	海棠	*Malus. spectabilis*		阳性，耐寒，喜肥沃土壤
	樱花	*Prunus serrulata*		喜光，喜温暖湿润，不耐盐碱，忌积水
	榆叶梅	*Prunus triloba*		弱阳性，耐寒，耐干旱
	碧桃	*Prunus. persica "Duplex"*		喜光，耐旱、耐高温、较耐寒，畏涝怕碱
	紫荆	*Cercis chinensis*	豆科	阳性，耐寒，耐干旱、瘠薄
	锦鸡儿	*Caragana sinica*		中性，耐寒，耐干旱、瘠薄

续表

类别	中 名	学 名	科 目	生物学习性
灌木类	沙枣	*Elaeagnus angustifolia*	胡颓子科	阳性，耐干旱、水湿和盐碱
	木槿	*Hiriscus sytiacus*	锦葵科	阳性，稍耐寒
	蜡梅	*Chimonanthus praecox*	蜡梅科	阳性，耐寒
	迎春	*Jasminum nudiflorum*	木樨科	阳性，不耐寒
	金叶女贞	*Ligustrum vicaryi*		弱阳性，耐干旱、瘠薄和盐碱
	连翘	*Forsythia suspensa*		阳性，耐寒，耐干旱
	绣线菊	*Spiraea spp.*		中性，较耐寒
	珍珠梅	*Sorbaria kirilowii*		耐阴，耐寒，耐瘠薄
	月季	*Rosa chinensis*	蔷薇科	阳性，较耐寒
	黄刺玫	*Rosa xanthina*		阳性，耐寒，耐干旱
	寿星桃	*Prunus spp.*		阳性，耐寒，耐干旱
	棣棠	*Kerria japonica*		中性，较耐寒
	郁李	*Prunus japonica*		阳性，耐寒，耐干旱
	平枝枸子	*Cotoneaster horizontalis*		阳性，耐寒，耐干旱
	金银木	*Lonicera maackii*	忍冬科	耐阴，耐寒，耐干旱
	天目琼花	*Viburnum sargentii*		阳性，耐寒
	锦带花	*Weigcla florida*		阳性，耐寒，耐干旱
	猥实	*Kolkwitzia amabilis*		阳性，耐寒，耐干旱、瘠薄
	荚蒾	*Viburmum farreri*		中性，耐寒，耐干旱
	红瑞木	*Cornus alba*	山茱萸科	中性，耐寒，耐干旱
	石榴	*Punica granatum*	石榴科	中性，耐寒，耐干旱、瘠薄
	紫叶小檗	*Berberis thunberggii* "Atroputpurea"	小檗科	中性，耐寒，耐修剪
	花椒	*Zanthoxylum bungeanum*	芸香科	阳性，耐寒，耐干旱、瘠薄
	枸杞	*Pocirus tirfoliata*	茄科	阳性，耐寒，耐干旱、瘠薄和盐碱
地被	沙地柏	*Sabina vulgaris*	柏科	阳性，耐寒，耐干旱、瘠薄
	萱草	*Hemerocallis fulva*	百合科	耐寒，喜湿润，耐旱，喜光，耐半阴
	玉簪	*Hosta plantaginea*		耐寒冷，性喜阴湿环境，不耐强烈日光照射
	麦冬	*Ophiopogon japonicus*		耐阴，耐寒
	假龙头	*Physostegia virginiana*	唇形科	喜肥沃、排水良好的沙壤，夏季干燥生长不良
	鼠尾草	*Salvia farinacea*		喜日光充足，通风良好
	百里香	*Thymus mongolicus*		喜光，耐干旱
	薄荷	*Mentha haplocalyx*		喜湿润环境
	藿香	*Wrinkled Gianthyssop*		喜温暖湿润气候，稍耐寒
	白三叶	*Trifolium repens*	豆科	阳性，耐寒
	苜蓿	*Medicago sativa*		耐干旱，耐冷热
	小冠花	*Coronilla varia*		喜光，不耐阴，喜温暖湿润气候，耐寒
	高羊茅	*Festuca arundinacea*	禾本科	耐热，耐践踏
	结缕草	*Zoysia japonica*		阳性，耐旱
	狼尾草	*Pennisetum alopecuroides*		耐寒，耐旱，耐砂土贫瘠土壤

续表

类别	中 名	学 名	科 目	生物学习性
地被	蓝羊茅	*Festuca glauca*	禾本科	喜光，耐寒，耐旱，耐贫瘠
	斑叶芒	*Miscanthus sinensis Andress*		喜光，耐半阴，性强健，抗性强
	落新妇	*Astilbe chinensis*	虎耳草科	喜半阴，湿润环境，性强健，耐寒
	八宝景天	*Sedum spectabile*	景天科	极耐旱，耐寒
	三七景天	*sedum spetabiles*		极耐旱，耐寒，耐瘠薄
	胭脂红景天	*Sedum spurium* "Coccineum"		耐旱，稍耐瘠薄，稍耐寒
	反曲景天	*Sedum reflexum*		耐旱，稍耐瘠薄，稍耐寒
	佛甲草	*Sedum lineare*		极耐旱，耐瘠薄，稍耐寒
	垂盆草	*Sedum sarmentosum*		耐旱，耐瘠薄，稍耐寒
	风铃草	*Campanula punctata*	桔梗科	耐寒，忌酷暑
	桔梗	*Platycodon grandiflorum*		喜阳光，怕积水，抗干旱，耐严寒，怕风害
	蓍草	*Achillea sibirca*	菊科	耐寒，喜温暖，湿润，耐半阴
	荷兰菊	*Aster novi-belgii*		喜温暖湿润，喜光、耐寒、耐炎热
	金鸡菊	*Coreopsis basalis*		耐寒耐旱，喜光，耐半阴
	黑心菊	*Rudbeckia hirta*		耐寒，耐旱，喜向阳通风的环境
	松果菊	*Echinacea purpurea*		稍耐寒，喜生于温暖向阳处
	亚菊	*Ajania trilobata*		阳性，耐干旱、瘠薄
	耧斗菜	*Aquilegia vulgaris*	毛茛科	炎夏宜半阴，耐寒
	委陵菜	*Potentilla aiscolor*	蔷薇科	喜光，耐干旱
	芍药	*Paeonia lactiflora*	芍药科	喜温耐寒，喜光照充足、喜干燥土壤环境
	常夏石竹	*Dianthus plumarius*	石竹科	阳性，耐半阴，耐寒，喜肥
	婆婆纳	*Veronica spicata*	玄参科	喜光，耐半阴，耐寒
	紫露草	*Tradescantia reflexa*	鸭跖草科	喜日照充足，耐半阴，紫露草生性强健，耐寒
	马蔺	*Iris lactea var. chinensis*	鸢尾科	阳性，耐寒，耐干旱，耐重盐碱
	鸢尾	*Iris tenctorum*		喜阳光充足，耐寒，亦耐半阴
	紫藤	*Weateria sinensis*	豆科	阳性，耐寒
	葡萄	*Vitis vinifera*	葡萄科	阳性，耐旱
	爬山虎	*Parthenocissus tricuspidata*		耐阴，耐寒
	五叶地锦	*Parthenocissus quinquefolia*		耐阴，耐寒
	蔷薇	*Rosa multiflora*	蔷薇科	阳性，耐寒
	金银花	*Lonicera orbiculatus*	忍冬科	喜光，耐阴，耐寒
	台尔曼忍冬	*Lonicerra tellmanniana*		喜光，喜温湿环境，耐半阴
藤本植物	小叶扶芳藤	*Euonymus fortunei Var. radicans*	卫矛科	喜阴湿环境，较耐寒
	常春藤	*Hedera helix*	五加科	阴性，不耐旱，常绿
	凌霄	*Campsis grandiflora*	紫葳科	中性，耐寒

摘自 JGJ 155—2013

表 2-105 南方地区选用植物

类别	中 名	学 名	科 目	生物学习性
乔木类	云片柏	*Chamaecyparis obtusa* "Breviramea"	柏科	中性
	日本花柏	*Chamaecyparis pisifera*		中性
	圆柏	*Sabina chinensis*		中性，耐寒，耐修剪
	龙柏	*Sabina chinensis* "Kaizuka"		阳性，耐寒，耐干旱、瘠薄
	南洋杉	*Araucaria cunninghamii*	南洋杉科	阳性，喜暖热气候，不耐寒
	白皮松	*Pinus bungeana*	松科	阳性，适应干冷气候，抗污染
	苏铁	*Cycas revoluta*	苏铁科	中性，喜温湿气候，喜酸性土
	红背桂	*Excoecaria bicolor*	大戟科	喜光，喜肥沃沙壤
	刺桐	*Erythrina variegana*	蝶形科	喜光，喜暖热气候，喜酸性土
	枫香	*Liquidanbar fromosana*	金缕梅科	喜光，耐旱，瘠薄
	罗汉松	*Podocarpus macrophyllus*	罗汉松科	半阴性，喜温暖湿润
	广玉兰	*Magnolia grandiflora*	木兰科	喜光，颇耐阴，抗烟尘
	白玉兰	*Magnolia denudata*		喜光，耐寒，耐旱
	紫玉兰	*M. liliflora*		喜光，喜湿润肥沃土壤
	含笑	*Michelia figo*		喜弱阴，喜酸性土，不耐暴晒和干旱
	雪柳	*Fontanesia fortunei*	木樨科	稍耐阴，较耐寒
	桂花	*Osmanthus fragrans*		稍耐阴，喜肥沃沙壤土，抗有毒气体
	芒果	*Mangifera persiciformis*	漆树科	阳性，喜暖湿肥沃土壤
	红枫	*Acer palmatum* "Atropurpureum"	槭树科	弱阳性，喜湿凉、肥沃土壤，耐寒差
	元宝枫	*Acer truncatum*		弱阳性，喜湿凉、肥沃土壤
	紫薇	*Lagerstroemia indica*	千屈菜科	稍耐阴，耐寒性差，喜排水良好石灰性土
	沙梨	*Pyrus pyrifolia*	蔷薇科	喜光，较耐寒，耐干旱
	枇杷	*Eriobotrya japonica*		稍耐阴，喜温暖湿润，宜微酸、肥沃土壤
	海棠	*Malus spectabilis*		喜光，较耐寒，耐干旱
	樱花	*Prunus serrulata*		喜光，较耐寒
	梅	*Prunus mume*		喜光，耐寒，喜温暖潮湿环境
	碧桃	*Prunus persica* "Duplex"		喜光，耐寒，耐旱
	榆叶梅	*Prunus triloba*		喜光，耐寒，耐旱，耐轻盐碱
	麦李	*Prunus glandulosa*		喜光，耐寒，耐旱
	紫叶李	*Prunus cerasifera* "Atropurpurea"		弱阳性，耐寒、干旱、瘠薄和盐碱
	石楠	*Photinia serrulata*		稍耐阴，较耐寒，耐干旱、瘠薄
	荔枝	*Litchi chinensis*	无患子科	喜光，喜肥沃深厚、酸性土
	龙眼	*Dimocarpus longan*		稍耐阴，喜肥沃深厚、酸性土
	金叶刺槐	*Robinia pseudoacacia* "Aurea"	云实科	耐干旱、瘠薄，生长快
	紫荆	*Cercis chinensis*		喜光，耐寒，耐修剪
	羊蹄甲	*Bauhinia variegata*		喜光，喜温暖气候，酸性土
	无忧花	*Saraca indica*		喜光，喜温暖气候，酸性土
	柚	*Citrus grandis*	芸香科	喜温暖湿润，宜微酸、肥沃土壤
	柠檬	*Citrus limon*		喜温暖湿润，宜微酸、肥沃土壤

类别	中 名	学 名	科 目	生物学习性
灌木类	百里香	*Thymus mogolicus*	唇形科	喜光，耐旱
	变叶木	*Codiaeum variegatum*	大戟科	喜光，喜湿润环境
	杜鹃	*Rhododendron simsii*	杜鹃花科	喜光，耐寒，耐修剪
	番木瓜	*Carica papaya*	番木科	喜光，喜暖热多雨气候
	海桐	*Pittosporum tobira*	海桐花科	中性，抗海潮风
	山梅花	*Philadelphus coronarius*	虎耳草科	喜光，较耐寒，耐旱
	溲疏	*Deutzia scabra*		半耐阴，耐寒，耐旱，耐修剪，喜微酸土
	八仙花	*Hydrangea macrophylla*		喜阴，喜温暖气候、酸性土
	黄杨	*Buxus sinia*	黄杨科	中性，抗污染，耐修剪
	雀舌黄杨	*Buxus bodinieri*		中性，喜暖湿气候
	夹竹桃	*Nerium indicum*	夹竹桃科	喜光，耐旱，耐修剪，抗烟尘及有害气体
	红檵木	*Loropetalum chinense*	金缕梅科	耐半阴，喜酸性土，耐修剪
	木芙蓉	*Hibiscus mutabils*	锦葵科	喜光，适应酸性肥沃土壤
	木槿	*Hiriscus sytiacus*		喜光，耐寒，耐旱、瘠薄、耐修剪
	扶桑	*Hibiscus rosa-sinensis*		喜光，适应酸性肥沃土壤
	米兰	*Aglaria odorata*	楝科	喜光，半耐阴
	海州常山	*Clerodendrum trichotomum*	马鞭草科	喜光，喜温暖气候，喜酸性土
	紫珠	*Callicarpa japonica*		喜光，半耐阴
	流苏树	*Chionanthus*	木樨科	喜光，耐旱，耐寒
	云南黄馨	*Jasminum mesnyi*		喜光，喜湿润，不耐寒
	迎春	*Jasminum nudiflorum*		喜光，耐旱，较耐寒
	金叶女贞	*Ligustrum vicaryi*		弱阳性，耐干旱、瘠薄和盐碱
	女贞	*Ligustrun lucidum*		稍耐阴，抗污染，耐修剪
	小蜡	*Ligustrun sinense*		稍耐阴，耐寒，耐修剪
	小叶女贞	*Ligustrun quihoui*		稍耐阴，抗污染，耐修剪
	茉莉	*Jasminum sambac*		稍耐阴，喜肥沃沙壤土
	栀子	*Gardenia jasminoides*	茜草科	喜光也耐阴，耐干旱、瘠薄，耐修剪，抗 SO_2
	白鹃梅	*Exochorda racemosa*	蔷薇科	耐半阴，耐寒，喜肥沃土壤
	月季	*Rosa chinensis*		喜光，适应酸性肥沃土壤
	棣棠	*Kerria japonica*		喜半阴，喜略湿土壤
	郁李	*Prunus japonica*		喜光，耐寒，耐旱
	绣线菊	*Spiraea thunbergii*		喜光，喜温暖
	悬钩子	*Rubus chingii*		喜肥沃、湿润土壤
	平枝枸子	*Cotoneaster horizontalis*		喜光，耐寒，耐干旱、瘠薄
	火棘	*Puracantha*		喜光不耐寒，要求土壤排水良好
	猬实	*Kolkwitzia amabilis*	忍冬科	喜光，耐旱、瘠薄，颇耐寒
	海仙花	*Weigela coraeensis*		稍耐阴，喜湿润、肥沃土壤
	木本绣球	*Viburnum macrocephalum*		稍耐阴，喜湿润、肥沃土壤
	珊瑚树	*Viburnum awabuki*		稍耐阴，喜湿润、肥沃土壤

续表

类别	中 名	学 名	科 目	生物学习性
灌木类	天目琼花	*Viburnum sargentii*	忍冬科	喜光充足，半耐阴
	金银木	*Lonicera maackii*		喜光充足，半耐阴
	山茶花	*Camellia japonica*	山茶科	喜半阴，喜温暖湿润环境
	四照花	*Dentrobenthamia japonica*	山茱萸科	喜光，耐半阴，喜暖热湿润气候
	山茱萸	*Cornus officinalis*		喜光，耐旱，耐寒
	石榴	*Punica granatum*	石榴科	喜光，稍耐寒，土壤需排水良好石灰质土
	晚香玉	*Polianthes tuberose*	石蒜科	喜光，耐旱
	鹅掌柴	*Schefflera octophylla*	五加科	喜光，喜暖热湿润气候
	八角金盘	*Fatsia japonica*		喜阴，喜暖热湿润气候
	紫叶小檗	*Berberis thunberggii* "Atroputpurea"	小檗科	中性，耐寒，耐修剪
	佛手	*Citrus medica*	芸香科	喜光，喜暖热多雨气候
	胡椒木	*Zanthoxylum* "Odorum"		喜光，喜砂质壤土
	九里香	*Murraya paniculata*		较耐阴，耐旱
	叶子花	*Bougainvillea spectabilis*	紫茉莉科	喜光，耐旱、瘠薄，耐修剪
地被	沙地柏	*Sabina vulgaris*	柏科	阳性，耐寒，耐干旱、瘠薄
	萱草	*Hemerocallis fulva*	百合科	阳性，耐寒
	麦冬	*Ophiopogon japonicus*		喜阴湿温暖，常绿，耐阴，耐寒
	火炬花	*Kniphofia unavia*		半耐阴，较耐寒
	玉簪	*Hosta plantaginea*		耐阴，耐寒
	紫萼	*Hosta ventricosa*		耐阴，耐寒
	葡萄风信子	*Muscari botryoides*		半耐阴
	麦冬	*Ophiopogon japonicus*		耐阴，耐寒
	金叶过路黄	*Lysimachia nummlaria*	报春花科	阳性，耐寒
	薰衣草	*Lawandula officinalis*	唇形科	喜光，耐旱
	白三叶	*Trifolium repens*	蝶形花科	阳性，耐寒
	结缕草	*Zoysia japonica*	禾本科	阳性，耐旱
	狼尾草	*Pennisetum alopecuroides*		耐寒，耐旱，耐砂土贫瘠土壤
	蓝羊茅	*Festuca glauca*		喜光，耐寒，耐旱，耐贫瘠
	斑叶芒	*Miscanthus sinensis* "Andress"		喜光，耐半阴，性强健，抗性强
	蜀葵	*Althaea rosea*	锦葵科	阳性，耐寒
	秋葵	*Hibiscus palustris*		阳性，耐寒
	罂粟葵	*Callirhoe involucrata*		阳性，较耐寒
	胭脂红景天	*Sedum spurium* "Coccineum"	景天科	耐旱，稍耐瘠薄，稍耐寒
	反曲景天	*Sedum reflexum*		耐旱，耐瘠薄，稍耐寒
	佛甲草	*Sedum lineare*		极耐旱，耐瘠薄，稍耐寒
	垂盆草	*Sedum sarmentosum*		耐旱，瘠薄，稍耐寒
	蓍草	*Achillea sibirica*	菊科	阳性，半耐阴，耐寒
	荷兰菊	*Aster novi-belgii*		阳性，喜温暖湿润，较耐寒
	金鸡菊	*Coreopsis lanceolata*		阳性，耐寒，耐瘠薄

类别	中名	学名	科目	生物学习性
地被	蛇鞭菊	*Liatris specata*	菊科	阳性，喜温暖湿润，较耐寒
	黑心菊	*Rudbeckia hybrida*		阳性，喜温暖湿润，较耐寒
	天人菊	*Gaillardia aristata*		阳性，喜温暖湿润，较耐寒
	亚菊	*Ajania pacifica*		阳性，喜温暖湿润，较耐寒
	月见草	*Oenothera biennis*	柳叶菜科	喜光，耐旱
	楼斗菜	*Aquilegia vulgaria*	毛茛科	半耐阴，耐寒
	美人蕉	*Canna indica*	美人蕉科	阳性，喜温暖湿润
	翻白草	*Potentilla discola*	蔷薇科	阳性，耐寒
	蛇莓	*Duchesnea indica*		阳性，耐寒
	石蒜	*Lycoris radiata*	石蒜科	阳性，喜温暖湿润
	百莲	*Agapanthus africanus*		阳性，喜温暖湿润
	葱兰	*Zephyranthes candida*		阳性，喜温暖湿润
	婆婆纳	*Veronica spicata*	玄参科	阳性，耐寒
	鸭跖草	*Setcreasea pallida*	鸭跖草科	半耐阴，较耐寒
	鸢尾	*Iris tectorum*	鸢尾科	半耐阴，耐寒
	蝴蝶花	*Iris japonica*		半耐阴，耐寒
	有髯鸢尾	*Iris Barbata*		半耐阴，耐寒
	射干	*Belamcanda chinensis*		阳性，较耐寒
藤本植物	紫藤	*Weateria sinensis*	蝶形花科	阳性，耐寒，落叶
	络石	*Trachelospermum jasminordes*	夹竹桃科	耐阴，不耐寒，常绿
	铁线莲	*Clematis florida*	毛茛科	中性，不耐寒，半常绿
	猕猴桃	*Actinidiaceae chinensis*	猕猴桃科	中性，落叶，耐寒弱
	木通	*Akebia quinata*	木通科	中性
	葡萄	*Vitis vinifera*	葡萄科	阳性，耐干旱
	爬山虎	*Parthenocissus tricuspidata*		耐阴，耐寒、干旱
	五叶地锦	*P. quinquefolia*		耐阴，耐寒
	蔷薇	*Rosa multiflora*	蔷薇科	阳性，较耐寒
	十姊妹	*Rosa multifolra* "Platyphylla"		阳性，较耐寒
	木香	*Rosa banksiana*		阳性，较耐寒，半常绿
	金银花	*Lonicera orbiculatus*	忍冬科	喜光，耐阴，耐寒，半常绿
	扶芳藤	*Euonymus fortunei*	卫矛科	耐阴，不耐寒，常绿
	胶东卫矛	*Euonymus kiautshovicus*		耐阴，稍耐寒，半常绿
	常春藤	*Hedera helix*	五加科	阳性，不耐寒，常绿
	凌霄	*Campsis grandiflora*	紫葳科	中性，耐寒
竹类与棕榈类	孝顺竹	*Bambusa multiplex*	禾本科	喜向阳凉爽，能耐阴
	凤尾竹	*Bambusa multiplex var. nana*		喜温暖湿润，耐寒稍差，不耐强光，怕渍水
	黄金间碧玉竹	*Bambusa vulgalis*		喜温暖湿润，耐寒稍差，怕渍水
	小琴丝竹	*Bambusa multiplex*		喜光，稍耐阴，喜温暖湿润

类别	中 名	学 名	科 日	生物学习性
竹类与棕榈类	罗汉竹	*Phyllostachys aures*	禾本科	喜光, 喜温暖湿润, 不耐寒
	紫竹	*Phyllostachys nigra*		喜向阳凉爽的地方, 喜温暖湿润, 稍耐寒
	箬竹	*Indocalamun latifolius*		喜光, 稍耐阴, 不耐寒
	蒲葵	*Livistona chinensisi*	棕榈科	阳性, 喜温暖湿润, 不耐阴, 较耐旱
	棕竹	*Rhapis excelsa*		喜温暖湿润, 极耐阴, 不耐积水
	加纳利海枣	*Phoenix canariensis*		阳性, 喜温暖湿润, 不耐阴
	鱼尾葵	*Caryota monostachya*		阳性, 喜温暖湿润, 较耐寒, 较耐旱
	散尾葵	*Chrysalidocarpus lutescens*		阳性, 喜温暖湿润, 不耐寒, 较耐阴
	狐尾棕	*Wodyetia bifurcata*		阳性, 喜温暖湿润, 耐寒, 耐旱, 抗风

摘自 JGJ 155—2013

（2）国家建筑标准设计图集 14J206《种植屋面建筑构造》所推荐的屋面种植种类见表 2-106。

表 2-106　屋面种植种类推荐表

类别	学 名	拉 丁 名	科 目	生 物 习 性
			东 北 地 区	
乔木类	桧柏	*Sabina chinensis cv. dandon*	柏科	耐寒, 耐旱
	油松	*Pinus tabufaeformis*	松科	强阳性, 耐寒, 耐干旱、瘠薄和碱土
	白皮松	*Pinus bungeana*		阳性, 适应干冷气候, 抗污染
	青杆	*Pinus wilsonii*		耐寒, 较耐旱
	白杆	*Picea meyeri*		耐寒, 较耐旱
	山楂	*Crataegus pinnatifida*	蔷薇科	耐寒, 耐旱, 耐贫瘠
	稠李	*Prunus padus*		喜光也耐阴, 较耐寒, 不耐干旱瘠薄
	山桃	*Prunus dauidiana*		喜光, 耐寒, 耐干旱、瘠薄
	杏	*Prunus armeniaca*		阳性, 耐寒, 耐干旱
	金叶榆	*Vlmus hollandica cv. Wredri*	榆科	阳性、耐寒, 耐干旱
	元宝槭	*Acer truncatum*	槭树科	喜光, 耐旱
	五角枫	*Acer ellgantulum*		弱度喜光, 稍耐阴, 喜温凉湿润气候
	文冠果	*Xanthoceras sorbifoli*	无患子科	喜阳, 耐瘠薄, 耐盐碱, 抗寒, 怕风
	蒙古栎	*Quercus mongolica*	壳斗科	喜光, 耐火, 耐干旱瘠薄, 耐寒
灌木类	丁香	*Syringa oblata*	木樨科	喜光, 耐半阴, 耐寒, 耐旱, 耐瘠薄
	紫薇	*Lagerstroemia indica*	千屈菜科	喜光, 耐旱, 喜温暖潮润, 喜肥
	紫叶李	*Prunus cerasifera* "*Atropurpurea*"	蔷薇科	弱阳性, 耐寒, 耐干旱、瘠薄和盐碱
	榆叶梅	*Prunus triloba*		弱阳性, 耐寒, 耐干旱
	蔷薇	*Rosa multiflora*		喜光, 耐半阴, 耐寒, 耐干旱、瘠薄
	珍珠梅	*Sorbaria Kirilowii*		耐阴、耐寒, 耐瘠薄
	绣线菊	*Spiraea saficifolia*		喜光也稍耐阴, 抗寒, 抗旱, 耐修剪
	金银木	*Lonicera maackii*	忍冬科	性弱健, 喜光, 耐半阴, 耐旱, 耐寒
	锦带花	*Weigcla florida*		阳性, 耐寒, 耐干旱
	接骨木	*Sambucus williamsii*		喜光, 亦耐阴, 较耐寒, 耐旱

续表

类别	学 名	拉 丁 名	科 目	生 物 习 性
灌木类	连翘	*Forsythia suspensa*	木樨科	喜光，耐寒、耐干旱、瘠薄
	红瑞木	*Swida alba*	山茱萸科	喜潮湿温暖环境，光照充足，喜肥
	卫矛	*Euonymus alatus*	卫矛科	耐寒，耐阴，耐修剪，耐干旱、瘠薄
地被	沙地柏	*Sabina vulgaris*	柏科	阳性，耐寒，耐干旱、瘠薄
	萱草	*Hemerocallis fulva*	百合科	喜光，喜湿润，耐寒，耐旱，耐半阴
	白三叶	*Trifolium repens*	蝶形花科	阳性、耐寒
	小冠花	*Coronilla varia*		喜光，喜温暖湿润气候，耐寒
	狼尾草	*Pennisetum alopecuroides*	乔本科	耐寒，耐旱，耐贫瘠
	八宝景天	*Sedum spectabile*	景天科	极耐旱，耐寒
	三七景天	*Sedum spetabiles*		极耐旱，耐寒，耐瘠薄
	桔梗	*Platycodon grandiflorum*	桔梗科	喜光，怕积水、风害，耐干旱、严寒
	蓍草	*Achillea sibirca*	菊科	喜湿暖湿润，耐寒，耐半阴
	荷兰菊	*Aster novi-belgii*		喜光，喜温暖湿润，耐寒，耐炎热
	亚菊	*Ajania trilobata*		阳性，耐干寒，瘠薄
	耧斗菜	*Aquilegia vulgaris*	毛茛科	炎夏宜半阴，耐寒
	委陵菜	*Potentilla aiscolor*	蔷薇科	喜光，耐干旱
	婆婆纳	*Veronica spicata*	玄参科	喜光，耐半阴，耐寒
	马蔺	*Iris lactea var. chinensis*	鸢尾科	阳性，耐寒，耐干旱，耐重盐碱
藤本	南蛇藤	*Celastrus orbiculatu*	卫予科	喜阳，耐阴，抗寒，耐旱
	葡萄	*Vitis vinifera*	葡萄科	阳性，耐旱
	爬山虎	*Parthenocissus tricuspidata*		耐阴，耐寒
	五叶地锦	*Parthenocissus quinquefolia*		耐阴，耐寒
	蔷薇	*Rosa multiflora*	蔷薇科	阳性，耐寒
	台尔曼忍冬	*Lonicerra tellmanniana*	忍冬科	喜光、温暖，耐半阴，喜土壤肥沃
华 北 地 区				
乔木类	洒金柏	*Platycladus orientalis cv. aurea. nana*	柏科	阳性，耐寒，耐干旱，瘠薄，抗污染
	圆柏	*Sabina chinensis*		中性，耐寒，耐修剪
	龙柏	*Sabina chinensis cv. kaizuka*		中性，耐寒，耐修剪
	油松	*Pinus tabulaeformis*	松科	强阳性，耐寒，耐干旱、瘠薄和碱土
	白皮松	*Pintus bungeana*		阳性，适应干冷气候，抗污染
	白杆	*Picea meyeri*		耐阴，喜湿润冷凉
	龙爪槐	*Sophora japonica cv. pendula*	蝶形花科	阳性，耐寒
	金枝槐	*Sophora japonica "Golden Stem"*		阳性，浅根性，喜湿润肥沃土壤
	白玉兰	*Magnolia denudata*	木兰科	阳性，耐寒，稍耐阴
	紫玉兰	*Magnolia liliflora*		阳性、稍耐寒
	元宝槭	*Acer truncatum*	槭树科	喜光、耐旱
	五角枫	*Acer elegantulum*		弱度喜光，稍耐阴，喜温凉湿润气候
	文冠果	*Xanthoceras sorbifoli*	无患子科	喜阳，耐瘠薄，耐盐碱，抗寒，怕风
	蒙古栎	*Quercus mongolica*	壳斗科	喜光，耐火，耐干旱瘠薄，耐寒
	杏	*Prunus armeniaca*	蔷薇科	阳性，耐寒，耐干旱
	山桃	*Prunus davidiana*	蔷薇科	喜光，耐寒，耐干旱、瘠薄，怕涝

续表

类别	学 名	拉 丁 名	科 目	生 物 习 性
灌 木 类	小叶黄杨	*Buxus sinica var. parvifolia*	黄杨科	阳性、稍耐寒
	大叶黄杨	*Buxus megistophylla*	卫予科	中性、耐修剪，抗污染
	凤尾丝兰	*Yucca gloriosa*	龙舌兰科	阳性、稍耐产寒
	丁香	*Syringa oblata*	木樨科	喜光，耐半阴，耐寒，耐旱，耐瘠薄
	黄栌	*Cotinus coggygria*	漆树科	喜光，耐寒，耐干旱、瘠薄
	紫薇	*Lagerstroemia indica*	千屈菜科	喜光，耐旱，怕涝，喜肥
	紫叶李	*Prunus cerasifera "Atropurpurea"*	蝶形花科	弱阳性，耐寒，耐干旱、瘠薄和盐碱
	紫叶矮樱	*Prunus cistena*		弱阳性，喜肥沃土壤，不耐寒
	海棠	*Malus. spectabilis*		阳性，耐寒，喜肥沃土壤
	榆叶梅	*Prunus triloba*		弱阳性，耐寒，耐干旱
	碧桃	*Prunus. persica "Duplex"*		喜光，耐旱，耐高温，较耐寒，怕碱
	紫荆	*Cercis chinensis*	豆科	阳性，耐寒，耐干旱、瘠薄
	木槿	*Hiriscus sytiacus*	锦葵科	阳性，稍耐寒
	蜡梅	*Chimonanthus praecox*	蜡梅科	阳性，耐寒
	迎春	*Jasminum nudiflorum*	木樨科	阳性，不耐寒
	金叶女贞	*Ligustrum vicaryi*		弱阳性，耐干旱，瘠薄及盐碱
	连翘	*Forsythia suspensa*		阳性，耐寒，耐干旱
	绣线菊	*Spiraea spp*	蔷薇科	中性，较耐寒
	珍珠梅	*Sorbaria kirilowii*		耐阴，耐寒，耐瘠薄
	月季	*Rosa chinensis*		阳性，较耐寒
	黄刺玫	*Rosa xanthina*		阳性，耐寒，耐干旱
	寿星桃	*Prunus spp*		阳性，耐寒，耐干旱
	棣棠	*Kerria japonica*		中性，较耐寒
	平枝枸子	*Cotoneaster horizontalis*		阳性，耐寒，耐干旱
	金银木	*Lornicera maackji*	忍冬科	耐阴，耐寒，耐干旱
	锦带花	*Weigcla florida*		阳性，耐寒，耐干旱
	猬实	*Kolkwitzia amabilis*		阳性，耐寒，耐干旱、瘠薄
	荚蒾	*Viburmum farreri*		中性，耐寒，耐干旱
	红瑞木	*Cornus alba*	山茱萸科	中性，耐寒、耐干旱
	石榴	*Punica granatum*	石榴科	中性，耐寒，耐干旱、瘠薄
	紫叶小檗	*Berberis thunberggii "Atroputpurea"*	小檗科	中性，耐寒，耐修剪
地 被	沙地柏	*Sabina vulgaris*	柏科	阳性，耐寒，耐干旱、瘠薄
	萱草	*Hemerocallis fulva*	百合科	喜光，喜湿润，耐寒，耐旱，耐半阴
	玉簪	*Hosta plantaginea*		喜阴湿，不耐强烈日光照射，耐寒
	鼠尾草	*Salvia farinacea*	唇形科	喜日光充足，需通风良好
	白三叶	*Trifolium repens*	豆科	阳性、耐寒
	小冠花	*Coronilla varia*		喜光，喜温暖湿润气候，耐寒
	高羊茅	*Festuca arundinacea*	禾木科	耐热，耐践踏
	结缕草	*Zoysia japonica*		阳性，耐旱

续表

类别	学　名	拉　丁　名	科　目	生　物　习　性
地 被	八宝景天	*Sedum spectabile*	景天科	极耐旱，耐寒
	三七景天	*sedum spetabiles*		极耐旱，耐寒，耐瘠薄
	胭脂红景天	*Sedum spurium "Coccineum"*		耐旱，稍耐寒
	反曲景天	*Sedum reflexum*		耐旱，稍耐寒
	佛甲草	*Sedum lineare*		极耐旱，耐瘠薄，稍耐寒
	垂盆草	*Sedum sarmentosum*		耐旱，耐瘠薄，稍耐寒
	蓍草	*Achillea sibirca*	菊科	喜温暖湿润，耐寒，耐半阴
	荷兰菊	*Aster novi-belgii*		喜光，喜温暖湿润，耐寒，耐炎热
	金鸡菊	*Coreopsis basalis*		喜光，耐寒耐旱，耐半阴
	亚菊	*Ajania trilobata*		阳性、耐干寒、瘠薄
	耧斗菜	*Aquilegia vulgaris*	毛茛科	炎夏宜半阴，耐寒
	委陵菜	*Potentilla aiscolor*	蔷薇科	喜光，耐干旱
	芍药	*Paeonia lactiflora*	芍药科	喜温暖光照充足干燥土壤环境，耐寒
	婆婆纳	*Veronica spicata*	玄参科	喜光，耐半阴，耐寒
	紫露草	*Tradescantia reflexa*	鸭跖草科	喜日照充足，耐半阴，耐寒
	马蔺	*Iris lactea var. chinensis*	鸢尾科	阳性，耐寒，耐干旱，耐重盐碱
	鸢尾	*Iris tenctorum*		喜阳光充足，耐寒，亦耐半阴
藤 木	紫藤	*Weateria sinensis*	豆科	阳性，耐寒
	葡萄	*Vitis vinifera*	葡萄科	阳性、耐旱
	爬山虎	*Parthenocissus tricuspidata*		耐阴、耐寒
	五叶地锦	*Parthenocissus quinquefolia*	葡萄科	耐阴，耐寒
	蔷薇	*Rosa multiflora*	蔷薇科	阳性，耐寒
	金银花	*Lonicera orbiculatus*	忍冬科	喜光，耐阴，耐寒
	台尔曼忍冬	*Lonicerra tellmanniana*		喜光，喜温暖，耐半阴，喜土壤肥沃
	小叶扶芳藤	*Euonymus fortunei var. radicans*	卫矛科	喜阴湿环境，较耐寒
	常春藤	*Hedera helix*	五加科	阴性，常绿，不耐旱
	凌霄	*Campsis grandiflora*	紫葳科	中性，耐寒
西　北　地　区				
乔 木 类	侧柏	*Platycladus orientalis*	豆科	阳性，耐寒，耐干旱、瘠薄，抗污染
	洒金柏	*Platycladus orieutalis cv. aurea. nana*		阳性，耐寒，耐干旱、瘠薄，抗污染
	铅笔柏	*Sabina chinensis var. pyramidalis*		中性，耐寒
	油松	*Pinus tabulaeformis*	松科	强阳性，耐寒，耐干旱，瘠薄和碱土
	龙爪槐	*Sophora japonica cv. pendula*	蝶形花科	阳性，耐寒
	金枝槐	*Sophora japonica "Golden Stem"*		阳性，浅根性，喜湿润肥沃土壤
	山皂角	*Gleditsia japonica*		喜光，耐干旱，耐寒，耐盐碱
	杏	*Prunus armeniaca*	蔷薇科	阳性，耐寒、耐干旱
	山桃	*Prunus davidiana*		喜光，耐寒，耐干旱、瘠薄，怕涝
	文冠果	*Xanthoceras sorbifoli*	无患子科	喜阳，耐瘠薄，耐盐碱，抗寒，怕风
	蒙古栎	*Quercus mongolica*	壳斗科	喜光，耐火，耐干旱瘠薄，耐寒

续表

类别	学　名	拉　丁　名	科　目	生　物　习　性
灌木类	小叶黄杨	*Buxus sinica var. parvifolia*	黄杨科	阳性、稍耐寒
	凤尾丝兰	*Yucca gloriosa*	龙舌兰科	阳性、稍耐严寒
	丁香	*Syringa oblata*	木樨科	喜光，耐半阴，耐寒，耐旱，耐瘠薄
	大叶女贞	*Ligustrum compactum*		滞尘抗烟、吸收二氧化硫
	黄栌	*Cotinus coggygria*	漆树科	喜光，耐寒，耐干旱、瘠薄
	紫薇	*Lagerstroemia indica*	千屈菜科	喜光，耐旱，怕涝，喜肥
	紫叶李	*Prunus cerasifera "Atropurpurea"*	蔷薇科	弱阳性，耐寒，耐干旱、瘠薄和盐碱
	海棠	*Malus. spectabilis*		阳性，耐寒，喜肥沃土壤
	紫荆	*Cercis chinensis*	豆科	阳性，耐寒，耐干旱、瘠薄
	沙棘	*Hippophae rbamnoides*	胡颓子科	喜光，耐寒，耐酷热，耐风沙及干旱
	绣线菊	*Spiraea spp.*	蔷薇科	中性，较耐寒
	月季	*Rosa chinensis*		阳性，较耐寒
	黄刺玫	*Rosa xanthina*		阳性，耐寒，耐干旱
	平枝栒子	*Cotoneaster horizontalis*		阳性，耐寒，耐干旱
	金银木	*Lonicera maackii*	忍冬科	耐阴，耐寒，耐干旱
	锦带花	*Weigcla florida*		阳性，耐寒，耐干旱
	猬实	*Kolkwitzia amabilis*		阳性，耐寒，耐干旱、瘠薄
	石榴	*Punica granatum*	石榴科	中性，耐寒，耐干旱、瘠薄
	枸杞	*Pocirus tirfoliata*	茄科	阳性，耐寒，耐干旱、瘠薄及盐碱
地被	沙地柏	*Sabina vulgaris*	柏科	阳性，耐寒，耐干旱、瘠薄
	萱草	*Hemerocallis fulva*	百合科	喜光，喜湿润，耐寒，耐旱，耐半阴
	玉簪	*Hosta plantaginea*		喜阴湿，不耐强烈日光照射，耐寒
	麦冬	*Ophtiopogon japonicus*		耐阴，耐寒
	白三叶	*Trifolium repens*	豆科	阳性、耐寒
	苜蓿	*Medicago sativa*		耐干旱，耐冷热
	小冠花	*Coronilla varia*		喜光，喜温暖湿润气候，耐寒
	狼尾草	*Pennisetum alopecuroides*		耐寒，耐旱，耐贫瘠
	蓝羊茅	*Festuca glauca*	禾本科	喜光，耐寒，耐旱，耐贫瘠
	八宝景天	*Sedum spectabile*	景天科	极耐旱，耐寒
	三七景天	*sedum spetabiles*		极耐旱，耐寒，耐瘠薄
	胭脂红景天	*Sedum spurium "Coccineum"*		耐旱，稍耐寒
	佛甲草	*Sedum lineare*		极耐旱，耐瘠薄，稍耐寒
	蓍草	*Achillea sibirca*	蝶形花科	喜温暖湿润，耐寒，耐半阴
	荷兰菊	*Aster novi-belgii*		喜光，喜温暖湿润，耐寒，耐炎热
	金鸡菊	*Coreopsis basalis*		喜光，耐寒耐旱，耐半阴
	松果菊	*Echinacca purpurea*		喜生于温暖向阳，处稍耐寒
	亚菊	*Ajania trilobata*		阳性、耐干寒、瘠薄
	委陵菜	*Potentilla aiscolor*	蔷薇科	喜光，耐干旱
	常夏石竹	*Dianthus plumarius*	石竹科	阳性，喜肥，通风，耐半阴、耐寒

续表

类别	学 名	拉 丁 名	科 目	生 物 习 性
地被	婆婆纳	*Veronica spicata*	玄参科	喜光，耐半阴，耐寒
	马蔺	*Iris lactea var. chinensis*	鸢尾科	阳性，耐寒，耐干旱，耐重盐碱
	鸢尾	*Iris tenctorum*		喜阳光充足，耐寒，亦耐半阴
	射干	*Belamcanda chinensis*		喜温暖和阳光，耐干旱和寒冷
藤本	紫藤	*Weateria sinensis*	豆科	阳性，耐寒
	爬山虎	*Parthenocissus tricuspidata*		耐阴，耐寒
	五叶地锦	*Parthenocissus quinquefolia*		耐阴，耐寒
	蔷薇	*Rosa multiflora*	蔷薇科	阳性，耐寒
	金银花	*Lonicera orbiculatus*	忍冬科	喜光，耐阴，耐寒
	台尔曼忍冬	*Lonicerra tellmanniana*	卫矛科	喜阴湿环境，较耐寒
	小叶扶芳藤	*Euonymus fortunei var. radicans*		喜阴湿环境，较耐寒
	凌霄	*Campsis grandiflora*	紫葳科	中性，耐寒

华 东 地 区

类别	学 名	拉 丁 名	科 目	生 物 习 性
乔木类	云片柏	*Chamaecyparis obtus "Breviramea"*	柏科	中性，稍耐寒，耐修剪
	花柏	*Chamaecyparis pisifera*		中性，稍耐寒，耐修剪
	圆柏	*Sabina chinensis*		中性，稍耐寒，耐修剪
	龙柏	*Sabina chinensis "Kaizuka"*		阳性，耐寒，耐干旱、瘠薄
	红背桂	*Excoecaria bicolor*	大戟科	喜光，喜肥沃沙壤
	枫香	*Liquidanbar fromosana*	金缕梅科	喜光，耐旱、瘠薄
	广玉兰	*Magnolia grandiflora*	木兰科	喜光，也颇耐阴，抗烟尘
	白玉兰	*Magnolia denudata*		喜光，耐寒，耐旱
	雪柳	*Fontanesia fortunei*	木樨科	稍耐阴，较耐寒
	桂花	*Osmanthus fragrans*		稍耐阴，喜肥沃沙壤，抗有毒气体
	红枫	*Acer palmatum "Atropurpureum"*	槭树科	弱阳性，喜湿凉及肥沃，不耐寒
	元宝枫	*Acer truncatum*		弱阳性，喜湿凉及肥沃土壤
	紫薇	*Lagerstroemia indica*	千屈菜科	稍耐阴，喜石灰性尘，不耐寒
	枇杷	*Eriobotrya japonica*	蔷薇科	稍耐阴，喜温暖湿润，宜微酸
	海棠	*Malus spectabilis*		喜光，较耐寒，耐干旱
	樱花	*Prunus serrulata*		喜光，较耐寒
	碧桃	*Prunus persica "Duplex"*		喜光，耐寒，耐旱
	紫叶李	*Prunus cerasifera "Atropurpurea"*	蔷薇科	弱阳性，耐寒、干旱，瘠薄及盐碱
	红叶石楠	*Photinia serrulata*		稍耐阴，较耐寒，耐干旱、瘠薄
灌木类	百里香	*Thymus mogolicus*	唇形科	喜光，耐旱
	杜鹃	*Rhododendron simsii*	杜鹃花科	喜光，耐寒，耐修剪
	山梅花	*Philadelphus coronarius*		喜光，耐旱，较耐寒
	溲疏	*Deutzia scabra*	虎耳草科	半耐阴，耐寒，耐旱，耐修剪
	八仙花	*Hydrangea macrophylla*		喜阴，喜温暖气候，喜酸性土
	黄杨	*Buxus sinia*	黄杨科	中性，抗污染，耐修剪
	红檵木	*Loropetalum chinense*	金缕梅科	耐半阴、喜酸性土、耐修剪

续表

类别	学 名	拉 丁 名	科 目	生 物 习 性
灌木类	扶桑	*Hibiscus rosa-sinensis*	锦葵科	喜光，适应酸性肥沃土壤
	紫珠	*Callicarpa japonica*	马鞭草科	喜光充足，半耐阴
	流苏树	*Chionanthus*	木樨科	喜光，耐旱，耐寒
	云南黄馨	*Jasminum mesnyi*		喜光，喜湿润，不耐寒
	迎春	*Jasminum nudiflorum*		喜光，耐旱，较耐寒
	金叶女贞	*Ligustrum vicaryi*		弱阳性，耐干旱瘠薄，耐盐碱
	女贞	*Ligustrun lucidum*		稍耐阴，抗污染，耐修剪
	栀子	*Gardenia jasminoides*	茜草科	耐阴、干旱瘠薄，耐修剪，抗 SO_2
	白鹃梅	*Exochorda racemosa*		耐半阴，喜肥沃土壤，耐寒
	月季	*Rasa chinensis*	蔷薇科	喜光，适应酸性肥沃土壤
	绣线菊	*Spiraea thunbergii*		喜光，好温暖
	平枝枸子	*Cotoneaster horizontalis*		喜光，耐寒，耐干旱瘠薄
	猬实	*Kolkwitzia amabilis*		喜光，耐干旱瘠薄，颇耐寒
	海仙花	*Weigela coraeensis*	忍冬科	稍耐阴，喜湿润肥沃土壤
	天目琼花	*Viburnum sargentii*		喜光充足，半耐阴
	金银木	*Lonicera maackii*	忍冬科	喜光充足，半耐阴
	四照花	*Dentrobenthamia japonica*	山茱萸科	喜光，喜暖热湿润气候，耐半阴
	山茱萸	*Cornus officinalis*		喜光，耐旱，耐寒
	石榴	*Punica granatum*	石榴科	喜光，稍耐寒
	八角金盘	*Fatsia japonica*	五加科	喜阴，喜暖热湿润气候
地被	铺地柏	*Sabina procumbens*	柏科	阳性，耐寒，耐干旱瘠薄
	萱草	*Hemerocallis fulva*		阳性，耐寒
	火炬花	*Kniphofia unavia*		半耐阴，较耐寒
	玉簪	*Hosta plantaginea*	百合科	耐阴，耐寒
	紫萼	*Hosta ventricosa*		耐阴，耐寒
	金叶过路黄	*Lysimachia nummlaria*		阳性，耐寒
	熏衣草	*Lawandula officinalis*	唇形科	喜光，耐旱
	结缕草	*Zoysia japonica*	禾本科	阳性，耐旱
	景天类	*Crassulaceae*	景天科	耐旱，耐瘠薄
	美人蕉	*Canna indica*	美人蕉科	阳性，喜温暖湿润
	蛇莓	*Duchesnea indica*	蔷薇科	阳性，耐寒
	葱兰	*Zephyranthes candida*	石蒜科	阳性，喜温暖湿润
	鸢尾	*Iris tectorum*	鸢尾科	半耐阴，耐寒
	射干	*Belamcanda chinensis*		阳性，较耐寒
藤本	络石	*Trachelospermum jasminordes*	夹竹桃科	耐阴，不耐寒，常绿
	铁线莲	*Clematis florida*	毛茛科	中性，不耐寒，半常绿
	猕猴桃	*Actinidiaceae chinensis*	猕猴桃科	中性，落叶，耐寒弱
	木通	*Akebia quinata*	木通科	中性

类别	学 名	拉 丁 名	科 目	生 物 习 性
藤本	葡萄	*Vitis vinifera*	葡萄科	阳性，耐干旱
	五叶地锦	*P. quinquefolia*		耐阴，耐寒
	蔷薇	*Rosa multiflora*	蔷薇科	阳性，较耐寒
	木香	*Rosa banksiana*		阳性，较耐寒，半常绿
	金银花	*Lonicera orbiculatus*	忍冬科	喜光，耐阴，耐寒，半常绿
	扶芳藤	*Euonymus fortunei*		耐阴，不耐寒，常绿
	胶东卫矛	*Euonymus kiautshovicus*	卫矛科	耐阴，稍耐寒，半常绿
	常春藤	*Hedera helix*	五加科	阳性，不耐寒，常绿
	叶子花	*Bougainvillea spectabilis*	紫茉莉科	喜光，耐贫瘠、干旱及修剪，耐碱
	凌霄	*Campsis grandiflora*	紫葳科	中性，耐寒
华 中 地 区				
乔木类	圆柏	*Sabina chinensis*	柏科	中性，耐寒，耐修剪
	红背桂	*Excoecaria bicolor*	大戟科	喜光，喜肥沃沙壤
	枫香	*Liquidanbar fromosana*	金缕梅科	喜光，耐旱，瘠薄
	广玉兰	*Magnolia grandiflora*	木兰科	喜光，也颇耐阴，抗烟尘
	桂花	*Osmanthus fragrans*	木樨科	稍耐阴，喜肥沃沙壤，抗有毒气体
	红枫	*Acer palmatum "Atropurpureum"*	槭树科	弱阳性，喜湿凉及肥沃，不耐寒
	紫薇	*Lagerstroemia indica*	千屈菜科	稍耐阴，喜石灰性土，不耐寒
	沙梨	*Pyrus pyrifolia*		喜光，较耐寒，耐干旱
	枇杷	*Eriobotrya japonica*	蔷薇科	稍耐阴，喜温暖湿润，宜微酸
	梅	*Prunus mume*		喜光，喜温暖潮湿环境，耐寒
灌木类	杜鹃	*Rhododendron simsii*	杜鹃花科	喜光，耐寒，耐修剪
	海桐	*Pittosporum tobira*	海桐花科	中性，抗海潮风
	夹竹桃	*Nerium indicum*	夹竹桃科	喜光，耐旱，耐修剪，抗烟尘
	红檵木	*Loropetalum chinense*	金缕梅科	耐半阴、喜酸性土、耐修剪
	木芙蓉	*Hibiscus mutabils*	锦葵科	喜光，适应酸性肥沃土壤
	扶桑	*Hibiscus rosa-sinensis*		喜光，适应酸性肥沃土壤
	海州常山	*Clerodendrum trichotomum*		喜光，喜温暖气候，喜酸性土
	紫珠	*Callicarpa japonica*		喜光充足，半耐阴
	云南黄馨	*Jasminum mesnyi*	马鞭草科	喜光，喜湿润，不耐寒
	迎春	*Jasminum nudiflorum*		喜光，耐旱，较耐寒
	女贞	*Ligustrun lucidum*		稍耐阴，抗污染，耐修剪
	小蜡	*Ligustrun sinense*		稍耐阴，耐寒，耐修剪
	月季	*Rosa chinensis*	马鞭草科	喜光，适应酸性肥沃土壤
	火棘	*Puracantha*		喜光，不耐寒，要求土壤排水良好
	猥实	*Kolkwitzia amabilis*	忍冬科	喜光，耐干旱瘠薄，颇耐寒
	四照花	*Dentrobenthamia japonica*	胡颓子科	喜光，喜暖热湿润气候，耐半阴
	山茱萸	*Cornus officinalis*		喜光，耐旱，耐旱
	八角金盘	*Fatsia jiaponica*	五加科	喜阴，喜暖热湿润气候

续表

类别	学 名	拉 丁 名	科 目	生 物 习 性
地被	铺地柏	*Sabina procumbens*	柏科	阳性，耐寒，耐干旱瘠薄
	麦冬	*Ophiopogon japonicus*	百合科	喜阴湿温暖，常绿，耐阴，耐寒
	熏衣草	*Lawandula officinalis*	唇形科	喜光，耐旱
	结缕草	*Zoysia japonica*	禾本科	阳性，耐旱
	景天类	*Crassulaceae*	景天科	耐旱，耐瘠薄
	美人蕉	*Canna indica*	美人蕉科	阳性，喜温暖湿润
	石蒜	*Lycoris radiata*	石蒜科	阳性，喜温暖湿润
	葱兰	*Zephyranthes candida*	石蒜科	阳性，喜温暖湿润
	射干	*Belamcanda chinensis*	鸢尾科	阳性，较耐寒
藤本	络石	*Trachelospermum jasminordes*	夹竹桃科	耐阴，不耐寒，常绿
	木通	*Akebia quinata*	木通科	中性
	铁线莲	*Clematis florida*	毛茛科	中性，不耐寒，半常绿
	爬山虎	*Parthenocissus tricuspidata*	葡萄科	耐阴，耐寒，耐干旱
	木香	*Rosa banksiana*	菊科	阳性，较耐寒，半常绿
	金银花	*Lonicera orbiculatus*	忍冬科	喜光，耐阴，耐寒，半常绿

华 南 地 区

类别	学 名	拉 丁 名	科 目	生 物 习 性
乔木类	南洋杉	*Araucaria cunninghamii*	南洋杉科	阳性，喜暖热气候，不耐寒
	罗汉松	*Podocarpus macrophyllus*	罗汉松科	半阴性，喜温暖湿润
	苏铁	*Cycas revoluta*	苏铁科	中性，喜温湿气候及酸性土
	红背桂	*Excoecaria bicolor*	大戟科	喜光，喜肥沃沙壤
	刺桐	*Erythrina variegana*	蝶形科	喜光，喜暖热气候及酸性土
	广玉兰	*Magnolia grandiflora*	木兰科	喜光，也颇耐阴，抗烟尘
	含笑	*Michelia figo*		喜弱光，不耐暴晒和干旱，喜酸性
	桂花	*Osmanthus fragrans*	木樨科	稍耐阴，喜肥沃沙壤，抗有毒气体
	芒果	*Mangifera persiciformis*	漆树科	阳性，喜暖湿及肥沃土壤
	红枫	*Acer palmatum "Atropurpureum"*	槭树科	弱阳性，喜湿凉及肥沃土，不耐寒
	紫薇	*Lagerstroemia indica*	千屈菜科	稍耐阴，喜排水良好，不耐寒
	石楠	*Photinia serrulata*	蔷薇科	稍耐阴，较耐寒，耐干旱、瘠薄
	荔枝	*Litchi chinensis*	无患子科	喜光，喜肥沃深厚酸性土
	羊蹄甲	*Bauhinia variegata*	豆科	喜光，喜温暖气候，喜酸性土
	无忧花	*Saraca indica*	苏木科	喜光，喜温暖气候，喜酸性土
	柚树	*Citrus grandis*	芸香科	喜温暖湿润，宜微酸肥沃土壤
	蒲葵	*Livistona chinensisi*	棕榈科	阳性，喜暖湿，不耐阴，较耐旱
	酒瓶椰子	*Bottle palm*	蔷薇科	性喜阳光高温、湿润、耐盐碱
	棕竹	*Rhapis excelsa*		喜温暖湿润，不耐积水，极耐阴
	加纳利海枣	*Phoenix canariensis*		阳性，喜温暖湿润，不耐阴
	散尾葵	*Chrysalidocarpus lutescens*		阳性，喜暖湿，不耐寒，较耐阴
	狐尾棕	*Wodyetia bifurcata*		阳性，喜暖湿，耐寒，耐旱，抗风

续表

类别	学 名	拉 丁 名	科 目	生 物 习 性
灌木类	变叶木	*Codiaeum variegatum*	大戟科	喜光，喜湿润环境
	杜鹃	*Rhododendron simsii*	杜鹃花科	喜光，耐寒，耐修剪
	番木瓜	*Carica papaya*	番木科	喜光，喜暖热多雨气候
	海桐	*Pittosporum tobira*	海桐花科	中性，抗海潮风
	山梅花	*Philadelphus coronarius*	虎耳草科	喜光，耐旱，较耐寒
	溲疏	*Deutzia scabra*		半耐阴，耐寒、耐旱、耐修剪
	八仙花	*Hydrangea macrophylla*		喜阴，喜温暖气候，喜酸性土
	夹竹桃	*Nerium indicum*	夹竹桃科	喜光，耐旱、耐修剪，抗烟尘
	红檵木	*Loropetalun chinense*	金缕梅科	耐半阴，喜酸性土、耐修剪
	扶桑	*Hibiscus rosa-sinensis*		喜光，适应酸性肥沃土壤
	米兰	*Aglaria odorata*	楝科	喜光充足，半耐阴
	云南黄馨	*Jasminum mesnyi*	木樨科	喜光、喜湿润、不耐寒
	茉莉	*Jasminum sambac*		稍耐阴，喜肥沃沙壤土
	栀子	*Gardenia jasminoides*	茜草科	耐阴，耐干旱瘠薄及修剪，抗 SO_2
	海仙花	*Weigela coraeensis*	忍冬科	稍耐阴，喜湿润肥沃土壤
	木本绣球	*Viburnum macrocephalum*		稍耐阴，喜湿润肥沃土壤
	珊瑚树	*Viburnum awabuki*		稍耐阴，喜湿润肥沃土壤
	山茶花	*Camellia japonica*	山茶科	喜半阴，喜温暖湿润环境
	晚香玉	*polianthes tuberose*	石蒜科	喜光、耐旱
	鹅掌柴	*Schefflera octophylla*	五加科	喜阴、喜暖热湿润气候
	八角金盘	*Fatsia jiaponica*		喜阴、喜暖热湿润气候
	佛手	*Citrus medica*	芸香科	喜光，喜暖热多雨气候
	胡椒木	*Zanthoxylum "Odorum"*		喜光，喜砂质壤土
	九里香	*Murraya paniculata*		较耐阴、耐旱
	叶子花	*Bougainvillea spectabilis*	紫茉莉科	喜光，耐干旱瘠薄，耐修剪
地被	景天类	*Crassulaceae*	景天科	喜光，耐旱
	沿阶草	*Ophiopogon japonicus*	百合科	喜阴湿温暖，常绿，耐阴、耐寒
	熏衣草	*Lawandula officinafis*	唇形科	喜光，耐旱
	狗牙根	*Cynodon dactylon*	禾本科	性喜暖湿，喜排水良好，耐践踏
	结缕草	*Zoysia japonica*		耐阴，耐热，耐寒，耐旱，耐践踏
	美人蕉	*Canna indica*	美人蕉科	阳性、喜温暖湿润
	彩叶番薯	*Ipomoea batatas*	旋花科	性强健，不耐阴，喜光
	紫杯苋	*Altemanthera Ficoidea*	苋科	性强健，不耐阴，喜光
	紫杯苋	*cv. "Ruliginosa"*	苋科	性强健，耐旱，湿，耐阴，耐高温
	蜘蛛兰	*Hymeuocallis americana*	石蒜科	性强健，耐旱，湿，耐阴，耐高温
	蟛蜞菊	*Wedelia chinensis*	菊科	耐旱、耐湿、耐瘠、耐盐碱
	鸭跖草	*Setcreasea paffida*	鸭跖草科	半耐阴，较耐寒
	射干	*Belamcanda chinensis*	鸢尾科	阳性，较耐寒

续表

类别	学 名	拉 丁 名	科 目	生 物 习 性
藤 本	络石	*Trachelospermum jasminordes*	夹竹桃科	耐阴，不耐寒，常绿
	铁线莲	*Clematis florida*	毛茛科	中性，不耐寒，半常绿
	木通	*Akebia quinata*	木通科	中性
	炮仗花	*Pyrostegia ignea*	紫薇科	喜阳及肥沃、湿润、酸性的土
	十姊妹	*Rgsa multifolra "Platyphylla"*	蔷薇科	阳性、较耐寒
	南蛇藤	*Celastrus orbiculatu*	卫矛科	喜阳，耐阴，抗寒，耐旱
	叶子花	*Bougainvillea spectabilis*	紫茉莉科	喜光，耐贫瘠，干旱及修剪，耐碱

西南地区

类别	学 名	拉 丁 名	科 目	生 物 习 性
乔 木 类	圆柏	*Sabina chinensis*	柏科	中性，耐寒，耐修剪
	苏铁	*Cycas revoluta*	苏铁科	中性、喜温湿气候及酸性土
	刺桐	*Erythrina variegana*	蝶形科	喜光，喜暖热气候及酸性土
	罗汉松	*Podocarpus macrophyllus*	罗汉松科	半阴性、喜温暖湿润
	广玉兰	*Magnolia grandiflora*	木兰科	喜光，也颇耐阴，抗烟尘
	桂花	*Osmanthus fragrans*	木樨科	稍耐阴，喜肥沃沙壤，抗有毒气体
	芒果	*Mangifera persiciformis*	漆树科	阳性，喜暖湿及肥沃土壤
	红枫	*Acer palmatum "Atropurpureum"*	槭树科	弱阳性，喜湿凉及肥沃土，不耐寒
	紫薇	*Lagerstroemia indica*	千屈菜科	稍耐阴，喜排水良好，不耐寒
	枇杷	*Eriobotrya japonico*	蔷薇科	稍耐阴，喜温暖湿润，微酸土壤
	羊蹄甲	*Bauhinia variegcata*	豆科	喜光，喜温暖气候，喜酸性土
	无忧花	*Saraca indica*	苏木科	喜光，喜温暖气候，喜酸性土
	柠檬树	*Citrus limon*	芸香科	喜温暖湿润，宜微酸肥沃土壤
	蒲葵	*Livistona chinensisi*	棕榈科	阳性，喜暖湿，不耐阴，较耐旱
	棕竹	*Rhapis excelsa*		喜温暖湿润，不耐积水，极耐阴
	鱼尾葵	*Caryota monostachya*		阳性，喜暖湿，较耐寒，较耐旱
灌 木 类	杜鹃	*Rhododendron simsii*	杜鹃花科	喜光，耐寒，耐修剪
	海桐	*Pittosporum tobira*	海桐花科	中性，抗海潮风
	八仙花	*Hydrangea macrophylla*	虎耳草科	喜阴，喜温暖气候，喜酸性土
	夹竹桃	*Nerium indicum*	夹竹桃科	喜光，耐旱，耐修剪，抗烟尘
	红檵木	*Loropetalum chinense*	金缕梅科	耐半阴，喜酸性土、耐修剪
	木芙蓉	*Hibiscus mutabils*	锦葵科	喜光，适应酸性肥沃土壤
	扶桑	*Hibiscus rosa-sinensis*		喜光，适应酸性肥沃土壤
	云南黄馨	*Jasminum mesnyi*	木樨科	喜光，喜湿润，不耐寒
	栀子	*Gardenia jasminoides*	茜草科	耐阴，耐干旱瘠薄及修剪，抗 SO_2
	海仙花	*Weigela coraeensis*	忍冬科	稍耐阴，喜湿润肥沃土壤
	木本绣球	*Viburnum macrocephafum*		稍耐阴，喜湿润肥沃土壤
	珊瑚树	*Viburnum awabuki*		稍耐阴，喜湿润肥沃土壤
	山茶花	*Camellia japonica*	山茶科	喜半阴，喜温暖湿润环境
	八角金盘	*Fatsia jiaponica*	五加科	喜阴、喜暖热湿润气候
	九里香	*Murraya paniculata*	芸香科	较耐阴，耐旱

类别	学 名	拉 丁 名	科 目	生 物 习 性
地被	景天类	*Crassulaceae*	景天科	喜光，耐旱
	沿阶草	*Ophiopogon japonicus*	百合科	喜阴湿温暖，常绿，耐阴，耐寒
	熏衣草	*Lavandula officinalis*	唇形科	喜光，耐旱
	狗牙根	*Cynodon dactylon*	禾本科	性喜暖湿，喜排水良好，耐践踏
	结缕草	*Zoysia japonica*		耐阴，耐热，耐寒，耐旱，耐践踏
	美人蕉	*Canna indica*	美人蕉科	阳性、喜温暖湿润
	石蒜	*Lycoris radiata*	石蒜科	阳性，喜温暖湿润
	彩叶番薯	*Ipomoea batatas*	旋花科	性强健，不耐阴，喜光
	紫杯苋	*Altemanthera Ficoidea cv. "Ruliginosa"*	苋科	性强健，耐旱，耐瘠，耐剪
	鸭跖草	*Setcreasea pallida*	鸭跖草科	半耐阴，较耐寒
	射干	*Belamcanda chinensis*	茵尾科	阳性，较耐寒
藤本	络石	*Trachelospermum jasminordes*	夹竹桃科	耐阴，不耐寒，常绿
	铁线莲	*Clematis florida*	毛茛科	中性，不耐寒，半常绿
	木通	*Akebia quinata*	木通科	中性
	炮仗花	*Pyrostegia ignea*	紫薇科	喜阳及肥沃、湿润、酸性的土
	南蛇藤	*Celastrus orbiculatu*	卫矛科	喜阳，耐阴，抗寒，耐旱

注：本屋面种植种类推荐表由北京市园林科学研究院提供。

2.11

种植容器、种植池

种植容器应具有排水、蓄水、阻根和过滤功能（图 2-15）。普通塑料种植容器材质易老化破损，从安全、经济和使用寿命等方面考虑，应使用耐久性较好的工程塑料或玻璃钢材质种植容器。种植容器外观质量、物理机械性能、承载能力、排水能力、耐久性能等均应符合产品标准的要求，并由专业生产企业提供产品合格证书。种植容器高度不应小于 100mm，使用年限不应低于 10 年。

种植池是指可以种植植物不可移动的构筑物，也称为树池。

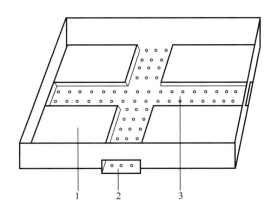

图 2-15　种植容器

1—种植土区域；2—连接口；3—排水孔

2.12

设施材料

　　种植屋面宜选用滴灌、喷灌和微灌设施。喷灌工程相关材料应符合现行国家标准《喷灌工程技术规范》GB/T 50085 的规定；微灌工程相关材料应符合现行国家标准《微灌工程技术规范》GB/T 50485 的规定。

　　电气和照明材料应符合现行国家标准《低压电气装置　第 7—705 部分：特殊装置或场所的要求 农业和园艺设施》GB 16895.27 和现行行业标准《民用建筑电气设计规范》附条文说明［另册］JGJ 16 的规定。

Chapter **03**

3

种植屋面的设计

种植屋面的设计，是对屋顶景观营造活动预先进行的计划，屋面种植与地面种植一样，其设计在于用自然的语言来表达人们心中的境界。

种植屋面设计应包括下列内容：计算屋面的结构荷载；确定屋面的构造层次；进行绝热层设计，确定绝热材料的品种规格和性能；进行防水层设计，确定耐根穿刺防水材料和普通防水材料的品种规格和性能；保护层设计；种植设计，确定种植土的类型、种植的形式和植物种类；灌溉及排水系统的设计；电气照明系统的设计；园林小品系统的设计；种植屋面细部构造的设计等。

3.1

种植屋面设计的基本规定和原则

3.1.1 种植屋面设计的基本规定

（1）种植屋面工程设计应遵循"防、排、蓄、植"并重和"安全、环保、节能、经济、因地制宜"的原则。

（2）种植屋面不宜设计为倒置式屋面。

（3）种植屋面工程结构设计时应计算种植荷载，既有建筑屋面改造为种植屋面前，应对原结构进行鉴定。种植屋面荷载取值应符合现行国家标准《建筑结构荷载规范》GB 50009 的规定，屋顶花园若有特殊要求时，应单独计算结构荷载。

（4）种植屋面绝热层、找坡（找平）层、普通防水层和保护层的设计应符合现行国家标准《屋面工程技术规范》GB 50345、《地下工程防水技术规范》GB 50108 的有关规定；屋面基层为压型金属板、采用单层防水卷材的种植屋面设计应符合国家现行有关标准的规定；地下建筑顶板种植设计应符合现行国家标准《地下工程防水技术规范》GB 50108 的规定。

（5）种植屋面工程设计应符合现行国家标准《建筑设计防水规范》GB 50016 的规定，大型种植屋面应设置消防设施；避雷装置设计应符合现行国家标准《建筑物防雷设计规范》GB 50057 的规定。

（6）当屋面坡度大于20％时，绝热层、防水层、排（蓄）水层、种植土层等均应采取防滑措施；种植屋面应根据不同地区的风力因素和植物高度，采取植物抗风固定措施。

3.1.2　种植屋面的设计原则

种植屋面的设计包括新建和原有建筑屋面、地下建筑顶板种植工程的设计，种植屋面工程的设计和施工应符合国家有关结构安全、环境保护和建筑节能的规定，种植屋面的设计、施工和质量验收应符合国家现行有关标准的规定。

"适用、经济、美观"是种植屋面设计必须遵循的原则，并应做到三者的辩证统一，在不同情况下，应根据其不同性质、不同类型、不同环境的差异，做到彼此之间有所侧重。

针对种植屋面造园的特点，设计时首先应根据使用者的素质、文化品位和使用要求，结合种植屋面的使用功能、绿化效益、艺术特色、经济和安全等多方面的要求，以安全性为前提，以生态性为基础，以艺术性为核心进行设计；其次，应充分把地方文化融入到屋顶的园林景观和园林空间中去，并且结合屋顶对园林植物的影响来选择园林植物，以创造出一个融合于自然环境的园林景观。

种植屋面工程设计应遵循"防、排、蓄、植并重，安全、环保、节能、经济、因地制宜"的原则，并考虑施工环境和工艺的可操作性。种植屋面设计应包括下列内容：计算建筑物面的结构荷载；因地制宜设计屋面的构造系统；选择耐根穿刺防水材料和普通防水材料，设计好排蓄水系统；选择保温隔热材料，确定保温隔热方式；选择种植土类型及植物类型，指定配置方案；设计并绘制细部构造图。

1. 安全性

种植屋面、屋顶绿化，安全第一。这里所指的安全，其内容包括房屋的荷载，屋顶防水结构的安全，以及屋顶周围的防护栏杆，乔灌木在高空风较为强烈，土质疏松环境下的安全稳定性等。

1）荷载承重安全

种植屋面的结构层宜采用现浇钢筋混凝土。种植屋面的多层次结构无疑给屋顶增加了荷重，屋顶荷载的能力直接关系到建筑物的安全问题。因此，在屋顶花园平面规划及景点布置时，应根据屋顶的承载构件布置，使附加荷载不超过屋顶结构所能承受的范围，以确保屋顶的安全使用。种植屋面中如建造亭、廊、花架、假山、水池和喷泉等园林建筑小品，则必须在满足房屋结构安全的前提下，依据其屋顶的结构体系、主次梁架及承重墙柱的位置，进行科学计算，反复论证后方可布点和建造，也可以利用屋顶上原有的电梯间、库房、水箱等建筑进行改造成为合适的园林建筑形式。

2）屋面防水排水

保证屋顶不漏水是至关重要的问题。为确保防水工程的质量，应采用具有耐水、耐腐蚀、耐霉变和对基层伸缩或开裂变形适应性强的卷材（如合成高分子防水卷材、聚酯胎高聚物改性沥青防水卷材）作柔性防水层，种植屋面的各种植物的根系多可能具有很强的穿刺能力，故一般的防水材料极易被其所穿透，故必须在一般防水层上面再设置一道耐根系穿刺的防水层，才能达到防水的要求。屋顶的排水形同设计出了要与原屋顶排水系统保持一致外，还应设法阻止植物枝叶或植被层泥砂等杂物流入排水管道，大型种植池排水层的排水管道要与屋顶排水互相配合，使种植池内多余的浇灌水顺畅排出。

3）抗风

在种植屋面的设计中，各种较大的设施如花架等均应进行抗风设计验算。屋顶种植的植物应选择浅根系植物，高层建筑屋面和坡屋面宜种植地被植物；常有六级风以上地区的屋面，不宜种植大型乔木；乔木、大灌木的高度不宜大于2.5m，所种大灌木、乔木距离边墙不宜小于2m。对于大规格的乔木、灌木应进行特殊的加固处理，种植高于2m的植物应采用防风固定技术，常用的方法有三：其一是在树木根部土层下埋塑料网以扩大根系固土作用；其二是在树木根部结合地形环境置石，以压固根系；其三是把树木主干成组组合，绑扎支撑，并尽可能使用拉杆组成三角形结点。

4）游人的防护安全

种植屋面绿化应设置独立的安全通道，为防止高空物的坠落和保证游人的安全，屋顶周边应设置高度在80cm以上的护栏，或者直接注意女儿墙的有效高度，同时还要注意植物和设施的固定。

2. 生态性

建造种植屋面的目的是为了改善城市的生态环境，为了给人们提供良好的生活和休息场所。在一定程度上衡量种植屋面好与坏的标准，除了满足不同的要求外，必须保证绿化覆盖率在60%以上。种植屋面宜将覆土种植与容器种植相结合，生态与景观相结合，简单式种植屋面的绿化面积宜占屋面总面积的80%以上，花园式种植屋面的绿化面积，宜占屋面总面积的60%以上，而倒置式种植屋面则不应做覆土种植。保证一定数量的植物，才能够发挥绿色生态效益、环境效益和经济效益。绿色植物的作用在于改造环境方面，故在种植屋面的营造中，要利用各种手段有效地增加绿色植物的含量，如利用棚架植物、攀援植物、悬垂植物等进行立体绿化，尽可能地增加绿化量。这是种植屋面生态性设计的一个极其重要的方面。

由于屋面面积有限，应充分利用屋顶的竖向和平面空间，并以植物造景为主。考虑到种植屋面场地狭小，且位于强风、缺水和少肥、光照强、时间长、温差大等环境中，故宜选择生长缓慢、耐寒、耐旱、喜光、抗逆性强、易移栽和病虫害少且观赏性好的植物，一般选用浅根性树木为主。

选择适宜种植屋面栽植的生态型植物，精心配制种植土，提高其保水、保温、保肥的能力，并加强植物养护管理，以保证植物的旺盛生长，从而充分发挥绿色植物在调解温度、湿度、净化空气、滞尘、抗污染等改造保护环境方面的作用。

3. 艺术性

种植屋面多属于私密性或半私密性的园林空间，使用群体相对固定或特定，因此，在种植屋面设计的艺术性方面考虑时，应从使用者的个人或群体素质、文化品位、使用要求营造某一层次的文化内涵和氛围等艺术性方面来考虑，以适合特定群体的审美情趣和欣赏水平，达到一种园林意境的要求，让使用者能产生情景交融的共鸣，确定一定的设计风格，并使其贯穿始终，以确保某种特定的内涵和品位。其功能设计，应以人为本，亲近自然，即设计中园内宁可功能单一，求精求细，不必求全，注意使用功能的舒适性、合理性、方便性，强调使用者在游憩过程中与自然的亲和性。

种植屋面在造园条件下与地面花园相比存在着较大的差异，针对场地狭窄的具体情况，在设计时，园林小品、游憩设施、植物、园路等尺度宜小，并保持相互之间适度的比例。利用景墙装饰，植物、山石、小品进行遮挡的方法，对种植屋面周边的女儿墙进行淡化处理。利用各种造园手法，达到富于曲折变化、小中见大、意犹未尽的视觉、感官效果。由于屋顶地形变化甚微，可利用台阶、水池、花台、堆土等进行竖向设计，形成地形变化，以丰富造园层次，并注意选择建筑周围、种植屋面以外的景观，用"借景"手法使其融为一体。种植屋面的植物配制宜选用小乔木、灌木、花草，种植后最好能保持"两到三季常绿"，构成层次丰富、四季变化的景观，并应注意所配置植物的季相、色相、香味、造型以及不同植物所构成的竖向轮廓线。

3.2
种植屋面设计的基本要点

种植屋面应依据《屋面工程技术规范》GB 50345、《种植屋面工程技术规程》JGJ 155、《坡屋面工程技术规范》GB 50693、《单层防水卷材屋面工程技术规范》JGJ/T 316、《地下工程防水技术规范》GB 50108、《种植屋面用耐根穿刺防水卷材》JC/T 1075、《民用建筑设计通则》GB 50352、《建筑结构荷载规范》GB 50009、《建筑设计防火规范》GB 50016、《建筑物防雷设计规范》GB 50057、《平屋面建筑构造》12J 201、《坡屋面建筑构造（一）》09J 202—1、《种植屋面建筑构造》14J 206 等国家及行业的标准和规范、国家建筑标准设计图集进行设计。

3.2.1　种植屋面的荷载设计

种植屋面的荷载包括种植屋面各系统及构造层次的重量、风雪雨等给建筑物增加的荷载、认为活动给屋顶增加的荷载等。

在屋顶上进行绿化建造园林景观，其先决条件是建筑物屋顶能否承受由于屋顶绿化的各项构造和园林工程所增加的荷载。荷载是衡量种植屋面单位面积上承受重量的指标，是建筑物安全和屋顶种植成功与否的保障。荷载是屋顶种植的首要条件，也是屋顶绿化和造园与地面绿化和造园最为根本的不同点。屋面的荷载是建筑设计师根据建筑的功能与建筑的材料精心计算设计出来的，理想的屋顶种植是建筑设计师在进行建筑设计时就已把其作为建筑设计的一项内容设计进去了，并根据屋顶种植的种类、功能设计出适度的荷载。

3.2.1.1 建筑物屋面的结构类型及承载能力

种植屋面相对于普通屋面，其静荷载和活荷载都有大幅度的增加，从而直接影响到下部建筑结构、地基基础的安全性以及建筑工程的造价，因此，如何确定活荷载和静荷载是种植屋面结构设计中非常重要的问题。

要了解建筑物的承重能力，就必须对建筑物的承重结构体系有所了解，方可根据建筑的不同结构类型及其承重能力来确定种植屋面的使用性质，确定屋顶种植可采用的材料，可选用的园林工程做法和具体的尺度。

1. 建筑物屋面的结构类型

建筑物的屋顶可依据其坡度分为平屋顶和坡屋顶，凡屋面坡度在 10% 以下者可称其为平屋面，而屋面排水坡度在 10% 以上的斜面式各类曲线屋面则均可称其为坡屋面。

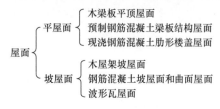

图 3-1 屋面的类型

根据其所用材料的性质和施工做法，平屋面主要有木梁板平顶屋面、预制钢筋混凝土梁板结构屋面以及现浇钢筋混凝土肋形楼盖屋面；坡屋面主要有：木屋架坡屋面、钢筋混凝土坡屋面和曲面屋面、波形瓦屋面等。屋面的类型参见图 3-1。

在我国园林建筑和 20 世纪 50 年代前建造的小型居住楼房中，有采用木大梁、木龙骨和木望板组成的木梁板平顶屋面建筑，由于其主要承重构件承载能力较低，且屋面易漏水，故此类屋面不宜进行屋顶种植。我国的砖混结构和框架结构体系的建筑物多使用由预制钢筋混凝土大梁和预制预应力圆孔板组成的平屋面承重结构（图 3-2），预制梁板构件可根据不同的使用要求和建筑平面，按其构件特定的模数，选用不同长短、宽窄和不同承载能力的工厂化生产的系列产品，这类体系承载能力、防水、防火性能好，经久耐用，施工方便，是进行屋顶种植理想的平屋面结构体系。现浇钢筋混凝土梁板结构（图 3-3）所采用的大梁和楼板是在施工现场支模板、绑扎钢筋后再进行浇筑混凝土，并经 28d 养护达到混凝土的设计标号后，形成的梁板组合的肋形楼盖屋面，此类结构整体性好、抗震性能好，能适应建筑平面的变化要求，因其屋顶浇注有 70～100mm 厚的钢筋混凝土板，无疑是一层很好的防水层，故此结构对种植屋面的防水体系是有利的。

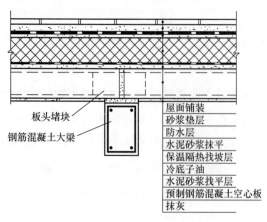

图 3-2 预制钢筋混凝土梁板结构平屋顶

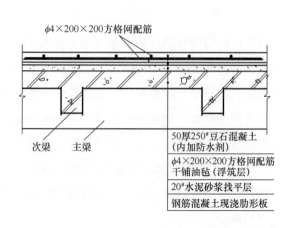

图 3-3 现浇钢筋混凝土肋形楼盖平屋顶（单位：mm）

木屋架坡屋面因其木基层承受能力有限等原因，现已不多见。以混凝土构件代替木构件建造坡屋面，多采用预制钢筋混凝土三角形屋架和檩条承重，屋面板则可以使用木望板或预制钢筋混凝土薄板。在大型公共建筑和工业厂房建筑中，其屋面结构多采用预应力钢筋混凝土屋架和大型屋面板，形成梯形、折线形、弧线等曲形屋面，此外，也有用现浇混凝土建造各种曲线屋面，如壳体屋顶等。在一些园林建筑和临时性建筑物的屋顶中，还常使用轻型波形瓦屋面。

2. 各类屋面的承载能力

无论何种体系和形式的屋面结构，均根据建筑物设计对所选用的屋面使用要求（上人或非上人）以及屋面活荷载取值大小确定承载能力。

平屋面一般可设计上人屋面和非上人屋面两种，坡屋面一般均设计成非上人屋面。非上人屋面均布活荷载，当采用钢筋混凝土梁板结构时，其活荷载为 $50kg/m^2$，如采用坡屋顶瓦屋面和波形瓦等轻屋面，则其活荷载为 $30kg/m^2$，无特殊要求的上人平屋面其均布活荷载为 $150kg/m^2$。应注意，这里所指的活荷载，不包括屋面各种构件及构造做法等的自重，仅为施工和检修以及人们在屋顶活动及少量家具物件等的重量。

因屋顶绿化而增加的重量当属屋面活荷载范围。在一般情况下，原建筑物屋顶若按非上人屋面设计，那么屋顶上是不能建造屋顶花园的，必须重新更换屋顶承重构件，并逐项验算房屋有关承重构件的结构强度后，方可营造屋顶花园；若原建筑物屋顶已按上人屋面设计，那么在营造屋顶花园时，仍需严格控制所加荷载不得超出 $150kg/m^2$ 的设计要求。如屋顶的建筑结构已经按照屋顶花园所需附加的各项荷载设计，那么也就不存在屋顶承重能力的问题了，只要按照原设计营造即可保证屋顶结构的安全了。

1）预制钢筋混凝土梁板构件的承重能力

平屋顶的只要承重构件是屋面大梁和屋面楼板，支撑梁板构件的墙和柱以及其下的基础和地基也是重要的承重结构部分。在多层和高层建筑中，屋顶层的活荷载和静荷载（自重等）仅占总荷载的若干分之一，而在这若干分之一中，活荷载所占的比例就更小，因此，只要屋顶所选用的预制梁板构件能承受屋顶花园所增加的荷载，一般情况下仅需对墙、柱等结构构件作必要的校核。

屋顶楼板构件大多选用预应力短向圆孔板和预应力长向圆孔板。厚度为 130mm，板宽为 900mm 或 1200mm，板长为 1800～3900mm 的预应力短向圆孔板，采用 300mm 进位模数，可适合各种房间跨度的需要，这类板的允许荷载（不包括板自重在内）292～1175kg/m²。设计人员在进行建筑设计时，可以根据屋顶的使用要求（确定的活荷载）和防水保温等构造做法折算成每平方米的荷载来选用板的型号。所谓板的型材，其包括板长、板宽和荷载等级。如果房间跨度超过 3.9m，则可选用厚度为 180mm、板宽为 900mm 或 1200mm，板长为 4500～6000mm 的预应以长向圆孔板，此类板的允许荷载（不包括板自重）从 350～1254kg/m²。由此可见，同一种厚度、宽度和长度的楼板，由于所选用的荷载型号不同，两者的承载能力可相差 3～4 倍之多。

屋顶预制钢筋混凝土大梁，现仍有使用非预应力矩形梁或 T 型梁的，梁长度自 2700～3900mm 为开间梁；4500～6600mm 为进深梁。梁的承载能力是根据它沿梁长的线荷载，即每 kg/m 的数值大小确定，开间梁的允许荷载（包括梁自重）1115～4520kg/m；进深梁的允许荷载（包括梁自重）1545～

4200kg/m。同样相同宽度和截面的梁，选用的荷载型号不同，它的承载能力也可能相差 3～4 倍之多。

有些屋面采用的是加气混凝土屋面板，由于加气混凝土标号仅有 30 号，因此，这种板的承载能力很低，只能用于非上人屋面。此类板的允许荷载（不包括板自重）只有两种，1 号板为 $100kg/m^2$，2 号板为 $150kg/m^2$。凡使用这种构件建造的屋顶，是不允许在其上增建屋顶花园的。

2）现浇钢筋混凝土肋形楼盖屋面的承载能力

屋顶现浇钢筋混凝土楼板和大梁应根据屋顶使用要求所规定的活荷载和屋顶保温、隔热、防水及结构板自重等静荷载，折算成每平方米的总荷载，对连续板和梁进行计算和设计。一般屋顶楼板均采用相同的厚度，又为了便于钢筋的施工，所以整个屋顶是采用一种荷载等级来进行楼板的配筋，而屋顶大梁则需要根据板传来的荷载大小来确定其承载能力。

无论是预制钢筋混凝土大梁板还是现浇钢筋混凝土楼盖，其板承受的多是均布面荷载（即每平方米多少千克重），其梁所承受的多是线荷载（即沿长每米多少千克重），由此，板上一般不允许有较大的集中荷载，而梁则相对可以承受较大的集中荷载。因此，我们在进行屋顶花园平面规划及景点设置时，应考虑到屋顶的承重构件的布置，并尽可能相互配合，使屋顶花园的附加荷重不超过屋顶结构所能承受的范围，以确保建筑屋顶的使用安全。

3）坡屋顶的承载能力

坡屋顶在设计时如仅考虑了施工检修荷载（30～50kg/m²），属于非上人屋面。因此，这类屋顶仅可以在其屋面表面攀援各类绿化植物；如坡屋顶采用现浇钢筋混凝土斜面板，则可在板面浅槽内放置种植土种植地被植物，但这类绿化屋顶，一般也不能上人，仅起着绿化作用。

3.2.1.2　种植屋面荷载的取值

种植屋面相对于普通屋面，其静荷载和活荷载都有较大幅度的增加，将直接影响着下部的建筑结构、地基基础的安全性和工程造价，因此，如何确定活荷载和静荷载是种植屋面结构设计非常重要的问题。

1. 活荷载的取值

上人屋面和非上人屋面其构造方法是大不相同的。非上人屋面的活荷载仅有 $50kg/m^2$，因其在设计时仅考虑了施工检修和屋顶存在少量积水的荷载，在雪荷载较大的地区，其屋面荷载也仅达到 70～$80kg/m^2$。上人屋面的活荷载（图 3-4）为 $150kg/m^2$，该数值是指一般的办公居住建筑，其屋顶仅为少量本幢楼内居民之间休息或晾晒衣物等的活动场所。如果在屋顶上营造花园，用来休闲娱乐、小型聚会，此时相对人流的数量和密度将会增加，种植屋面的荷载至少应与公众较多的教堂、食堂相似，故种植屋面的活荷载选用 200～$250kg/m^2$ 为宜。如果种植屋面处于城市中心主要干道两侧，其还可能成为密集人群的活动的场所，其活荷载则应参考国家荷载规范，按挑出阳台和可能密集人群的临街公共建筑挑出阳台的活荷载（250～$350kg/m^2$）具体确定。种植屋面的活荷载数值仅是屋顶设计荷载中的一部分，其与屋顶结构自重、防水层、找平层、保温隔热层和屋面铺装等静荷载相加，才是屋顶的全部荷载。

在种植屋面的设计中，种植屋面的活荷载往往不是控制值，而实际上种植屋面中的种植区、水体建

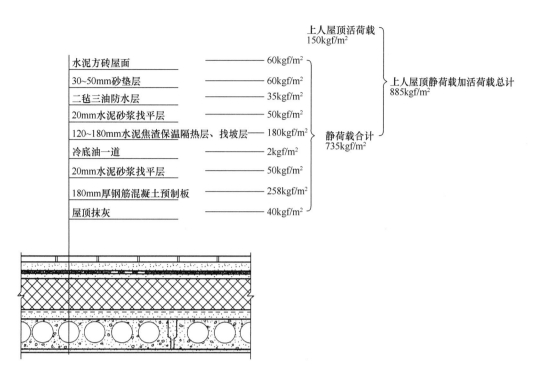

图 3-4　上人屋面结构及荷载

筑等园林小品的平均荷载则常常超过屋顶的活荷载。在进行屋顶楼板结构计算设计时，因为无法按曲折的园路和不规则的种植池等分别配筋或选用不同荷载型号的预制楼板，因此，一般均采用较大的平均荷载，也就是说，屋顶活荷载仅是一个基本值，房屋结构梁板构件的计算荷载值要根据屋顶花园上各项园林工程的荷重大小才能作出最后的确定。

2. 静荷载的取值

种植屋面的静荷载较为复杂，包括种植区的荷载、盆花和花池的荷载、园林水体的荷载、假山和雕塑的荷载、小品及园林建筑物的荷载。其中后四类荷载的确定可根据实际情况，按现行规范取值。种植区荷载的确定，一般地被式绿化的土层厚 6～10cm，荷重 35kg/m²；种植式绿化的土层厚 20～30cm，荷重 400kg/m²；花园式绿化的土层厚度 25～35cm，荷重 500～1000kg/m²。此外，土层的干湿状况对荷载也有很大的影响，一般可增加 25% 左右，多的可增加到 50%，还应考虑施工时的局部堆土。

3.2.1.3　种植屋面荷载设计的方法

新建种植屋面工程的结构承载力设计，必须包括种植荷载，如果是既有建筑屋面改造成种植屋面，其荷载必须在屋面结构承载力允许的范围之内。

1. 种植屋面荷载设计的要点

（1）种植屋面工程结构设计时应计算种植荷载，既有建筑屋面改造为种植屋面前，应对原结构进行鉴定。

（2）荷载计算的要求如下：①保温层、找坡层、找平层、防水层等屋面基本构造按做法和工程设计进行荷载计算；②种植荷载应包括初载植物荷重和植物生长期增加的可变荷载。一般情况下，树高增加2倍，其重量增加8倍，需10年时间。初载植物的荷重见表3-1；③种植土的荷重应按饱和水密度计算，常用种植土的饱和水密度见表2-100；④种植屋面其他常用材料的荷载见表3-2；⑤屋面上的园路、园林小品等，应按实际荷载计算；⑥花园式种植的布局应与屋面结构相结合，乔木类植物和亭台、水池、假山等荷载较大的设施，应置于柱顶、承重墙交叉处等结构承重构件的位置。

表 3-1　初载植物荷重

植物类型	小乔木（带土球）	大灌木	小灌木	地被植物
植物高度或面积	2.0~2.5m	1.5~2.0m	1.0~1.5m	1.0m²
植物荷重	0.8~1.2kN/株	0.6~0.8kN/株	0.3~0.5kN/株	0.15~0.3kN/m²

注：小乔木、大灌木、小灌木在屋面种植时一般均为孤植点景，在计算屋面荷载时，可视为局部荷载。

摘自 JGJ 155—2013

表 3-2　种植屋面常用材料荷载

材料名称	单位质量	备注
砂浆（水泥、石灰、黏土）（kg/m³）	2000	
细石混凝土（kg/m³）	2500	
卵石（kg/m³）	≤1800	粒径为 25~40mm
碎石（kg/m³）	≤2000	粒径为 10~25mm
陶粒（kg/m³）	≤500	粒径为 10~25mm
排（蓄）水板（kg/m²）	<1.5	
聚酯无纺布过滤层（kg/m²）	≥0.2	
土工布或聚酯无纺布保护层（kg/m³）	≥0.3	

摘自 14J 206

（3）种植荷载包括植被层、种植土及其他耐根穿刺防水层以上的做法构造。简单式种植荷载不应小于 1.0kN/m²，并应纳入屋面结构永久荷载。

（4）屋顶花园的活荷载：房屋建筑的屋面，其水平投影面上的屋面均布活荷载的标准值及其组合值系数、频遇值系数和准永久值系数的取值不应小于以下规定：标准值（kN/m²）：3.0；组合值系数（ψ_c）：0.7；频遇值系数（ψ_f）：0.6；准永久值系数（ψ_q）：0.5。屋顶花园的活荷载不应包括花圃土石等材料的自重。

2. 种植荷载设计的注意事项

园林花木种植区的荷载主要有：种植物、种植土、过滤层和排水层等的荷载，其中，关键是种植物和种植土荷载的确定。

1）种植物荷载

植物荷载的设计应按植物在屋面环境下生长10年后的荷载计算。

2）种植土的荷载

屋顶花园的种植土关系到植物的生长及荷载。种植土层的厚薄，直接影响土壤水分容量的大小，较薄的种植土,如果没有雨水或均衡人工浇灌,土壤极易迅速干燥,这对植物的生长发育是极为不利的。一般屋顶花园(绿化)的种植土层较薄,又处于下面建筑形成的高空,故其受到外界气温以及从下部建筑结构中传来的冷热两方面的温度变化的影响。显而易见,在屋顶绿化中,种植土形成的栽植环境与观赏树木、花卉生长发育所需的理想条件相差甚远。

为了使花木生长发育旺盛并减轻屋顶上的荷载,种植土宜选用经过人工配制的合成土,使其既含有植物生长的各类元素,又能满足重量轻、持水量大、通风排水性好、营养适当、清洁无毒、材料来源广且价格便宜等诸多要求。目前国内外应用于屋顶花园中的人工种植土种类较多,一般均采用轻质轻骨料(如蛭石、珍珠岩、泥炭等)与腐殖土、发酵木屑等配合而成,其干密度一般为 $7\sim15kg/m^3$,其经过雨水或浇灌后的湿密度将增大 $20\%\sim50\%$,选用时应按实际情况而确定。不同植物生长发育所需土层的厚度均不同,植物在屋顶上生长由于风载较大,从植物的防风要求上讲,也需要土壤具有一定的种植深度。综合以上因素,花园式种植屋面种植区土层的厚度应根据植物种类按表 2-103 选用,种植土的厚度不宜小于 100mm。当屋面种植乔木、大灌木时,宜局部增加种植土的厚度。

为减轻种植层的重量,屋顶花园可采用人造土、蛭石、珍珠岩、陶粒、泥炭土、草炭土、腐殖土、沙土和泥炭土混合花泥等轻质材料,还可选用屋顶绿化专用无土草坪。在生产无土草坪时,还可根据需要调整基质用量,用于代替屋顶绿化所需的同等厚度的壤土层,从而可大大减轻屋顶的承重。种植层常用的轻基质有:泡沫有机树脂制品(密度 $30kg/m^3$)加入腐殖土,约占总体积的 50%;海绵状开孔泡沫塑料(密度 $23kg/m^3$)加入腐殖土,约占总体积的 $70\%\sim80\%$;膨胀珍珠岩(密度 $60\sim100kg/m^3$,吸水后中 $3\sim9$ 倍)加入腐殖土,约占总体积的 50%;蛭石、煤渣、谷壳混合基质(密度 $300kg/m^3$);空心小塑料颗粒加腐殖土;木屑腐殖土等。

设置草坪、花坛时,其衬土应尽可能薄一些,由于土层不厚,植物层材料应尽量选用一些浅根植物,如灌木、小乔木、小竹子、杜鹃花、月季花、玫瑰等。

种植层还可以采用预制的植物生长板,其采用泡沫塑料、白泥炭或岩棉材料制成,上面挖有种植孔。

3)过滤层等层次的荷载

过滤排水层通常由卵石、碎砖、粗砂、煤渣等材料组成。种植区内除了种植物、种植土、排水层外,还有过滤层、防水层、找平层等,在计算屋顶花园荷载时,可统一算入种植土的重量,以省略繁杂的小荷载计算工作。

为减轻各层次的荷载,过滤层可采用玻璃纤维布替代粗砂;可替代卵石和砾石排水层的有火山渣排水层(密度 $850kg/m^3$,保水性 $8\%\sim17\%$,粒径 $1.2\sim5cm$)、膨胀黏土排水层(密度 $430kg/m^3$,保水性 $40\%\sim50\%$,最小厚度 5cm)、空心砖排水层($40cm\times25cm\times3cm$ 加肋排水砖)、塑料排水板等。

4)盆花和花坛的荷载

在一些地区屋顶绿化因受到季节的限制,常需要摆放并更换一些适时的盆花,其平均荷载约为 $100\sim150kg/m^2$。

砖砌的低矮花坛,可按种植土的重量折算,若是较大的种植乔木的花坛,则应分别计算坛壁重量与种植土重量,再按其面积算出每平方米面积的平均荷载。

5）园林山水的荷载

假山、置石或雕塑，常应用于屋顶花园。在计算其荷载时，若为假山石，则可以以其山体的体积乘以孔隙系数 0.7～0.8，再按不同石质单位重量（2000～2500kg/m²），求出山体每平方米的平均荷载；若为置石，则要按集中荷载考虑；若为雕塑，其重量应由材料和体积量大小而定，重量较轻的雕塑可以不计，较重的雕塑小品，按其体重及台座的面积折算出平均荷载。

屋顶花园中所设的水池、瀑布、喷泉等水景，均具有一定的荷载，应根据其积水深度、面积和池壁材料等确定荷载。每平方米水深 10cm 时其荷载为 100kg/m²，每增加深 10cm 的水，其荷载亦将递增 100kg/m²。池壁若采用金属或塑料制品，其重量也可以与水一起考虑；若采用砖砌或混凝土浇筑，则应根据其壁厚和材料的密度进行计算后，再与水重一起折算成平均荷载。

6）园林建筑和小品的荷载

屋顶花园中的亭、桥、廊、花架等园林建筑，在计算荷载时，应根据其建筑结构形式和传递荷载的方式，分别计算出均布荷载（kg/m²）、线荷载（kg/m）、集中荷载（kg）。例如砖砌的花墙其荷载则为线荷载（kg/m），在设置园林花墙时应尽可能与建筑的承重结构相配合，使其线荷载作用于钢筋混凝土大梁上或楼板下的承重墙上。又如屋顶花园上多选用小型亭廊组合的园林建筑，尤其是传统的仿古建筑，其承重构件是木构架式横梁和木柱子，传到建筑物屋顶上的荷载则是柱子的集中荷载，亭廊建筑的重量取决于它的屋顶形式、所用材料和构造做法，无论哪种做法，亭子的荷载均可平均分配到各根柱子上，同样各式长廊的荷载也是通过木柱传达到屋顶结构的楼板或大梁上。亭廊的平面位置应依据房屋建筑屋顶结构构件的平面布置，尽可能使亭廊的柱子直接支撑在屋顶大梁、房屋的承重墙和柱子，如果屋顶花园亭廊等园林建筑的柱子不能支撑在下部梁、柱、墙等承重构件上，它的集中荷载就得由楼板来承受，如果此项荷载过大，则应加固楼板以承受亭廊传下来的集中荷载。

桌椅、园灯、游憩设施等园林小品，如其质量较轻可忽略不计，否则必须要另行计算。

为了减轻构筑物的重量，可少设园林小品及选用由空心管、塑料管、竹木、铝材、玻璃钢、轻型混凝土等制作的凉亭、棚架、假山石、室外家具及照明设备；在进行大面积的影质铺装时，为了达到设计标高，可以采用架空的结构设计以减轻重量。

屋顶荷载的减轻，可借助于屋顶结构的造型，减轻园林构筑物结构自重和解决结构自防水问题；亦可减轻屋顶所需绿化材料的自重，如将排水层的碎石改为轻质材料。如果能从上述两方面结合起来考虑，使屋顶建筑的功能与绿化的效果完全一致，既能隔热保温，又能减缓柔性防水材料的老化，则其效果更佳。为此，在建筑物刚开始进行设计时就应统筹考虑屋顶花园的设计，以满足屋顶花园对屋顶承重和减轻构筑物自重的要求。

3.2.2 种植屋面组成系统的设计

种植屋面由种植系统、灌溉系统、避雷系统、电气及照明系统、防风系统、安全系统以及园林小品等系统组成。

种植屋面种植系统的基本构造层次有：植被层、种植土层、过滤层、排（蓄）水层、保护层、隔离层、耐根穿刺防水层、普通防水层（如卷材防水层、涂膜防水层）、找平层、保温隔热层（绝热层）、找坡层、屋面结构层等。以上几个基本结构层次，具体到每一个屋面，则可根据屋面的结构荷载、种植屋面类型（如简单式种植屋面、花园式种植屋面、容器式种植屋面等）的不同、种植屋面形式（如种植平屋面、种植坡屋面等）的不同、种植种类的不同、气候特点的不同，在设计中适当增减屋面构造层次，如还可设置隔汽层、防滑层等。

3.2.2.1 屋面结构层的设计

种植屋面的结构层宜采用现浇钢筋混凝土。

屋面结构层应根据种植植物的种类和荷载进行设计。新建种植屋面承载能力的设计应根据种植屋面构成的荷载设计来确定；既有建筑屋面进行种植改造则必须在屋面结构承载能力的范围内实施。种植屋面其屋面板应强调整体性能，以利于屋面防水，一般应采用强度等级不低于 C20 和抗渗性能不小于 P16 的现浇钢筋混凝土作屋面的结构层，为有效排除屋面上的雨水，平屋面应保证 2%～3% 的坡度。

3.2.2.2 找坡层、隔汽层（蒸汽阻拦层）的设计

为了便于排除种植屋面的积水，确保植物的正常生长，混凝土结构屋面找坡层坡度不应小于 3%，单坡坡长＞9m 时宜作结构找坡。当采用材料找坡时，宜采用质量轻、密度小、吸水率低和有一定强度的材料（如陶粒、加气混凝土、泡沫玻璃等），其坡度宜为 2%。在寒冷地区还可加厚找坡层，使其同时起到保温层的作用。

为了阻止建筑物内部的水蒸气经由屋面结构板进入保温层内造成保温性能下降，并杜绝因水蒸气凝结水的存在而导致植物根系突破防水层向保温层穿刺的诱因，在保温层下宜设计隔汽层。

3.2.2.3 保温隔热层（绝热层）的设计

种植屋面对建筑物的保温隔热起着积极的作用，但由于其作用无法进行量化，因此，仍应按建筑物节能设计的相应要求设置保温隔热层（绝热层）。

屋面绝热材料可采用喷涂硬泡聚氨酯、硬泡聚氨酯板材、挤塑聚苯乙烯泡沫塑料保温板、硬质聚异氰脲酸酯泡沫保温板、酚醛硬泡保温板、岩棉板等具有一定强度、导热系数小、密度小、吸水率低的材料，材料应符合国家现行标准，不得采用散状绝热材料。

保温隔热层（绝热层）的设计，必须满足国家建筑节能标准的要求，并应按照建筑节能标准中的相关规定进行设计。

绝热材料还应满足防火规范中的有关要求。

3.2.2.4 找平层的设计

为了便于柔性防水层的施工（如铺设卷材防水层或涂膜防水层），宜在卷材、涂膜的基层（找坡层或保温层）上面铺抹一层水泥砂浆找平层或细石混凝土找平层。找平层的厚度和技术要求如下：

①1：2.5水泥砂浆适用于整体现浇混凝土板（水泥砂浆厚度要求为15～20mm）、整体材料保温层（水泥砂浆厚度要求为20～25mm）基层；②C20细石混凝土（宜加钢筋网片）适用于装配式混凝土板基层，厚度要求为30～35mm；③C20细石混凝土适用于板状材料保温层基层，厚度要求为30～35mm；④设置在保温层上面的找平层应留设分格缝，缝宽宜为5～20mm，纵横缝之间的间距不宜大于6m。

找平层应密实平整，待找平层收水后，还应进行二次压光和充分保湿养护。找平层不得有酥松、起砂、起皮和空鼓等现象出现。找平层是铺设柔性防水层的基层，其质量应符合相关规范的规定。

3.2.2.5 普通防水层的设计

种植屋面防水系统的处理是建造种植屋面的一个至关重要的环节。

根据种植屋面的构造层组成，其防水系统实际上包括了耐根穿刺防水层和普通防水层两部分。若防水层处理不当，种植屋面一旦发生渗漏现象，势将导致整个种植屋面重做。

种植屋面的防水层应满足一级防水等级设防要求，且必须至少设置一道具有耐根穿刺性能的防水材料。种植屋面防水层应采用不少于两道防水设防，上道应为耐根穿刺防水材料，两道防水层应相邻铺设且防水层的材料应具有相容性。

普通防水层所使用的材料应符合相应使用部位的国家现行有关标准和设计要求，普通防水层一道防水设防的最小厚度应符合表3-3的规定，防水卷材的搭接缝应采用与卷材相容的密封材料封严。

表3-3 普通防水层一道防水设防的最小厚度

材料名称	最小厚度（mm）
改性沥青防水卷材	4.0
高分子防水卷材	1.5
自粘聚合物改性沥青防水卷材	3.0
高分子防水涂料	2.0
喷涂聚脲防水涂料	2.0

摘自 JGJ 155—2013

檐沟、天沟与屋面交接处，屋面与立墙交接处、水落口、伸出屋面管道根部等部位，应设置卷材或涂膜附加防水层。附加层材料应与屋面防水层的材料相同或者相容。附加层在转角每边的宽度：屋面均不应小于250mm，地下建筑顶板均不应小于500mm，且应高于种植土100mm，附加层的最小厚度见表3-4。

表3-4 防水附加层最小厚度

附加层材料	最小厚度（mm）
合成高分子防水卷材	1.2
高聚物改性沥青防水卷材（聚酯胎）	3.0
合成高分子防水涂料、聚合物水泥防水涂料	1.5
高聚物改性沥青防水涂料	2.0

注：涂膜附加层应夹铺胎体增强材料。

摘自 GB 50345—2012

普通防水层的卷材与基层宜采用满粘或接卸固定工艺进行卷材铺贴施工，若坡度大于3％时，不得采用空铺工艺进行卷材铺贴施工。

3.2.2.6　耐根穿刺防水层的设计

各种植物的根系都具有很强的穿刺能力，众多的传统防水材料均极易被植物的根系所穿透，从而导致屋面发生渗漏现象，为此，在种植屋面中，必须在一般的卷材或涂膜防水层之上，铺设一道具有足够使根系穿刺功能被摒弃的防水材料作为耐根系穿刺的防水层。对于种植屋面而言，耐根穿刺防水材料是最为重要的。

耐根穿刺防水层的设计应符合下列规定：①耐根穿刺防水材料的技术性能要求应符合本书 2.5.3.1 的规定；②排（蓄）水材料不得作为耐根穿刺防水材料使用；③聚乙烯丙纶防水卷材和聚合物水泥胶结材料复合耐根穿刺防水材料应采用双层卷材复合作为一道耐根穿刺防水层。

种植屋面使用的单层防水卷材应具有耐根穿刺性能并符合《单层防水卷材屋面工程技术规范》JGJ/T 316 的有关规定。

种植屋面耐根穿刺防水层的做法见表 3-5、表 3-6。钢基板种植屋面常采用单层防水层。

内增强高分子耐根穿刺防水卷材搭接缝应采用密封胶封闭。

表 3-5　种植屋面常用耐根穿刺复合防水层选用表

编号	普通防水卷材、防水涂料防水层	编号	耐根穿刺防水层	相容的普通防水层
F1	4.0mm 厚改性沥青防水卷材	N1	4.0mm 厚弹性体（SBS）改性沥青防水卷材（含化学阻根剂）	F1、F2、F11
F2	3.0mm 厚自粘型聚合物改性沥青防水卷材	N2	4.0mm 厚塑性体（APP）改性沥青防水卷材（含化学阻根剂）	
F3	1.5mm 厚三元乙丙橡胶防水卷材	N3	1.2mm 厚聚氯乙烯（PVC）防水卷材	F4、F6、F8、F12
F4	1.5mm 厚聚氯乙烯（PVC）防水卷材	N4	1.2mm 厚热塑性聚烯烃（TPO）防水卷材	F3、F5、F6、F8、F9、F12
F5	1.5mm 厚热塑性聚烯烃（TPO）防水卷材	N5	1.2mm 厚三元乙丙橡胶防水卷材	
F6	聚乙烯丙纶复合防水卷材：0.7mm 厚聚乙烯丙纶卷材＋1.3mm 厚聚合物水泥胶结料	N6	2.0mm 厚喷涂聚脲防水涂料	F5、F6、F8、F9、F12
		N7	4.0mm 厚自粘型聚合物改性沥青防水卷材	F1、F2、F8、F10、F12
F7	2.0mm 厚聚氨酯防水涂料	N8	聚乙烯丙纶复合防水卷材：0.7mm 厚聚乙烯丙纶卷材＋1.3mm 厚聚合物水泥胶结料（聚乙烯丙纶防水卷材和聚合物水泥胶结料复合耐根穿刺防水材料应采用双层卷材复合作为一道耐根穿刺防水层）	F6、F8、F9、F10、F12
F8	2.0mm 厚Ⅱ型聚合物水泥防水涂料			
F9	2.0mm 厚聚脲防水涂料			
F10	2.0mm 厚喷涂速凝橡胶沥青防水涂料	注：1. 一级防水等级耐根穿刺复合防水层应选用一道普通防水层及一道耐根穿刺防水层，如：N1＋F1。		
F11	3.0mm 厚高聚物改性沥青防水涂料	2. 本表给出的普通防水材料与耐根穿刺防水材料为两者材质相容性的防水层做法，可直接复合使用。如两者不相容，可在两者之间设置一道 30mm 厚水泥砂浆隔离层或其他有效隔离措施。		
F12	30mm 厚Ⅲ硬质发泡聚氨酯防水保温一体化			

摘自图集 14J 206

表 3-6　钢基板种植屋面常用单层防水层选用

编号	耐根穿刺防水卷材
N9	1.5mm 厚聚氯乙烯（PVC）防水卷材（热风焊接）
N10	1.5mm 厚热塑性聚烯烃（TPO）防水卷材（热风焊接）
N11	1.5mm 厚三元乙丙橡胶防水卷材
N12	5.0mm 厚弹性体（SBS）改性沥青防水卷材
N13	5.0mm 厚塑性体（APP）改性沥青防水卷材

注：此表仅适用于钢基板种植屋面。

摘自图集 14J 206

3.2.2.7　隔离层的设计

为了使防水层与排水层材料之间保持隔离滑动功能，防止雨天滞留水结冰所产生的冻胀应力对防水层产生不利的影响，种植屋面采用水泥砂浆和细石混凝土作保护层时，保护层下面铺设隔离层。隔离层的做法参见表 3-7。

表 3-7　隔离层做法选用表

编号	材料做法	适用范围
G1	0.4mm 厚聚乙烯膜	水泥砂浆保护层
G2	3mm 厚发泡聚乙烯膜	
G3	200g/m² 聚酯无纺布	
G4	石油沥青卷材一层	
G5	10mm 厚黏土砂浆，石灰膏：砂：黏土＝1：2.4：3.6	细石混凝土保护层
G6	10mm 厚石灰砂浆，石灰膏：砂＝1：4	
G7	5mm 厚掺有纤维的石灰砂浆	

摘自图集 14J 206

3.2.2.8　保护层的设计

耐根穿刺防水层上应设置保护层。保护层应符合下列规定：①简单式种植屋面和容器种植宜采用体积比为 1：3、厚度为 15～20mm 的水泥砂浆作保护层；②花园式种植屋面宜采用厚度不小于 40mm 的细石混凝土作保护层；③地下建筑顶板种植应采用厚度不小于 70mm 的细石混凝土作保护层；④采用水泥砂浆和细石混凝土作保护层时，保护层下面应铺设隔离层；⑤采用土工布或聚酯无纺布作保护层时，单位面积质量不应小于 300g/m²；⑥采用聚乙烯丙纶复合防水卷材作保护层时，芯材厚度不应小于 0.4mm；⑦采用高密度聚乙烯土工膜作保护层时，厚度不应小于 0.4mm。

保护层的做法参见表 3-8。

既有屋面进行种植改造前，应在原有构造层上做保护层。

表 3-8　保护层做法选用表

编号	材料做法	适用范围
B1	≥300g/m² 土工布	坡度在 2%～10% 种植平屋面的简单式种植、容器式种植；钢基板种植屋面；坡度在 10%～20% 的种植坡屋面
B2	芯材厚度≥0.4mm 聚乙烯丙纶复合防水卷材	
B3	厚度≥0.4mm 高密度聚乙烯土工膜	
B4*	1:3 水泥砂浆，厚度为 15mm～20mm	
B5*	40mm 厚细石混凝土	坡度在 2%～10% 种植平屋面的花园式种植；坡度在 20%～50% 的种植坡屋面
B6*	70mm 厚细石混凝土	地下建筑顶板种植

注：带 * 的保护层做法下面应铺设隔离层，隔离层做法见表 3-7。

摘自 14J 206

3.2.2.9　排（蓄）水层的设计

种植屋面防排水系统除做好防水层的精心设计外，还应做好位于耐根穿刺防水层之上的排（蓄）水层构造系统的处理。排水系统设计与施工的合理与否也会对建筑物的安全造成重要的影响。在降雨量较大时，若雨水不能及时排走，导致屋顶积水，不仅影响植物的生长成活，而且会导致倒灌室内或因积水使屋顶荷载急剧加重而造成危险。

排水层是指将过滤的水从空隙中汇集到泄水孔中并排出种植屋面，确保植物根系不腐烂和种植土不被冲掉的系统。蓄水层是指采用厚度为 3～5mm 的泡沫塑料铺成的一个构造层次，其可以蓄存一部分水分，减少水分向外排出，并可供干旱时慢慢供应植物吸收，若采用海绵状毡作蓄水层也可以起到很好的作用。

排水层应根据种植介质层的厚度和植物种类选择具有不同承载能力的塑料或橡胶排水板（聚乙烯 PE 凹凸排水板、聚丙烯多孔网状交织排水板）、级配碎石、陶粒等材料。

排（蓄）水层应具备通气、排水、储水、抗压强大、耐久性好的性质。

排（蓄）水层的设计应符合以下规定：①排（蓄）水层材料的技术性能要求应符合本书 2.7.1.1 的规定，并应根据屋面的功能及环境、经济条件等进行选择；②排（蓄）水系统结合找坡泛水设计；③年蒸发量大于降水量的地区，宜选用蓄水功能强的排（蓄）水材料。

种植屋面应根据种植形式和汇水面积，确定水落口数量和水落管直径，并应设置雨水收集系统。

排水应根据屋面排水系统设计。平屋面最小坡度为 2%，地下建筑顶板坡度宜为 1%～2%，钢筋混凝土檐沟、天沟纵向坡度不应小于 1%，金属檐沟、天沟的纵向坡度宜为 0.5%。

地下建筑顶板高于周边地坪时，应按屋面种植设计，种植土与周界地面相连时，宜设置盲沟排水，采用下沉式种植时，应设自流排水系统。

种植屋面防排水构造如图 3-5 所示。

排（蓄）水层应结合排水沟分区设置。

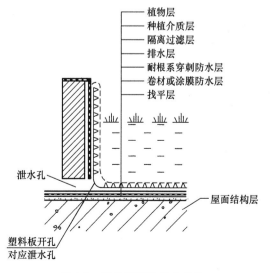

图 3-5　种植屋面防排水构造

3.2.2.10　过滤层的设计

过滤层是设置在种植土（种植介质层）与排（蓄）水层之间，防止泥浆对排（蓄）水层渗水性能影响而进行滤水作用的一个构造层次。为防止种植土的流失，应在排（蓄）水层上面铺设单位面积质量不低于 $200g/m^2$ 的聚酯纤维或聚丙烯纤维土工布等材料作过滤层，其目的是将种植土中因下雨或浇水后多余的水及时通过过滤后排除出去，以防因积水而导致植物烂根和枯萎，同时可将种植介质材料保留下来，避免发生种植土流失。为了保持水的渗透速度，其过滤层的总孔隙率不宜小于 65%。

过滤层的设计应符合以下规定：①过滤层的材料宜选用聚酯无纺布，单位面积质量应不小于 $200g/m^2$；②过滤层材料的搭接宽度不应小于 150mm；③过滤层应沿种植挡板向上铺设，与种植土高度一致；④接缝应密实。

无纺布过滤层可空铺于排（蓄）水层之上，搭接宜采用粘合或缝合固定。

3.2.2.11　种植土（种植介质）层的设计

种植土层又称种植介质层，是指屋面种植的植物赖以生长的土壤层，种植土的分类参见表 2-100。植物生长对种植土提出的性能要求也是种植屋面设计的一个重要方面。由于种植屋面的特殊性，相比地面种植，屋面种植对种植土的要求则更为严格。种植土不仅在性状、营养物质等方面应满足植物正常生长的需求，在贮水、渗水能力上必须达到一定的标准，以防止干旱或强降雨天气对植物造成的影响，而且还应尽量采用轻质材料，在达到植物生长所需厚度要求的同时，还需具备一定的固根能力。建筑种植屋面宜选用改良土或无机复合种植土，地下建筑顶板种植宜选用田园土。一般可直接选用为种植屋面专门生产的、其成分及粒度配置合理、保水保肥、能够促进植物根系发育和生长且堆积密度仅为 $450kg/m^3$ 左右的人工合成无机栽培材料作种植介质。

寒冷地区种植土与女儿墙及其他泛水之间应采取防冻胀措施。

种植屋面用种植土应控制有机物含量，避免屋面承受过大的植物生长增重。

根据建筑荷载和功能要求来确定种植屋面的形式，种植土层应根据所种植物的要求来选择综合性能良好的种植介质。种植土类型的选用见表 3-9。种植土层的厚度则应根据不同的种植土材料和植物种类来确定。建设行业标准《绿化种植土壤》CJ/T 340 对屋顶绿化种植土壤有效土层厚度提出的要求见表 2-103，行业标准《种植屋面工程技术规程》JGJ 155 对种植土厚度的规定见表 3-10，行业标准《园林绿化工程施工及验收规范》CJJ 82 对种植土厚度的规定见附录二中七、《地下工程防水技术规范》的强制性条文及条文说明。

表 3-9　种植土类型选用表

种植土种类　　　　　种植类型	改良土	无机种植土	田园土
简单式种植	△	○	—
花园式种植	○	△	○
坡屋面种植	△	○	—

续表

种植类型\种植土种类	改良土	无机种植土	田园土
钢基板种植	○	△	—
容器式种植	△	○	—
地下室顶板种植	△	○	○

注："△"为推荐使用，"○"为可用，"—"为不宜用。

摘自 14J206

表 3-10　种植土厚度

植物种类	草坪、地被	小灌木	大灌木	小乔木	大乔木
种植土厚度（mm）	≥100	≥300	≥500	≥600	≥900

摘自 JGJ 155—2013

种植土四周应设置挡墙，挡墙下部应设泄水孔，并应与排水管（孔）出口连通。

既有屋面进行种植改造时，必须检测鉴定房屋结构安全性，并应以结构鉴定报告作为设计的依据，确定种植形式。既有屋面进行种植改造，宜选用轻质种植土、种植地被植物或选择容器种植。

3.2.2.12　植被层的设计

种植屋面植被层的设计应根据当地的气候条件，建筑物的高度，屋面的荷载，屋面的大小、坡度、类型，风荷载，光照，绿化布局，观赏效果，功能要求和后期养护管理等因素来确定。种植屋面植被层的设计要点如下：

（1）种植屋面植被层的种植类型有三种，即简单式种植、花园式种植、容器式种植。简单式种植仅种植地被植物、低矮灌木，种植土宜选择较轻的改良土或无机种植土，种植土厚度宜为100～300mm；花园式种植一般可种植乔灌木和地被植物，并设置园路、坐凳、水池等休憩观赏设施，种植土宜选用无机种植土，也可选用改良土或田园土，其种植土的厚度宜为300～600mm，若种植大乔木时，局部种植土层可加厚；容器式种植是指在可移动组合的容器、模块中种植植物，并码放在屋面上的一种种植类型，其种植土宜选择较轻的改良土或无机种植土，种植土层厚度宜为100～300mm。种植类型的选用参见表3-11。

表 3-11　种植类型选用表

种植类型\屋面坡度及类型	简单式种植	花园式种植	容器式种植
2%～10%的平屋面种植	√√	√	√
10%～50%的坡屋面种植	√	—	√
3%～20%的钢基板种植	√	—	√
1%～2%的地下室顶板种植	√	√	√

摘自 14J 206

（2）我国地域辽阔，各地气候差异较大，在进行植被层设计时，应遵循因地制宜的原则来确定种植形式、种植介质的类型及厚度、植物的种类（各地区的植物种类参见表2-106）。种植屋面的绿化指标宜符合表3-12的规定。

表 3-12 种植屋面绿化指标

种植屋面类型	项目	指标（%）
简单式	绿化屋顶面积占屋顶总面积	≥80
	绿化种植面积占绿化屋顶面积	≥90
花园式	绿化屋顶面积占屋顶总面积	≥60
	绿化种植面积占绿化屋顶面积	≥85
	铺装园路面积占绿化屋顶面积	≤12
	园林小品面积占绿化屋顶面积	≤3

摘自 JGJ 155—2013

（3）屋面种植植物应符合以下规定：①根据当地的气候特点、建筑类型及区域文化的特点，宜选择能适应当地气候条件的、耐干旱、耐高温、滞尘能力强、抗虫害性强、绿期长的植物品种，植株必须具有能抗旱的特性，方可减少浇水的频率和用水量，适应屋顶的特定环境，屋面种植植物宜按表 2-104 和表 2-105 选用；②不宜种植高大的乔木和速生的乔木，屋顶通常处于高空，植物过高或扎根欠坚实，风大时植株极易倒伏，因此应选择较低矮的植物；③不宜种植根系发达的植物和根状茎植物，宜选用根穿刺性较弱的植物；④高层建筑屋面和坡屋面宜种植草坪和地被植物；⑤地下建筑顶板种植易按地面绿化要求，种植植物不宜选用速生树种；⑥种植植物宜选用健康的苗木，乡土植物不宜小于 70%；⑦绿篱、色块、藤本植物宜选用三年生以上苗木；⑧地被植物宜选用多年生草本植物和覆盖能力强的木本植物；⑨树木定植点与边墙的安全距离应大于树高。

（4）对于种植屋面而言，防风也是一个十分重要的问题。种植屋面上的设施，尤其是最易受到强风影响的树木，特别是乔木，由于种植土层相对较薄且质轻，抗风能力远低于地面种植，故必须采取措施来保证安全。屋面种植乔灌木高于 2m，地下建筑顶板种植乔灌木高于 4m 时，应采取规定措施，并应符合下列规定：①树木固定可选择地上支撑固定法（图 3-6）、地上牵引固定法（图 3-7）、预埋索固法（图 3-8）以及地下锚固法（图 3-9）；②树木应固定牢固，绑扎处应加软质衬垫。

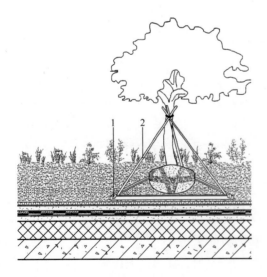

图 3-6 地上支撑固定法

1—稳固支架；2—支撑杆

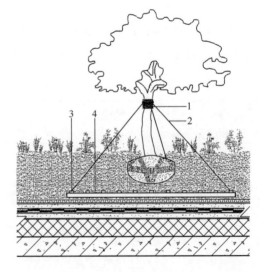

图 3-7 地上牵引固定法

1—软质衬垫；2—绳索牵引；3—螺栓铆固；4—固定网架

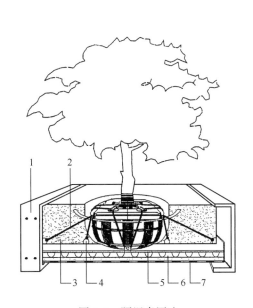

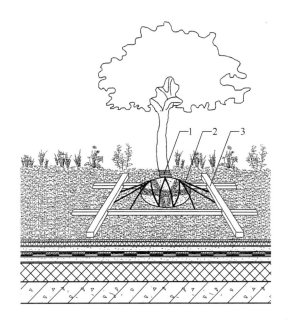

图 3-8 预埋索固法

1—种植池；2—绳索牵引；3—种植土；4—螺栓固定；

5—过滤层；6—排（蓄）水层；7—耐根穿刺防水层

图 3-9 地下锚固法

1—软质衬垫；2—绳索牵引；3—固定支架

（5）种植屋面宜选择色泽鲜艳、开花期长且色、香、形俱佳，可使屋顶绿化具有较好观赏效果的植物，有条件的屋面最好能使其形成草坪、灌木与乔木相组合的立体园林式的"空中花园"。

（6）种植屋面宜根据屋面面积的大小、植物的种类和配置，结合园路、排水沟、变形缝、绿篱等环境布局的需要，进行分区布置，划分种植区，分区布置应设挡墙或挡板。

（7）花园式种植的布局应与屋面结构相适应，乔木类植物和亭台、水池、假山等荷载较大的设施，应设在柱或墙的位置。

3.2.2.13 缓冲（隔离）带的设计

缓冲带是指在种植土与女儿墙、屋面凸起结构、周边泛水及檐口、排水口等部位之间，起着缓冲、隔离、滤水、排水、防火、养护通道等作用的地带（沟），一般由卵石、陶粒等材料构成。缓冲带的主要作用：缓解种植土因温度、湿度变化对女儿墙等部位产生的侧向水平推力；通过缓冲带能适时剪除窜入的植株根系，既保护泛水部位免受植株根系的穿刺性破坏，也保证了种植屋面排水的畅通。

3.2.2.14 种植屋面相关层次与屋面防水的关系

种植屋面防水层与屋面其他各层次有着密不可分的关系，只有将各相关层次对防水层的作用与关系了解清楚，才能设计出合理的种植屋面防水构造。

1. 屋面结构层与防水的关系

种植屋面的"静荷载"和"活荷载"都会比非种植屋面增加很多，因此结构屋面板必须具有足够的强度和刚度，以防止结构变形过大而破坏防水层；同时，种植屋面漏版混凝土必须设计为抗渗混凝土，这样有利于整体防水效果和保温隔汽。

屋面排水坡度大小对防水也有一定的影响：

（1）0～2％的屋面坡度适宜缺雨地区的种植屋面。由于其排水坡度小，防水层可能长期积水或处于潮湿状态，在防水层设计时，应充分考虑到这一点，相应地提高防水等级，可采用增加一道防水层或增加防水层厚度的方法来解决。

（2）2％～20％的屋面坡度则可作常规防水设计。

（3）20％以上的屋面由于斜度较大，在进行防水设计时，要考虑到防水材料在上部荷载作用下滑移的倾向。采用满粘法铺贴的卷材或采用涂膜防水，由于其基层粘结牢固，滑移的可能性较小；空铺法的树脂类卷材则要采取增加固定点和其他防移的措施。改性沥青类卷材、自粘性改性沥青卷材都具有一定的蠕变性，特别在气温较高的南方地区，在重力和摩擦力作用下，滑移的可能性要比其他防水卷材都大，使用时必须采取防滑措施，坡度过大则不宜设置种植屋面。

2. 植物与屋面防水的关系

植物与屋面防水的关系主要有两个方面：①植物根系对防水层的影响；②植物外力对防水层的影响。植物根系对防水层的影响取决于植物根茎能否到达防水层和根茎对防水层破坏程度的大小。园林植物主要根系分布深度见表 3-13。

表 3-13　园林植物主要根系分布深度

植被类型	草木花卉	地被植物	小灌木	大灌木	浅根乔木	深根乔木
分布深度（cm）	30	35	45	60	90	200

虽然植物根系对防水层没有很强的、象尖锐物一样的穿刺性，但它会"钻"会"撬"，有可能因防水层搭接缝不严密，使根系"钻"入，并在防水层下发展更多的根系而导致防水层的破坏。因此，选择防水材料时，应重视其搭接缝的严密可靠，这一条件对长期处于潮湿土中的防水材料来说尤为重要。

植物较粗大时，为了生长和抗风力的需要，种植土必须具有一定的厚度，但过重的荷载和风吹树摇的晃动力，特别是南方台风季节，会对屋面结构产生很大的变形影响，而屋面结构楼板的变形将会直接对防水层产生拉伸破坏作用。因此，种植品种应选择适应性强、耐旱、耐贫瘠、喜光、抗风、不易侧伏的园林植物，高大的乔木则不宜种植。

3. 种植土与屋面防水的关系

种植土与屋面防水的关系主要有以下几方面：①土体荷载对防水层的影响；②土体干湿度对防水层的影响；③土体酸碱度对防水层的影响；④土体的保温性能。

种植土堆的荷载越大，对结构屋面板的变形影响也就越大；土体越厚，雨后土体的保水量也就越大，干湿土质量差也越大，对结构变形就越不利。结构过量变形既可使结构板产生开裂，也可能造成防水层的破坏。因此，屋面结构板既要保持足够的刚度，同时也应尽可能减少屋面结构的总质量，这对防水层是有利的。

种植屋面一方面要强调排水，另一方面也要强调蓄水保水，植物没有水是不能生长的。因此，其底部土体就可能永久性地处于潮湿状态，这就意味着种植屋面防水层会长期处于潮湿或浸水状态，对此防水层的耐水性和耐霉变性、接缝可靠性也就成了选材的重要因素。

在寒冷地区的冬季，土体还会发生冻胀。土体冻胀对种植土围护结构产生的推力，有可能造成围护结构立面防水层破坏和围护结构与平面之间防水层的破坏现象。因此，在有可能发生冻土的地区，种植屋面围护结构设计要有足够的强度和刚度，不得发生推移、冻裂和严重变形等情况。

种植土的 pH 值一般为 6.0～8.5，为弱酸弱碱性，这样的酸碱度不会对防水材料造成很大的破坏。某些乔木的根系会分泌出一种有腐蚀性的液体，这种腐蚀性液体对防水材料的影响程度尚不明确，但只要不让根系直接接触防水层，影响也不会太大。

土体具有很好的保温效果，种植土的体积质量一般不高于 1.3g/cm^3，导热系数 $\lambda=0.47\text{W/(m}^2\cdot\text{K)}$，修正系数 $\alpha=1.5$，计算值 $\lambda_c=0.71\text{W/(m}^2\cdot\text{K)}$，可见堆土越厚，保温效果越好。

4. 滤水层、排（蓄）水层与防水层的关系

为了防止种植土被水带入排水层而导致流失，在种植土下设置一层隔离过滤层是十分必要的。滤水层一般可采用 50～80mm 厚的中粗砂或 200～400g/m² 无纺布，既可透水又可阻止泥土流失。

排（蓄）水层应设置在过滤层之下，其作用是排除土中的积水，同时又可储存部分水分供植物生长之用。排水层常采用卵石、陶粒、碎石等材料组成，这些材料其粒径不大于 30mm，总厚度 50～200mm。塑料排水板是一种新型的排水系统，它比传统的卵石排水更为节约空间，减轻屋面荷载，同时还能有效地防止根系的穿透，对防水层起到保护作用。卵石或其他骨料排水层铺设时，防水层上必须做保护层，否则很容易破坏防水层。

排（蓄）水层中的蓄水功能是通过提高溢水口的方法实现的。塑料排水板中的双面板是具有蓄水功能的排水板，蓄水可通过提高板厚（即提高凹凸状穴洞高度）来调节排（蓄）水量。

3.2.2.15 花园式种植屋面的布局

布局主要包括：选取、提炼题材，酝酿、确定主景、配景，功能分区，游赏路线的确定，探索所采用的园林形式。

1. 花园式种植屋面布局的基本原则

屋顶花园应尽可能地发掘地基和周围景观的联系，尽可能做到功能合理、分区明确。构思巧妙的布局可使功能更为完善。较小面积的屋顶花园可以只分为交通、种植、人的活动区域。功能分区应结合建筑屋顶的条件合理地进行安排和布置，为特定的要求和内容安排适当的基地位置，使各项内容各得其所、互为呼应，形成一个有机的花园整体。

屋顶花园设计，是利用景观的形式与空间来塑造一个对人有益的良好环境，在于设计者所精心营造的景观以怎样的顺序出现在人们面前。大面积的游赏性质的屋顶花园，需要进行与地面园林一样精心的布置，空间的开敞与收束、色彩的明暗、丰富的景观是屋顶花园存在的基础；而景观是构成园林的各成

分的内在结构，是屋顶花园存在的方式。屋顶花园中生机勃勃的自然景观很大程度上来源于植物的选择与栽种的巧妙，再有就是小巧精致的水景的运用。

2. 花园式种植屋面的细部设计

（1）屋顶景观设计中，植被、水体因其自身的特色，为景观提供了富有生机、活力的空间。形式、色彩上的变化可给景观在时间上以空间的转换，不至于单调、无变化。屋顶上的水景一般比较小巧，植物的疏密可由种植屋面的设计风格来决定。

（2）园林中的地面铺装在很大程度上也是体现了形式的变化。地面上铺装材质的不同可用于划分空间。

（3）台阶是不同高差地面的一种结合方式。其虽属交通性质的过渡空间，但也能产生巨大的艺术魅力。台阶在园林设计中往往会摆脱其纯功能性，被夸大并与场地结合，营造出多功能、极富韵律感的空间。

（4）花坛、灯具、雕塑、花架、座椅等园林小品不仅起着点缀的作用，同时也可对视线加以引导和汇聚，形成焦点，标志着此空间与彼空间的区别，暗示其存在。如夸张的花坛，具有非常可爱的花纹和稚拙的造型，十分适合应用于有儿童活动的花园。在设计时应注意，园林中各要素并非孤立地存在着，通常要相互穿插渗透，才会显出作品的整体协调性。

（5）园路设计宜采用下列做法：①宜结合排水沟铺设，如图 3-10 所示；②宜结合变形缝铺设，如图 3-11 所示；③铺砌块状材料的路基不得使用三七灰土。

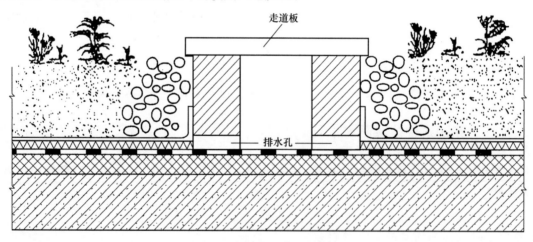

图 3-10　园路结合排水沟铺设

3.2.2.16　种植屋面设施的设计

（1）种植屋面设施的设计除应符合园林设计要求外，还应符合下列规定：①水电管线等宜铺设在防水层之上。②根据工程的具体要求设置灌溉系统，大面积种植宜采用固定式自动微喷或滴灌、渗灌等节水技术，并应设计雨水回收利用系统；小面积种植可设取水点进行人工灌溉；屋面水池应增设防水、排水构造。③小型设施宜选用体量小、质量轻的小型设施和园林小品。

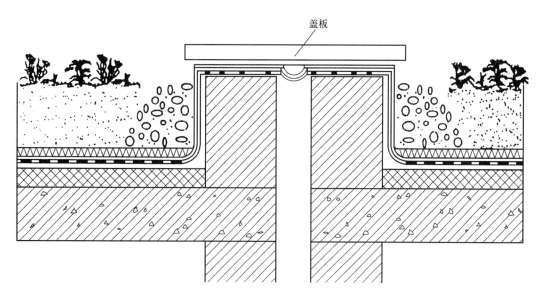

盖板

图 3-11　园路结合变形缝铺设

（2）结合建筑屋面进行避雷设计，避雷装置设计应符合现行国家标准《建筑物防雷设计规范》GB 50057 的规定。

（3）上人种植屋面应设置照明设备，种植屋面的电气及照明系统的设计应符合以下规定：①种植屋面宜根据景观和使用要求选择照明电气和设施；②花园式种植屋面宜有照明设施；③景观灯宜选用太阳能灯具，并宜配置市政电路；④电缆线等设施应符合相关安全标准要求；⑤屋面设置太阳能集电或集热设施时，种植植物不应遮蔽太阳能采光设施。

（4）种植屋面的防水系统应根据不同地区的气候因素，对所种植于屋面上的植物采取抗风揭措施；若屋面设置有花架、园亭等休闲设施时，亦可采取防风固定措施。

（5）种植屋面应按上人屋面的要求，设置安全防护栏杆等安全系统，并应有防止屋面物体坠落的措施，其栏杆高度应符合现行国家标准《民用建筑设计通则》GB 50352 的有关规定。种植屋面的透气孔高出种植土不应小于 250mm，并宜做装饰性保护；种植屋面在通风口或其他设备周围应设置装饰性遮挡。

（6）园林小品应根据工程设计需求而设置，园林小品应尺度适宜、美观耐用，材料符合设计要求，并有安全可靠的固定措施。

（7）在种植屋面上宜配置布局引导标识牌，并应标注进出口、紧急疏散口、取水点、雨水观察井、消防设施、水电警示等内容。

（8）新移植的植物宜采用遮阳、抗风、防寒和防倒伏支撑等设施。

3.2.3　种植屋面种植系统细部构造的设计

种植屋面女儿墙的构造节点参见图 3-12～图 3-14。

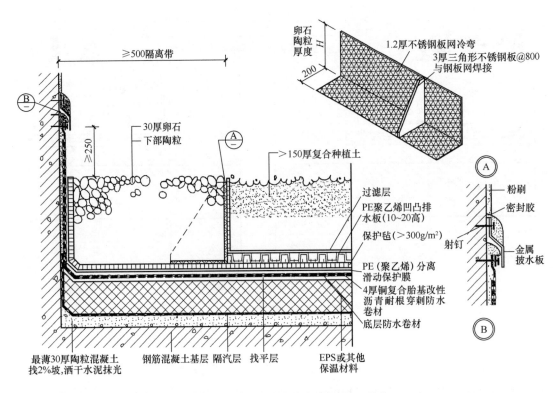

图 3-12 种植屋面女儿墙构造节点（保温）（单位：mm）

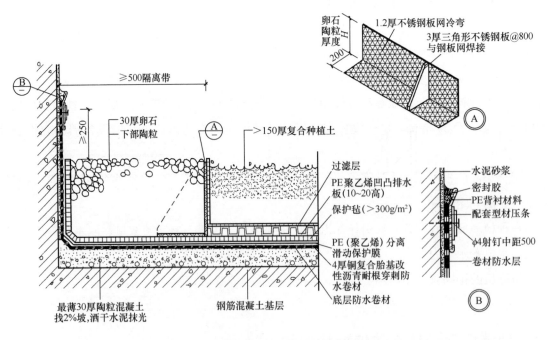

图 3-13 种植屋面女儿墙构造节点（单位：mm）

（注：女儿墙周边及其他泛水部位宜作隔离带）

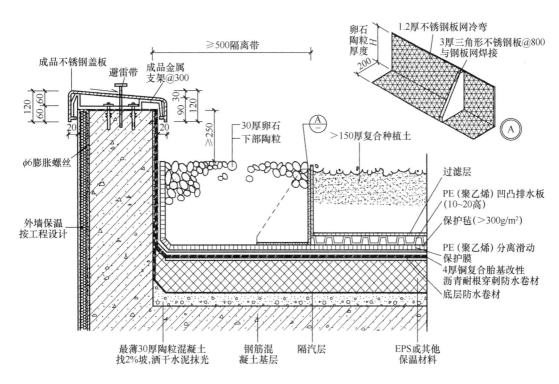

图 3-14　种植屋面矮女儿墙构造节点（保温）（单位：mm）

（注：人若能靠近矮女儿墙时，须设距顶面多层 1050mm 高、高层 1100mm 防护栏杆扶手）

种植屋面分隔板的构造节点参见图 3-15。

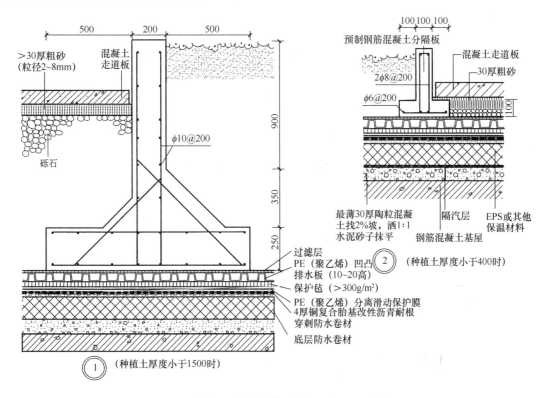

图 3-15　种植屋面分隔板构造节点（保温）（单位：mm）

种植屋面穿管处的构造节点参见图 3-16、图 3-17。

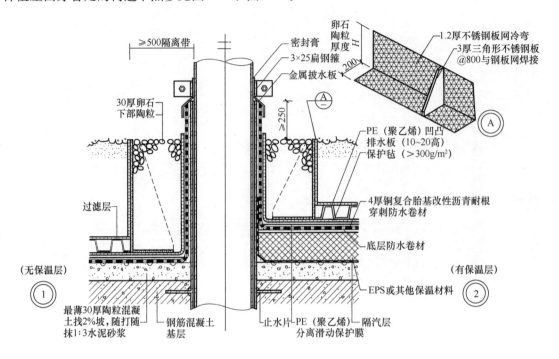

图 3-16 种植屋面穿管处构造节点（单位：mm）

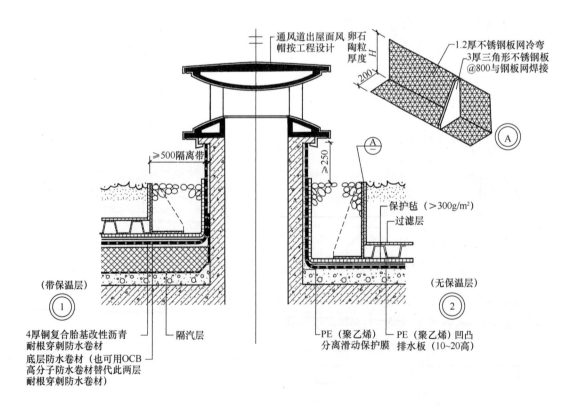

图 3-17 种植屋面通风道出屋面处构造节点（单位：mm）

种植屋面变形缝的构造节点参见图 3-18、图 3-19。

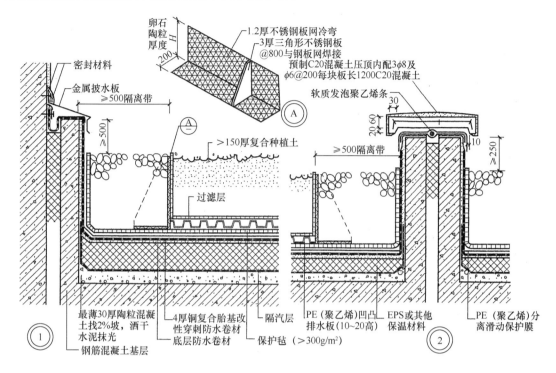

图 3-18　种植屋面变形缝构造节点（保温）（单位：mm）

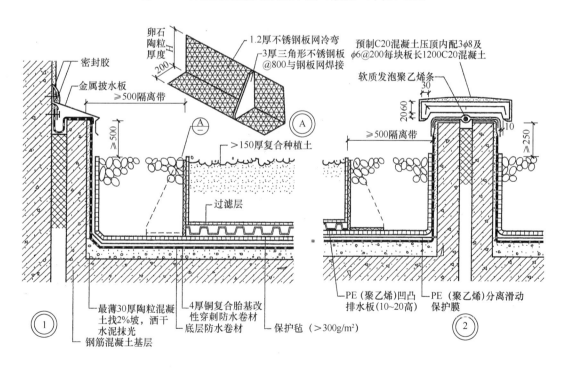

图 3-19　种植屋面变形缝构造节点（单位：mm）

种植屋面排水沟的构造节点参见图 3-20。

种植屋面侧向雨水口的构造节点参见图 3-21。

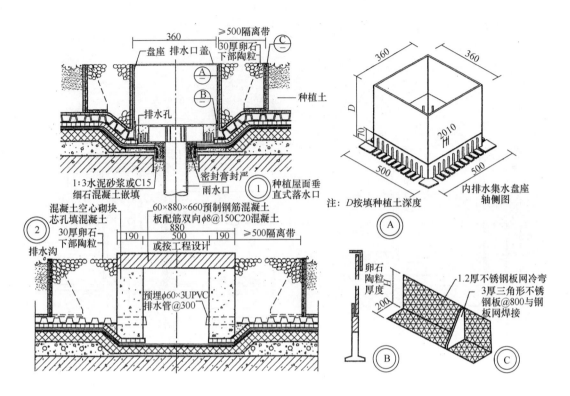

图 3-20　种植屋面排水沟垂直雨水口构造节点（单位：mm）

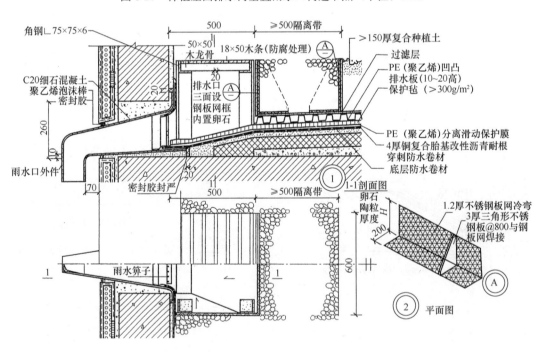

图 3-21　种植屋面侧向雨水口构造节点（单位：mm）

坡形种植屋面的构造节点参见图 3-22、图 3-23。

种植屋面的细部构造其设计应注意以下几点：

（1）种植屋面的女儿墙、周边泛水部位和屋面檐口部位，宜设置缓冲带，其宽度不应小于 300mm。缓冲带可结合卵石带、园路或排水沟等设置。

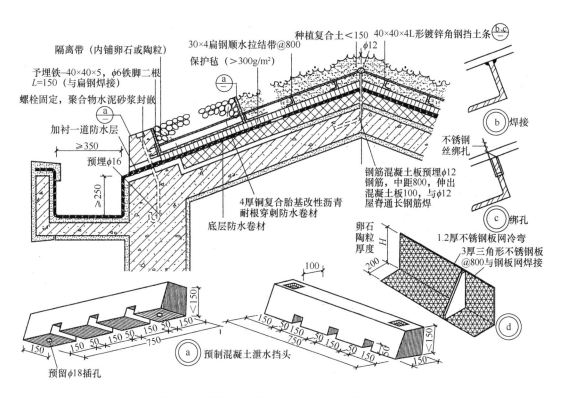

图 3-22　种植坡屋面构造节点（一）（单位：mm）

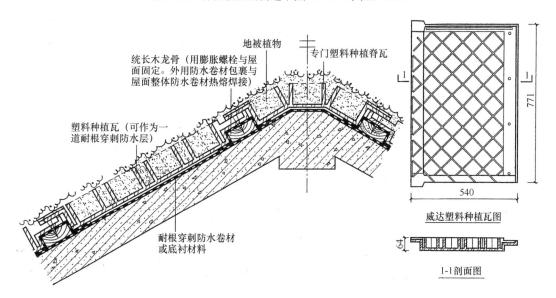

图 3-23　种植坡屋面构造节点（二）（单位：mm）

（2）防水层的泛水高度应符合下列规定：①屋面防水层的泛水高度高出种植土不应小于 250mm；②地下建筑顶板防水层的泛水高度高出种植土不应小于 500mm。

（3）竖向穿过屋面的管道，应在结构层内预埋套管，套管高出种植土不应小于 250mm。伸出屋面的管道和预埋件等应在防水工程施工前安装完成，后装的设备基座下面应增加一道防水增强层，施工时应避免破坏防水层和保护层。

（4）坡屋面种植檐口（图 3-24）应符合下列规定：①檐口顶部应设种植土挡墙；②挡墙应埋设排

水管（孔）；③挡墙应铺设防水层，并与檐沟防水层连成一体。

（5）变形缝的设计应符合现行国家标准《屋面工程技术规范》GB 50345 的规定，变形缝上不应种植，变形缝墙应高于种植土，可铺设盖板作为园路（图 3-25）。

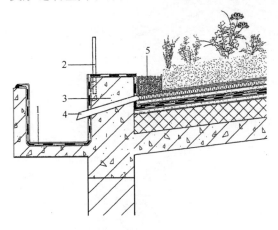

图 3-24　檐口构造

1—防水层；2—防护栏杆；3—挡墙；4—排水管；5—卵石缓冲带

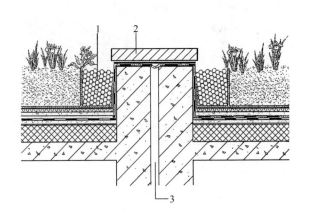

图 3-25　变形缝铺设盖板

1—卵石缓冲带；2—盖板；3—变形缝

（6）种植屋面宜采用外排水方式，水落口宜结合缓冲带设置（图 3-26）。排水系统的西部设计应符合下列规定：①水落口位于绿地内部，水落口上方应设置雨水观察井，并应在周边设置不小于 300mm 的卵石缓冲带（图 3-27）；②水落口位于铺装层上时，基层应满铺排水板，上设雨箅子（图 3-28）；③屋面排水沟上可铺设盖板作为园路，侧墙应设置排水孔（图 3-29）。

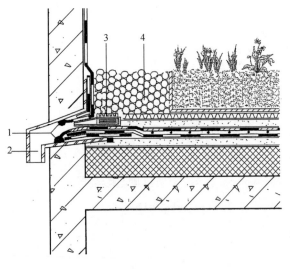

图 3-26　外排水

1—密封胶；2—水落口；3—雨箅子；4—卵石缓冲带

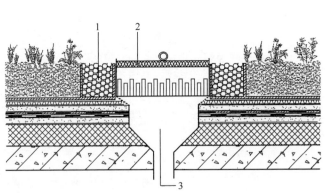

图 3-27　绿地内水落口

1—卵石缓冲带；2—井盖；3—雨水观察井

（7）硬质铺装应向水落口处找坡，找坡应符合现行国家标准《屋面工程技术规范》GB 50345 的规定，当种植挡墙高于铺装时，挡墙土应设置排水孔。

（8）根据植物种类、种植土的厚度，种植土层可采用起伏处理。

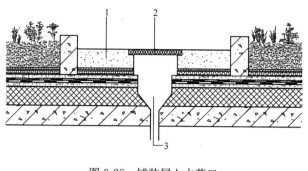

图 3-28　铺装层上水落口

1—铺装层；2—雨箅子；3—水落口

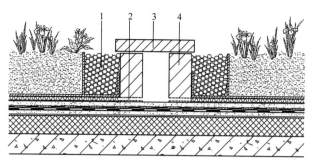

图 3-29　排水沟

1—卵石缓冲带；2—排水管（孔）；3—盖板；4—种植挡墙

3.3

各类种植物屋面的设计

各类种植屋面的设计主要有：种植平屋面的设计、种植坡屋面的设计、钢基板种植屋面的设计、容器种植屋面的设计、地下建筑顶板种植的设计以及既有建筑屋面种植改造的设计等。

3.3.1　种植平屋面的设计

种植平屋面是指屋面坡度在 2%～10% 的钢筋混凝土基板屋面上进行覆土种植的一类种植屋面。

1）种植平屋面的构造层次

种植平屋面的基本构造层次包括基层、绝热（保温）层、找坡（平）层、普通防水层、耐根穿刺防水层、保护层、排（蓄）水层、过滤（滤水）层、种植土（介质）层和植被层等（图 3-30）。根据各地区气候特点、屋面形式、植物种类等具体情况的不同，在设计时可以增减屋面的构造层次。种植平屋面根据屋面种植设计要求可选择简单式种植和花园式种植。简单式种植屋面的构造参见图 3-31；花园式种植屋面的构造参见图 3-32。

国家建筑标准设计图集《种植屋面建筑构造》14J 206 列出的各类种植平屋面的构造做法见表 3-14。

国家建筑标准设计图集《平屋面建筑构造》12J 201 中列出的各类种植平屋面构造做法及其配套的防水层做法和保温材料的选用见表 3-15～表 3-20。此图集仅提供了简单式种植屋面的构造。简单式种植屋面又可分为种植屋面和草毯种植屋面。

147

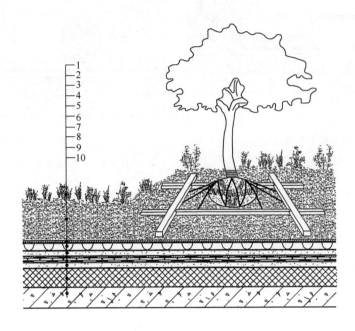

图 3-30　种植平屋面基本构造层次

1—植被层；2—种植土层；3—过滤层；4—排（蓄）水层；5—保护层；6—耐根穿刺防水层；

7—普通防水层；8—找坡（平）层；9—绝热层；10—基层

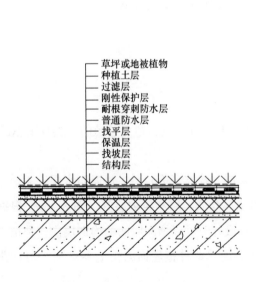

图 3-31　简单式种植屋面构造

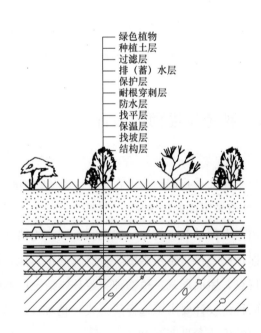

图 3-32　花园式种植屋面的构造

表 3-14　种植平屋面的构造做法

构造编号	简　图	构造做法	备　注
ZW1	 无保温（隔热）层	1. 植被层 2. 100～300 厚种植土 3. 150～200g/m² 无纺布过滤层 4. 10～20 高凹凸型排（蓄）水板 5. 土工布或聚酯无纺布保护层，单位面积质量≥300g/m² 6. 耐根穿刺复合防水层 7. 20 厚 1：3 水泥砂浆找平层 8. 最薄 30 厚 LC5.0 轻集料混凝土或泡沫混凝土 2％找坡层 9. 钢筋混凝土屋面板	1. 耐根穿刺复合防水层的选用见表 3-5 2. 植被层选用草坪、地被、小灌木
ZW2	 有保温（隔热）层	1. 植被层 2. 100～300 厚种植土 3. 150～200g/m² 无纺布过滤层 4. 10～20 高凹凸型排（蓄）水板 5. 土工布或聚酯无纺布保护层，单位面积质量≥300g/m² 6. 耐根穿刺复合防水层 7. 20 厚 1：3 水泥砂浆找平层 8. 最薄 30 厚 LC5.0 轻集料混凝土或泡沫混凝土 2％找坡层 9. 保温（隔热）层 10. 钢筋混凝土屋面板	1. 耐根穿刺复合防水层的选用见表 3-5 2. 植被层选用草坪、地被、小灌木
ZW3	 无保温（隔热）层	1. 植被层 2. 100～300 厚种植土 3. 150～200g/m² 无纺布过滤层 4. 10～20 高凹凸型排（蓄）水板 5. 20 厚 1：3 水泥砂浆保护层 6. 隔离层 7. 耐根穿刺复合防水层 8. 20 厚 1：3 水泥砂浆找平层 9. 最薄 30 厚 LC5.0 轻集料混凝土或泡沫混凝土 2％找坡层 10. 钢筋混凝土屋面板	1. 耐根穿刺复合防水层的选用见表 3-5 2. 植被层选用草坪、地被、小灌木

续表

构造编号	简　图	构造做法	备　注
ZW4	 有保温（隔热）层	1. 植被层 2. 100～300 厚种植土 3. 150～200g/m² 无纺布过滤层 4. 10～20 高凹凸型排（蓄）水板 5. 20 厚 1∶3 水泥砂浆保护层 6. 隔离层 7. 耐根穿刺复合防水层 8. 20 厚 1∶3 水泥砂浆找平层 9. 最薄 30 厚 LC5.0 轻集料混凝土或泡沫混凝土 2‰ 找坡层 10. 保温（隔热）层 11. 钢筋混凝土屋面板	1. 耐根穿刺复合防水层的选用见表 3-5 2. 植被层选用草坪、地被、小灌木
ZW5	 无保温（隔热）层	1. 植被层 2. 300～600 厚种植土 3. ≥200g/m² 无纺布过滤层 4. ≥25 高凹凸型排（蓄）水板 5. 40 厚 C20 细石混凝土保护层 6. 隔离层 7. 耐根穿刺复合防水层 8. 20 厚 1∶3 水泥砂浆找平层 9. 最薄 30 厚 LC5.0 轻集料混凝土或泡沫混凝土 2‰ 找坡层 10. 钢筋混凝土屋面板	1. 耐根穿刺复合防水层材料选用见表 3-5 2. 隔离层做法选用见表 3-7 3. 植被层可选用草坪、地被、小灌木、大灌木、小乔木；当种植大乔木时，应有局部加高种植土高度的措施
ZW6	 有保温（隔热）层	1. 植被层 2. 300～600 厚种植土 3. ≥200g/m² 无纺布过滤层 4. ≥25 高凹凸型排（蓄）水板 5. 40 厚 C20 细石混凝土保护层 6. 隔离层 7. 耐根穿刺复合防水层 8. 20 厚 1∶3 水泥砂浆找平层 9. 最薄 30 厚 LC5.0 轻集料混凝土或泡沫混凝土 2‰ 找坡层 10. 保温（隔热）层 11. 钢筋混凝土屋面板	1. 耐根穿刺复合防水层材料选用见表 3-5 2. 隔离层做法选用见表 3-7 3. 植被层选用草坪、地被、小灌木、大灌木、小乔木；当种植大乔木时，应有局部加高种植土高度的措施

续表

构造编号	简　图	构造做法	备　注
ZW7	 无保温（隔热）层	1. 植被层 2. 300~600 厚种植土 3. ≥200g/m² 无纺布过滤层 4. 10~20 厚网状交织排水板 5. 40 厚 C20 细石混凝土保护层 6. 隔离层 7. 耐根穿刺复合防水层 8. 20 厚 1：3 水泥砂浆找平层 9. 最薄 30 厚 LC5.0 轻集料混凝土或泡沫混凝土 2％找坡层 10. 钢筋混凝土屋面板	1. 耐根穿刺复合防水层材料选用见表 3-5 2. 隔离层做法选用见表 3-7 3. 植被层可选用草坪、地被、小灌木、大灌木、小乔木；当种植大乔木时，应有局部加高种植土高度的措施
ZW8	 有保温（隔热）层	1. 植被层 2. 300~600 厚种植土 3. ≥200g/m² 无纺布过滤层 4. 10~20 厚网状交织排水板 5. 40 厚 C20 细石混凝土保护层 6. 隔离层 7. 耐根穿刺复合防水层 8. 20 厚 1：3 水泥砂浆找平层 9. 最薄 30 厚 LC5.0 轻集料混凝土或泡沫混凝土 2％找坡层 10. 保温（隔热）层 11. 钢筋混凝土屋面板	1. 耐根穿刺复合防水层材料选用见表 3-5 2. 隔离层做法选用见表 3-7 3. 植被层可选用草坪、地被、小灌木、大灌木、小乔木；当种植大乔木时，应有局部加高种植土高度的措施
ZW9	 无保温（隔热）层	1. 植被层 2. 300~600 厚种植土 3. ≥200g/m² 无纺布过滤层 4. 10~20 厚网状交织排水板 5. 100 厚级配碎石或卵石或陶粒 6. 40 厚 C20 细石混凝土保护层 7. 隔离层 8. 耐根穿刺复合防水层 9. 20 厚 1：3 水泥砂浆找平层 10. 最薄 30 厚 LC5.0 轻集料混凝土或泡沫混凝土 2％找坡层 11. 钢筋混凝土屋面板	1. 耐根穿刺复合防水层材料选用见表 3-5 2. 隔离层做法选用见表 3-7 3. 植被层可选用草坪、地被、小灌木、大灌木、小乔木；当种植大乔木时，应有局部加高种植土高度的措施

续表

构造编号	简　图	构造做法	备　注
ZW10	有保温（隔热）层	1. 植被层 2. 300～600 厚种植土 3. ≥200g/m² 无纺布过滤层 4. 10～20 厚网状交织排水板 5. 100 厚级配碎石或卵石或陶粒 6. 40 厚 C20 细石混凝土保护层 7. 隔离层 8. 耐根穿刺复合防水层 9. 普通防水层 10. 20 厚 1：3 水泥砂浆找平层 11. 最薄 30 厚 LC5.0 轻集料混凝土或泡沫混凝土 2‰ 找坡层 12. 保温（隔热）层 13. 钢筋混凝土屋面板	1. 耐根穿刺复合防水层材料选用见表 3-5 2. 隔离层做法选用见表 3-7 3. 植被层可选用草坪、地被、小灌木、大灌木、小乔木；当种植大乔木时，应有局部加高种植土高度的措施

表 3-15　种植平屋面构造做法

构造编号	简　图	构造做法	备　注
D1	无保温层	1. 植被层 2. 种植土厚度按工程设计 3. 土工布过滤层 4. 20 高凹凸型排（蓄）水板 5. 20 厚 1：3 水泥砂浆保护层 6. 耐根穿刺防水层 7. 普通防水层 8. 20 厚 1：3 水泥砂浆找平层 9. 最薄 30 厚 LC5.0 轻集料混凝土 2‰ 找坡层 10. 钢筋混凝土屋面板	防水层做法选用见表 3-16、表 3-17
D2	有保温层	1. 植被层 2. 种植土厚度按工程设计 3. 土工布过滤层 4. 20 高凹凸型排（蓄）水板 5. 20 厚 1：3 水泥砂浆保护层 6. 耐根穿刺防水层 7. 普通防水层 8. 20 厚 1：3 水泥砂浆找平层 9. 最薄 30 厚 LC5.0 轻集料混凝土 2‰ 找坡层 10. 保温层 11. 钢筋混凝土屋面板	防水层做法选用见表 3-16、表 3-17

构造编号	简　图	构造做法	备　注
D3	无保温层	1. 植被层 2. 种植土厚度按工程设计 3. 土工布过滤层 4. 网状交织排（蓄）水层 5. 20厚1：3水泥砂浆保护层 6. 耐根穿刺防水层 7. 普通防水层 8. 20厚1：3水泥砂浆找平层 9. 最薄30厚LC5.0轻集料混凝土2%找坡层 10. 钢筋混凝土屋面板	1. 防水层做法选用见表3-16、表3-17 2. 网状交织排（蓄）水板表面的孔率不小于95%
D4	有保温层	1. 植被层 2. 种植土厚度按工程设计 3. 土工布过滤层 4. 网状交织排（蓄）水层 5. 20厚1：3水泥砂浆保护层 6. 耐根穿刺防水层 7. 普通防水层 8. 20厚1：3水泥砂浆找平层 9. 最薄30厚LC5.0轻集料混凝土2%找坡层 10. 保温层 11. 钢筋混凝土屋面板	1. 防水层做法选用见表3-16、表3-17 2. 网状交织排（蓄）水板表面的孔率不小于95%
D5	无保温层	1. 植被层 2. 种植土厚度按工程设计 3. 土工布过滤层 4. 100～150厚陶粒排（蓄）水层 5. 20厚1：3水泥砂浆保护层 6. 耐根穿刺防水层 7. 普通防水层 8. 20厚1：3水泥砂浆找平层 9. 最薄30厚LC5.0轻集料混凝土2%找坡层 10. 钢筋混凝土屋面板	1. 防水层做法选用见表3-16、表3-17 2. 陶粒粒径不小于25 3. 如果当地没有陶粒供应，也可改用卵石（粒径20～40）厚度80

构造编号	简　图	构造做法	备　注
D6	 有保温层	1. 植被层 2. 种植土厚度按工程设计 3. 土工布过滤层 4. 100~150厚陶粒排（蓄）水层 5. 20厚1:3水泥砂浆保护层 6. 耐根穿刺防水层 7. 普通防水层 8. 20厚1:3水泥砂浆找平层 9. 最薄30厚LC5.0轻集料混凝土2‰找坡层 10. 保温层 11. 钢筋混凝土屋面板	1. 防水层做法选用见表3-16、表3-17 2. 陶粒粒径不小于25 3. 如果当地没有陶粒供应，也可改用卵石（粒径20~40）厚度80
D7	 无保温层	1. 植被层 2. 种植土厚度按工程设计 3. 土工布过滤层 4. 20高凹凸型排（蓄）水板 5. 20厚1:3水泥砂浆保护层 6. 耐根穿刺防水层 7. 20厚1:3水泥砂浆找平层 8. 最薄30厚LC5.0轻集料混凝土2‰找坡层 9. ≥250厚现浇钢筋防水混凝土结构层	1. 适用于地下室顶板高于周界时的种植屋面 2. 地下室顶板与周界地面相连时，可不设计排水板
D8	 有保温层	1. 植被层 2. 种植土厚度按工程设计 3. 土工布过滤层 4. 20高凹凸型排（蓄）水板 5. 20厚1:3水泥砂浆保护层 6. 耐根穿刺防水层 7. 20厚1:3水泥砂浆找平层 8. 最薄30厚LC5.0轻集料混凝土2‰找坡层 9. 保温层 10. ≥250厚现浇钢筋防水混凝土结构层	1. 适用于地下室顶板高于周界时的种植屋面 2. 地下室顶板与周界地面相连时，可不设计排水板

续表

构造编号	简　图	构造做法	备　注
D9	 无保温层	1. 植被层 2. 草毯厚度按工程设计 3. 保湿过滤层 4. 20 高凹凸型排（蓄）水板 5. 20 厚 1：3 水泥砂浆保护层 6. 耐根穿刺防水层 7. 普通防水层 8. 20 厚 1：3 水泥砂浆找平层 9. 最薄 30 厚 LC5.0 轻集料混凝土 2％找坡层 10. 钢筋混凝土屋面板	防水层做法选用见表 3-16、表 3-17
D10	 有保温层	1. 植被层 2. 草毯厚度按工程设计 3. 保湿过滤层 4. 20 高凹凸型排（蓄）水板 5. 20 厚 1：3 水泥砂浆保护层 6. 耐根穿刺防水层 7. 普通防水层 8. 20 厚 1：3 水泥砂浆找平层 9. 最薄 30 厚 LC5.0 轻集料混凝土 2％找坡层 10. 保温层 11. 钢筋混凝土屋面板	防水层做法选用见表 3-16、表 3-17
D11	 无保温层	1. 植被层 2. 草毯厚度按工程设计 3. 保湿过滤层 4. 网状交织排（蓄）水层 5. 20 厚 1：3 水泥砂浆保护层 6. 耐根穿刺防水层 7. 普通防水层 8. 20 厚 1：3 水泥砂浆找平层 9. 最薄 30 厚 LC5.0 轻集料混凝土 2％找坡层 10. 钢筋混凝土屋面板	1. 防水层做法选用见表 3-16、表 3-17 2. 网状交织排（蓄）水板表面的孔率不小于 95％
D12	 有保温层	1. 植被层 2. 草毯厚度按工程设计 3. 保湿过滤层 4. 网状交织排（蓄）水层 5. 20 厚 1：3 水泥砂浆保护层 6. 耐根穿刺防水层 7. 普通防水层 8. 20 厚 1：3 水泥砂浆找平层 9. 最薄 30 厚 LC5.0 轻集料混凝土 2％找坡层 10. 保温层 11. 钢筋混凝土屋面板	1. 防水层做法选用见表 3-16、表 3-17 2. 网状交织排（蓄）水板表面的孔率不小于 95％

注：1. 钢筋混凝土屋面板若结构找坡，则建筑找坡层取消。

　　2. 保温层材料的选用参见表 3-18～表 3-20。

摘自图集 12J 201

表3-16 常用Ⅰ级设防防水层做法选用表

序号	Ⅰ级设防防水层构造做法	备注
1	1.2+1.2厚双层三元乙丙橡胶防水卷材	
2	1.2+1.2厚双层氯化聚乙烯橡胶共混防水卷材	
3	1.2+1.2厚双层聚氯乙烯（PVC）卷材	两道相同卷材
4	2.0+2.0厚双层改性沥青聚乙烯胎防水卷材	
5	3.0+3.0厚双层SBS或APP改性沥青防水卷材	
6	3.0+3.0厚双层胎基湿铺/预铺自粘防水卷材	
7	1.2厚三元乙丙橡胶防水卷材 3.0厚自粘聚合物改性沥青防水卷材（聚酯胎）	
8	1.2厚氯化聚乙烯橡胶共混防水卷材 3.0厚自粘聚合物改性沥青防水卷材（聚酯胎）	
9	1.2厚氯化聚乙烯橡胶共混防水卷材 1.5厚自粘橡胶沥青防水卷材	两道不同卷材
10	3.0厚SBS改性沥青防水卷材 1.5厚双面自粘型防水卷材	
11	1.2厚聚乙烯丙纶复合防水卷材 1.5厚双面自粘型防水卷材	
12	2.0厚改性沥青聚乙烯胎防水卷材 1.5厚自粘聚合物改性沥青防水卷材（聚酯胎）	
13	1.5厚金属高分子复合防水卷材 1.2厚聚乙烯涤纶复合防水卷材	
14	3.0厚双胎基湿铺/预铺自粘防水卷材 2.0厚双面自粘聚合物改性沥青防水卷材	两道不同卷材
15	3.0厚APP改性沥青防水卷材 1.5厚双面自粘型防水卷材	两道相同卷材
16	1.2厚三元乙丙橡胶防水卷材 1.5厚聚氨酯防水涂料	
17	1.2厚氯化聚乙烯橡胶共混防水卷材 1.5厚聚氨酯防水涂料	
18	1.2厚三元乙丙橡胶防水卷材 1.5厚聚合物水泥防水涂料	
19	3厚SBS改性沥青防水涂料 2厚高聚物改性沥青防水卷材	卷材与涂料组合（复合防水）
20	3厚APP改性沥青防水涂料 2厚高聚物改性沥青防水卷材	
21	1.2厚合成高分子防水卷材 1.5厚喷涂速凝橡胶沥青防水涂料	
22	0.7厚聚乙烯丙纶复合防水卷材或3.0厚SBS改性沥青防水卷材 1.5厚橡胶沥青非固化防水涂料	
22	1.0厚合成高分子防水卷材或1.2厚三元乙丙橡胶防水卷材 1.5厚橡胶化沥青非固化防水涂料	摘自图集12J201

注：本表仅提供了常用的防水材料，设计人员还可根据工程实际情况另行选用适用其他防水层做法。

表 3-17 常用Ⅱ级设防防水层做法选用表

序号	Ⅱ级设防防水层构造做法	备注
1	1.5厚三元乙丙橡胶防水卷材	
2	1.5厚氯化聚乙烯橡胶共混防水卷材	
3	1.5厚聚氯乙烯（PVC）卷材	
4	4.0厚SBS改性沥青防水卷材	
5	4.0厚APP改性沥青防水卷材	一道卷材
6	1.5厚氯丁橡胶防水卷材	
7	3.0厚铝箔或覆粒石覆面聚酯胎自粘防水卷材	
8	3.0厚改性沥青聚乙烯胎防水卷材	
9	4.0厚双胎基湿铺、预铺自粘防水卷材	
10	3.0厚自粘聚合物改性沥青防水卷材（聚酯胎）	
11	3.0厚自粘橡胶沥青防水卷材	一道卷材或涂料需加保护层
12	4.0厚改性沥青聚乙烯胎防水卷材	
13	2.0厚聚氨酯防水涂料	
14	2.0厚硅橡胶防水涂料	
15	2.0厚聚合物水泥防水涂料	
16	2.0厚乳液型丙烯酸防水涂料	
17	2.0厚橡化沥青非固化防水涂料	一道卷材或涂料需加保护层
18	2.0厚喷涂速凝橡胶沥青防水涂料	
19	3.0厚SBS改性沥青防水涂料	
20	3.0厚氯丁橡胶改性沥青防水涂料	
21	2.0厚改性沥青聚乙烯胎防水卷材 + 1.5厚聚合物水泥基防水涂料	
22	0.7厚聚乙烯丙纶防水卷材 + 1.3厚聚合物水泥防水结材料	复合防水
23	1.0厚三元乙丙橡胶防水卷材 + 1.0厚聚氨酯防水涂料	
24	1.5厚金属高分子复合防水卷材 + 1.5厚聚合物水泥防水结材料	
25	0.7厚聚乙烯丙纶复合防水卷材 + 1.2厚橡化沥青非固化防水涂料	
26	1.0厚合成高分子防水卷材 + 1.2厚橡化沥青非固化防水涂料	

摘自图集 12J 201

注：本表仅提供了常用的防水材料，设计人员还可根据工程实际情况另行选用其他防水层做法。

表 3-18　屋面保温材料主要性能指标和代号

保温材料代号	保温材料名称	表面密度 (kg/m³)	抗压强度(压缩强度) [MPa(kPa)]	导热系数 [W/(m·K)]	水蒸气渗透系数 [ng/Pa·m·s]	吸水率 (V/V,%)	燃烧性能分级
a	加气混凝土砌块	≤425	≥1.0	≤0.120	—	—	A
b	泡沫混凝土砌块	≤530	≥0.5	≤0.120	—	—	A
c	模塑聚苯乙烯泡沫塑料	≥20	(≥100)	≤0.041	≤4.5	≤4.0	B2
d	挤塑聚苯乙烯泡沫塑料	≥30	(≥150)	≤0.030	≤3.5	≤1.5	B2
e	喷涂硬泡聚氨酯	≥35	(≥150)	≤0.024	≤5.0	≤3.0	B2
f	硬质聚氨酯泡沫塑料	≥30	(≥120)	≤0.024	≤6.5	≤4.0	B2
g	岩棉板	≥40	—	≤0.040	—	—	A
h	玻璃棉板	≥24	—	≤0.043	—	—	A
j	泡沫玻璃制品	≤200	≥0.4	≤0.070	—	≤0.5	A
k	膨胀珍珠岩制品	≤350	≥0.3	≤0.087	—	—	A

注：表中数据摘自《屋面工程技术规范》GB 50345—2012。

摘自图集 12 J201

草毯种植屋面是指利用带有草籽和营养土的草毯覆盖在屋面上从而形成生态植被的一种种植屋面。草毯是以稻、麦秸、椰纤维、棕榈纤维为原料制成的，其用于屋面绿化具有重量轻、蓄水力强，可降解，施工方便等特点。草毯种植屋面的构造有两种做法：一种是将草毯直接铺放在排（蓄）水层上；另一种则是将草毯铺放在种植涂上。

2）种植平屋面的设计要点

种植平屋面的设计要点如下：

（1）种植平屋面的排水坡度不宜小于2‰，天沟、檐沟的排水坡度不宜小于1‰。

（2）种植平屋面的结构设计要点如下：① 种植平屋面的荷载取值应符合现行国家标准《建筑结构荷载规范》GB 50009 的规定，有特殊要求时，应单独计算结构荷载。② 种植屋面荷载应按 3.2.1.3 节 1 的要求进行荷载计算，并纳入屋面结构永久荷载。③ 简单是种植覆土厚度为 100～300mm，以种植地被、小灌木为主，耐根穿刺防水层以上的荷载应不小于 1kN/m²；花园式种植覆土厚度为 300～600mm，可种植灌木、小乔木，耐根穿刺防水层以上的荷载应不小于 3kN/m²；若种植大乔木时，覆土厚度不宜小于 900mm，种植荷载取值应按 3.2.1.3 节 1 给出的相关数据计算，乔木应置于结构承重构件的位置。④ 园林小品或水池、雨水收集系统等荷载较大的设施，应按照工程设计计算荷载，并应置于结构承重构件的位置。⑤ 新建种植屋面工程的结构承载力设计必须包括种植荷载，既有建筑屋面改造成种植屋面时，其荷载必须在屋面结构承载力允许的范围内。

（3）根据各地区的气候特点和建筑使用情况，种植平屋面可采用有保温层种植屋面和无保温层种植屋面（表 3-13），保温隔热层其厚度应按所在地区工程设计建筑节能设计标准计算确定，保温隔热材料的选用应符合相关规范提出的要求。

（4）找坡层可采用轻质材料或保温材料找坡，其上可用 1∶3 体积比水泥砂浆抹面，当钢筋混凝土屋面采用结构找坡时，建筑找坡层可取消，为减轻屋面的荷载，应尽可能采用结构找坡。

表3-19　常用种植屋面保温层厚度及性能表（一）

层号	构造层	λ	S	R	D
①	种植土厚度（本表计算厚度取200厚）	$\lambda_1=0.76$	$S_1=9.37$	$R_1=0.26$	$D_1=2.44$
②	土工布过滤层	—	—	—	—
③	20高凹凸型排（蓄）水板	—	—	—	—
④	20厚1:3水泥砂浆保护层	$\lambda_4=0.93$	$S_4=11.37$	$R_4=0.022$	$D_4=0.245$
⑤	耐根穿刺防水层	—	—	—	—
⑥	普通防水层（Ⅰ级防水设防）	—	—	—	—
⑦	20厚1:3水泥砂浆找平层	$\lambda_7=0.93$	$S_7=11.37$	$R_7=0.022$	$D_7=0.245$
⑧	最薄30厚LC5.0轻集料混凝土2%找坡层	$\lambda_8=0.45$	$S_8=7.5$	$R_8=0.178$	$D_8=1.333$
⑨	保温层δ厚	（见下表）	（见下表）	（见下表）	（见下表）
⑩	100厚钢筋混凝土屋面板	$\lambda_{1.0}=1.74$	$S_{1.0}=17.2$	$R_{1.0}=0.057$	$D_{1.0}=0.989$

摘自图集12J201

平屋面构造做法示例

保温层：EPS板（模塑聚苯乙烯泡沫塑料板）　$\lambda_9=0.05$　$S_9=0.43$
燃烧性能B2级

保温层厚度 δ(mm)	屋面总厚度(mm)	热惰性指标 D值	热阻 R [(m²·K)/W]	传热系数 K [W/(m²·K)]
30	470	5.51	1.14	0.79
40	480	5.60	1.34	0.67
50	490	5.68	1.54	0.59
65	505	5.81	1.84	0.50
80	520	5.94	2.14	0.44
90	530	6.03	2.34	0.40
110	550	6.20	2.74	0.35
130	570	6.37	3.14	0.30
165	605	6.67	3.84	0.25
215	655	7.10	4.84	0.20

保温层：XPS板（挤塑聚苯乙烯泡沫塑料板）　$\lambda_9=0.036$　$S_9=0.38$
燃烧性能B2级

保温层厚度 δ(mm)	屋面总厚度(mm)	热惰性指标 D值	热阻 R [(m²·K)/W]	传热系数 K [W/(m²·K)]
20	460	5.46	1.09	0.80
30	470	5.57	1.37	0.66
40	480	5.67	1.65	0.56
50	490	5.78	1.93	0.48
55	495	5.83	2.07	0.45
65	505	5.94	2.34	0.40
80	520	6.10	2.76	0.34
95	535	6.25	3.18	0.30
120	560	6.52	3.87	0.25
150	590	6.84	4.71	0.21

保温层：PU（硬质聚氨酯泡沫塑料）　$\lambda_9=0.028$　$S_9=0.30$
燃烧性能B2级

保温层厚度 δ(mm)	屋面总厚度(mm)	热惰性指标 D值	热阻 R [(m²·K)/W]	传热系数 K [W/(m²·K)]
20	460	5.47	1.25	0.71
25	465	5.52	1.43	0.63
30	470	5.57	1.61	0.57
35	475	5.63	1.79	0.52
40	480	5.68	1.97	0.47
50	490	5.79	2.32	0.40
60	500	5.89	2.68	0.35
75	515	6.06	3.22	0.30
95	535	6.27	3.93	0.24
120	560	6.54	4.82	0.20

注：1. 构造做法选自表3-15种植屋面做法D2。
　　2. 找坡层厚度按80厚取值计算。

表 3-20　常用种植屋面保温层厚度及性能表（二）

构造做法示例：

① 种植土厚度（本表计算厚度取200厚）
② 土工布过滤层
③ 20高凹凸型排（蓄）水板
④ 20厚1:3水泥砂浆保护层
⑤ 耐根穿刺防水层
⑥ 普通防水层（I级防水设防）
⑦ 20厚1:3水泥砂浆找平层
⑧ 最薄30厚LC5.0轻集料混凝土2%找坡层
⑨ 保温层δ厚
⑩ 100厚钢筋混凝土屋面板

平屋面构造做法示例

材料性能：

层	λ	S	R	D
①	$\lambda_1=0.76$	$S_1=9.37$	$R_1=0.26$	$D_1=2.44$
④	$\lambda_4=0.93$	$S_4=11.37$	$R_4=0.022$	$D_4=0.245$
⑦	$\lambda_7=0.93$	$S_7=11.37$	$R_7=0.022$	$D_7=0.245$
⑧	$\lambda_8=0.45$	$S_8=7.5$	$R_8=0.178$	$D_8=1.333$
⑨	（见下表）	（见下表）	（见下表）	（见下表）
⑩	$\lambda_{10}=1.74$	$S_{10}=17.2$	$R_{10}=0.057$	$D_{10}=0.989$

保温层：泡沫玻璃板（Ⅱ型）　$\lambda_9=0.052$　$S_9=0.9$　燃烧性能A级

保温层厚度 $\delta(mm)$	屋面总厚度 (mm)	热惰性指标 D值	热阻 R $[(m^2\cdot K)/W]$	传热系数 K $[W/(m^2\cdot K)]$
30	470	5.77	1.12	0.79
40	480	5.94	1.31	0.69
50	490	6.12	1.50	0.61
70	510	6.46	1.89	0.49
90	530	6.81	2.27	0.41
110	550	7.16	2.65	0.36
130	570	7.50	3.04	0.31
150	590	7.85	3.42	0.28
170	610	8.19	3.81	0.25
220	660	9.06	4.77	0.20

保温层：憎水膨胀珍珠岩板　$\lambda_9=0.113$　$S_9=2.08$　燃烧性能A级

保温层厚度 $\delta(mm)$	屋面总厚度 (mm)	热惰性指标 D值	热阻 R $[(m^2\cdot K)/W]$	传热系数 K $[W/(m^2\cdot K)]$
60	500	6.36	1.07	0.82
80	520	6.72	1.25	0.72
110	550	7.28	1.51	0.60
130	570	7.64	1.69	0.54
150	590	8.01	1.87	0.50
200	640	8.93	2.31	0.41
250	690	9.85	2.75	0.34
300	740	10.77	3.19	0.30
380	820	12.25	3.90	0.25
500	940	14.46	4.96	0.20

保温层：蒸压加气混凝土砌块　$\lambda_9=0.12$　$S_9=2.81$　燃烧性能A级

保温层厚度 $\delta(mm)$	屋面总厚度 (mm)	热惰性指标 D值	热阻 R $[(m^2\cdot K)/W]$	传热系数 K $[W/(m^2\cdot K)]$
150	590	8.76	1.79	0.52
175	615	9.35	2.00	0.47
200	640	9.94	2.21	0.42
225	665	10.52	2.41	0.39
250	690	11.11	2.62	0.36
275	715	11.69	2.83	0.34
300	740	12.28	3.04	0.31

摘自图集 12J 201

注：1. 构造做法选自表3-15种植屋面做法D2。
　　2. 找坡层厚度按80厚取值计算。

（5）找平层厚度宜为 15～20mm，应留分格缝，纵横间距不宜大于 6m，缝宽宜为 5mm，兼作排气道时，缝宽应为 20mm，并用密封胶封严。

（6）种植屋面应做两道防水层，其中必须有一道耐根穿刺防水层，普通防水层在下面，耐根穿刺防水层在上面，防水层的做法应满足Ⅰ级设防要求。

（7）耐根穿刺防水层若需设置保护层时，聚乙烯丙纶复合耐根穿刺防水层宜采用水泥砂浆作保护层，其他耐根穿刺防水层则宜采用柔性材料作保护层，水泥砂浆保护层亦应设置分格缝，其纵横间距不宜大于 6m，分格缝宽宜为 20mm，并应采用密封胶封严。

（8）种植屋面上的水平管线应设置在防水层上面，竖向穿过屋面的管线应在结构层内预埋套管，套管高出种植土不应小于 150mm。

（9）种植屋面宜采用外排水，当必须采用内排水时，雨水口应与屋面的明沟、暗沟连通，组成有效的排水系统，雨水口的上方不得覆土种植。

（10）种植屋面宜根据屋面面积大小和植物种类以及环境布置的需要做分区布置，分区布置可用园路、排水沟、变形缝、绿篱等作隔离带，分区用的挡墙或挡板的下部应设泄水孔，并应考虑在出现特大暴雨时所采取的应急排水措施。

（11）种植土层的配比和厚度可由工程设计按屋面种植绿化的要求确定，种植土的厚度一般不宜小于 100mm。

（12）种植屋面可采用微地形或采用种植池的形式来增加种植土的厚度，实现种植的多样化（图 3-33）。屋面若采用种植池（图 3-34）种植高大植物时，种植池的设计应符合以下规定：① 池内应设置耐根穿刺防水层、排（蓄）水层和过滤层；② 种植池的池壁应设置排水口，并应设计有组织排水；③ 根据种植植物的高度，在池内设置固定植物用的预埋件。

（13）种植乔木高于 2m 时应采取固定措施，并且应固定牢固，绑扎处应加软质衬垫，其固定方法如图 3-6～图 3-9 所示。

（14）高度大于 40m 的建筑物不宜种植高于女儿墙的植物。

（15）高于屋面避雷网的建筑物、构筑物（如种植屋面中的亭、花架等）均应按规范要求设置避雷设施，并应与屋面避雷系统连接。

（16）草坪块自带土层其厚度宜为 30mm，草坪卷自带土层其厚度宜为 18～25mm。

3.3.2　种植坡屋面的设计

种植坡屋面是指屋面坡度在 10％～50％的钢筋混凝土基板屋面上进行覆土种植的一类种植屋面。种植坡屋面的植被层以草坪、地被植物为主，其种植土宜选用厚度为 100～300mm 的改良土或无机复合种植土。

1. 种植坡屋面的构造层次

种植坡屋面的基本构造层次包括结构层、保温（隔热）层、普通防水层、耐根穿刺防水层、保护

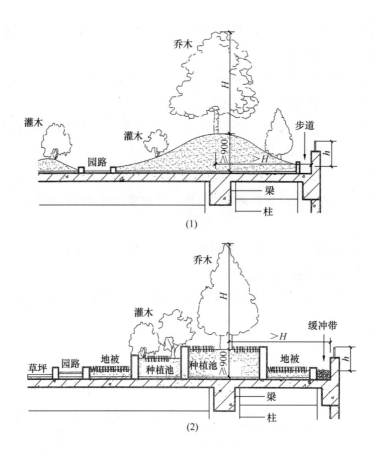

(1)

(2)

图 3-33　种植屋面增加种植土厚度的处理方法

（1）屋顶绿化植物种植微地形处理方法；（2）屋顶绿化植物种植池处理方法

注：1. H 为树高，树木定植点与墙边的距离应大于树高。

2. h 为防护安全栏杆高度，应符合有关规范要求。

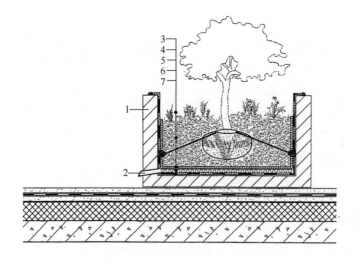

图 3-34　种植池

1—种植池；2—排水管（孔）；3—植被层；4—种植土层；5—过滤层；

6—排（蓄）水层；7—耐根穿刺防水层

层、排（蓄）水层、过滤层、种植土层和植被层等（图 3-35）。根据各地区的气候特点、屋面形式、植物种类等具体情况的不同，可增减屋面的构造层次。

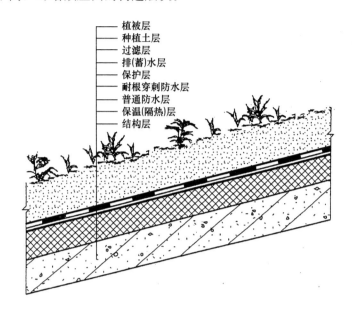

图 3-35　种植坡屋面基本构造层次

注：过滤层、排（蓄）水层可取消，因为斜屋面很容易通过坡度将水直接排走；也可用蓄水保护毯来取代这两层。

国家建筑标准设计图集《种植屋面建筑构造》14J 206 列出的各类种植坡屋面的构造做法见表 3-21。

表 3-21　种植坡屋面构造做法

构造编号	简　图	构造做法	备　注
PW1	无保温（隔热）层 屋面坡度 10%～20%	1. 植被层 2. 100～300 厚种植土 3. 150～200g/m² 无纺布过滤层 4. 10～20 高凹凸型排（蓄）水板 5. 300g/m² 土工布保护层 6. 耐根穿刺复合防水层 7. 20 厚 1：3 水泥砂浆找平层 8. 钢筋混凝土屋面板	1. 耐根穿刺复合防水层的选用见表 3-5 2. 植被层选用草坪、地被植物 3. 排（蓄）水层做法选用见表 3-22
PW2	有保温（隔热）层 屋面坡度 10%～20%	1. 植被层 2. 100～300 厚种植土 3. 150～200g/m² 无纺布过滤层 4. 10～20 高凹凸型排（蓄）水板 5. 300g/m² 土工布保护层 6. 耐根穿刺复合防水层 7. 20 厚 1：3 水泥砂浆找平层 8. 保温（隔热）层 9. 钢筋混凝土屋面板	1. 耐根穿刺复合防水层的选用见表 3-5 2. 植被层选用草坪、地被植物 3. 排（蓄）水层做法选用见表 3-22

构造编号	简　图	构造做法	备　注
PW3	无保温（隔热）层 屋面坡度 10%～20%	1. 植被层 2. 100～300 厚种植土 3. 150～200g/m² 无纺布过滤层 4. 10～20 高凹凸型排（蓄）水板 5. 20 厚 1∶3 水泥砂浆保护层 6. 隔离层 7. 耐根穿刺复合防水层 8. 20 厚 1∶3 水泥砂浆找平层 9. 钢筋混凝土屋面板	1. 耐根穿刺复合防水层的选用见表 3-5 2. 植被层选用草坪、地被植物 3. 排（蓄）水层做法选用见表 3-22
PW4	有保温（隔热）层 屋面坡度 10%～20%	1. 植被层 2. 100～300 厚种植土 3. 150～200g/m² 无纺布过滤层 4. 10～20 高凹凸型排（蓄）水板 5. 20 厚 1∶3 水泥砂浆保护层 6. 隔离层 7. 耐根穿刺复合防水层 8. 20 厚 1∶3 水泥砂浆找平层 9. 保温（隔热）层 10. 钢筋混凝土屋面板	1. 耐根穿刺复合防水层的选用见表 3-5 2. 植被层选用草坪、地被植物 3. 排（蓄）水层做法选用见表 3-22
PW5	无保温（隔热）层 屋面坡度 20%～50%	1. 植被层 2. 100～300 厚种植土 3. 150～200g/m² 无纺布过滤层 4. 10～20 高凹凸型排（蓄）水板 5. 与防水层相同材质的挡土板可焊接 6. 耐根穿刺防水层 7. 20 厚 1∶3 水泥砂浆找平层 8. 钢筋混凝土屋面板	1. 耐根穿刺复合防水层的选用见表 3-5 2. 植被层选用草坪、地被植物 3. 排（蓄）水层做法选用见表 3-22
PW6	有保温（隔热）层 屋面坡度 20%～50%	1. 植被层 2. 100～300 厚种植土 3. 150～200g/m² 无纺布过滤层 4. 10～20 高凹凸型排（蓄）水板 5. 与防水层相同材质的挡土板可焊接 6. 耐根穿刺防水层 7. 20 厚 1∶3 水泥砂浆找平层 8. 保温（隔热）层 9. 钢筋混凝土屋面板	1. 耐根穿刺复合防水层的选用见表 3-5 2. 植被层选用草坪、地被植物 3. 排（蓄）水层做法选用见表 3-22

续表

构造编号	简　图	构造做法	备　注
PW7	无保温（隔热）层 屋面坡度 20%～50%	1. 植被层 2. 100～300 厚种植土 3. 150～200g/m² 无纺布过滤层 4. 10～20 高凹凸型排（蓄）水板 5. 挡土板用 φ1.6 镀锌钢丝与拉结带绑扎固定 6. 40 厚细石钢筋混凝土保护层 7. 隔离层 8. 耐根穿刺复合防水层 9. 20 厚 1：3 水泥砂浆找平层 10. 钢筋混凝土屋面板	1. 耐根穿刺复合防水层的选用见表 3-5 2. 植被层选用草坪、地被植物 3. 排（蓄）水层做法选用见表 3-22
PW8	有保温（隔热）层 屋面坡度 20%～50%	1. 植被层 2. 100～300 厚种植土 3. 150～200g/m² 无纺布过滤层 4. 10～20 高凹凸型排（蓄）水板 5. 挡土板用 φ1.6 镀锌钢丝与拉结带绑扎固定 6. 40 厚细石钢筋混凝土保护层 7. 隔离层 8. 耐根穿刺复合防水层 9. 20 厚 1：3 水泥砂浆找平层 10. 保温（隔热）层 11. 钢筋混凝土屋面板	1. 耐根穿刺复合防水层的选用见表 3-5 2. 植被层选用草坪、地被植物 3. 排（蓄）水层做法选用见表 3-22

注：1. 种植土厚度按工程设计，挡土板高度应根据种植土厚度选型，高度宜低于土厚 10mm。

　　2. 耐根穿刺复合防水卷材可焊接卷材：PVC、TPO 等。

摘自图集 14J 206

表 3-22　排（蓄）水层做法选用表

编号	材料做法	技术指标	
P1	凹凸型排（蓄）水板	压缩率为 20% 时最大强度	≥150kPa
		纵向通水量（侧压力 150kPa）	≥10cm³/s
P2	网状交织型排水板	抗压强度	≥50kN/m²
		表面开孔率	≥95%
		通水量	≥380cm³/s
P3	级配碎石	粒径宜 10～25mm，铺设厚度≥100mm	
P4	卵石	粒径宜 25～40mm，铺设厚度≥100mm	
P5	陶粒	粒径宜 10～25mm，铺设厚度≥100mm	

2. 种植坡屋面的设计要点

种植坡屋面的设计要点如下：

165

种植屋面的设计与施工技术

（1）屋面坡度小于10％的种植坡屋面设计可按建筑行业标准《种植屋面工程技术规程》JGJ 155—2013第5.2节的规定执行［（参见本章3.3.1节2）中（1）（2）（12）］。

（2）种植坡屋面的结构设计要点如下：① 种植坡屋面的种植荷载取值不应小于$1.0kN/m^2$；② 种植屋面的荷载应按3.2.1.3节1的要求进行荷载计算，并纳入屋面结构永久荷载。

（3）屋面坡度大于等于20％的种植坡屋面，其保温（绝热）层、防水层、保护层、排（蓄）水层、种植土层等屋面结构层次在设计时，均应设置防滑构造。保温（绝热）层、防水层的防滑措施可采用机械固定和满粘的方式，排（蓄）水层、种植土层等宜采用防滑系统，保护层应与屋面结构有可靠连接。防滑系统可分为挡板、挡墙等。排（蓄）水层做法选用见表2-22；防滑措施与保护层技术要求见表3-23。当设置防滑构造时，应符合以下规定：① 满覆盖种植时，可采取挡墙或挡板等防滑措施（图3-36、图3-37）。若设置防滑挡墙时，防水层应满包挡墙，挡墙应设置排水通道；如设置防滑挡板时，防水层和过滤层应在挡板下连续铺设。② 非满覆盖种植时，可采用阶梯式或台地式种植。阶梯式种植设置防滑挡墙时，防水层应满包挡墙（图3-38），台地式种植屋面应采用现浇钢筋混凝土结构，并应设置排水沟（图3-39）。

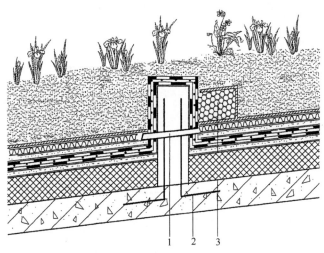

图 3-36　坡屋面防滑挡墙

1—排水管（孔）；2—预埋钢筋；3—卵石缓冲带

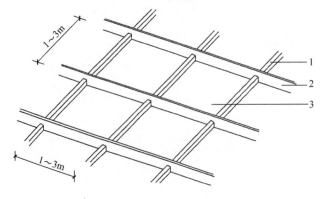

图 3-37　种植土防滑挡板

1—竖向支撑；2—横向挡板；3—种植土区域

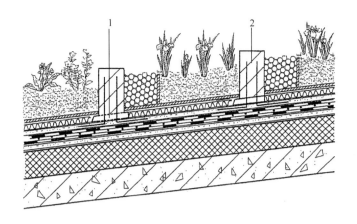

图 3-38 阶梯式种植

1—排水管（孔）；2—防滑挡墙

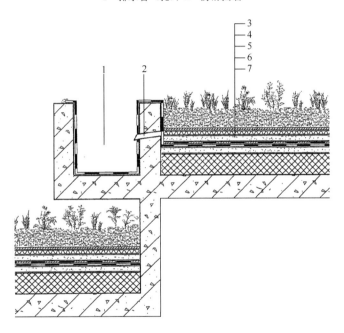

图 3-39 台地式种植

1—排水沟；2—排水管；3—植被层；4—种植土层；5—过滤层；

6—排（蓄）水层；7—细石混凝土保护层

表 3-23 种植坡屋面防滑措施与保护层技术要求

屋面坡度（i） 技术要求	10%≤i<20%	20%≤i<30%	30%≤i≤50%
挡土板、挡土墙间距	可不采用	≤1500mm	≤1200mm
保护层材料	≥300g/m² 土工布	40 厚细石混凝土 （保护层与耐根穿刺防水层间应铺设隔离层，隔离层做法见表 3-7）	
	芯材厚度≥0.4mm 聚乙烯丙纶复合防水卷材		
	厚度≥0.4mm 高密度聚乙烯土工膜		
	1：3 水泥砂浆，厚度为 15～20mm		

摘自图集 14J 206

167

（4）屋面坡度若大于50%时，不宜做种植屋面。

（5）种植坡屋面不宜采用土工布等软质保护层，屋面坡度若大于20%时，保护层应采用细石钢筋混凝土，种植坡屋面保护层的技术要求见表3-23。

（6）种植坡屋面满覆盖种植宜采用草坪地被植物。

（7）当种植坡屋面的种植土厚度小于150mm时，不宜设置排水层。

（8）种植坡屋面种植在沿山墙和檐沟部位应设置安全防护栏杆。

（9）檐口部位的构造应符合以下规定：① 檐口顶部应设种植挡墙，挡墙应埋设排水管（孔）；② 挡墙应铺设防水层，并与檐沟防水层连成一体。

（10）若屋面坡度大于20%时，工人在植被维护保养中应采取人员保护和防滑措施。

3.3.3 钢基板种植屋面的设计

钢基板种植屋面是指在压型钢板屋面上进行种植的一类种植屋面。其适用于坡度在3%～20%的钢基板屋面，宜采用简单式种植和容器式种植两种种植方式。

1. 钢基板种植屋面的构造层次

钢基板种植屋面的基本构造层次包括屋面檩条、专用压型钢板、隔汽层、保温层、耐根穿刺防水层、保护层、排（蓄）水层、过滤层、种植土层、植被层等（图3-40）。根据设计要求，可增减屋面的构造层次。

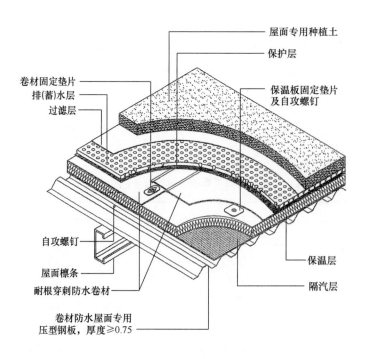

图 3-40　钢基板种植屋面的基本构造

国家建筑标准设计图集《种植屋面建筑构造》14J 206 列出的各类钢基板种植屋面的构造做法见表 3-24。

2. 钢基板种植屋面的设计要点

钢基板种植屋面的设计要点如下：

（1）钢基板单层卷材种植屋面常用的压型钢板其板型参见表 3-25。

表 3-24　钢基板种植屋面构造做法

构造编号	简　图	构造做法	备　注
PW9	有保温（隔热）层	1. 植被层 2. 100～300 厚种植土 3. 200g/m² 无纺布过滤层 4. 10～15 高凹凸型排（蓄）水板 5. 300g/m² 无纺布保护层 6. 耐根穿刺防水层 7. 保温层 8. 0.3 厚聚酯膜隔汽层 9. 专用压型钢板，厚度≥0.75 10. 屋面檩条	1. 植被层选用草坪、地被、小灌木 2. 防水层做法选用见表 3-6 3. 排（蓄）水层做法选用见表 3-22
PW10	无保温（隔热）层 既有屋面改造	1. 植被层 2. 100～300 厚种植土 3. 200g/m² 无纺布过滤层 4. 凹凸型排（蓄）水板 5. 300g/m² 无纺布保护层 6. 耐根穿刺防水层，采用机械固定在钢基板上 7. 隔汽层 8. 专用压型钢板，厚度≥0.75，波谷填充垫块（或原有屋面基板） 9. 屋面檩条	1. 本做法为既有钢基板屋面改造种植屋面做法，不考虑原有屋面保温等情况 2. 当原有屋面改造时，压型钢板应经鉴定，并应具有相应的承载能力 3. 防水层做法选用见表 3-6 4. 排（蓄）水层做法选用见表 3-22 5. 植被层选用草坪、地被、小灌木

摘自图集 14J 206

表 3-25　钢基板单层卷材种植屋面常用压型钢板板型

序号	板型	截面形状	有效宽度 (mm)	展开宽度 (mm)	板厚 (mm)	截面惯性矩 (cm⁴/m)	截面模量 (cm³/m)	用途
1	YX51(76) −305 −915		915	1180 (1270)	0.75	51.90(105.00)	16.02(23.28)	楼承板 卷材防水屋面用 底板
					0.90	63.50(128.10)	21.34(29.57)	
					1.20	82.10(172.10)	28.76(41.94)	
					1.50	102.70(216.00)	36.02(52.47)	
2	YX51 −339 −678		678	1000	0.8	52.20	20.46	楼承板 卷材防水屋面用 底板
					1.0	65.26	25.46	
					1.2	78.32	30.42	
3	YX76 −344 −688		688	1000	0.8	117.63	31.82	楼承板 卷材防水屋面用 底板
					1.0	147.06	39.66	
					1.2	176.49	47.44	
4	YX75 −200 −600		600	1000	0.8	91.62	23.46	楼承板 卷材防水屋面用 底板
					1.0	119.38	30.61	
					1.2	142.01	36.98	
5	YX35 −125 −750		750	1000	0.5	11.54	6.23	卷材防水屋面用 底板
					0.6	13.85	7.48	
					0.8	18.83	10.00	

摘自图集 14J 206

（2）钢基板种植屋面的结构设计要点如下：① 钢基板种植屋面的种植荷载取值不应小于 1.0kN/m²；② 种植屋面的荷载应按 3.2.1.3 节 1 的要求进行荷载计算，并纳入屋面结构永久荷载；③ 钢基板种植屋面的种植土宜选用饱和水容重小的种植土，种植土厚度不应小于 100mm，且不宜大于 300mm。

（3）钢基板单层防水卷材的基层做法应符合现行行业标准《单层防水卷材屋面工程技术规程》JGJ/T 316 的要求。

（4）耐根穿刺防水层可选用表 3-6 中的材料。

（5）钢基板种植屋面的建筑构造以聚氯乙烯（PVC）防水卷材为例，其保温层可选用挤塑板岩棉板，并满足防火规范。

（6）专用压型钢板的厚度应大于等于 0.75mm，具体板型、板厚等应根据上部植物荷载以及工程要求计算确定。

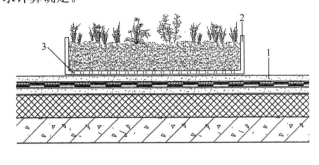

图 3-41 容器种植
1—保护层；2—种植容器；3—排水孔

3.3.4 容器种植屋面的设计

容器种植屋面是指在坡度为 2%～50% 的钢筋混凝土结构屋面，坡度为 3%～20% 的钢基板屋面上放置有特定功能的种植容器，从而实现绿化目的的一类种植屋面。

1. 容器种植屋面的构造层次

容器种植屋面的基本构造层次包括屋面基板、保温层、找坡层、找平层、防水层、耐根穿刺防水层、保护层、种植容器等（图 3-41）。

国家建筑标准设计图集《种植屋面建筑构造》14J 206 列出的各类容器种植屋面的构造做法见表 3-26。

表 3-26 容器种植屋面构造做法

构造编号	简　图	构造做法	备　注
RW1	无保温（隔热）层 坡度 2%～10%	1. 平式种植容器 2. 300g/m² 土工布保护层 3. 耐根穿刺复合防水层 4. 20 厚 1：3 水泥砂浆找平层 5. 最薄 30 厚 LC5.0 轻集料混凝土或泡沫混凝土 2% 找坡层（当结构找坡时无此层） 6. 钢筋混凝土屋面板	1. 植被层选用草坪、地被植物 2. 耐根穿刺复合防水层材料选用见表 3-5

续表

构造编号	简　图	构造做法	备　注
RW2	 有保温（隔热）层 坡度 2%～10%	1. 平式种植容器 2. 300g/m² 土工布保护层 3. 耐根穿刺复合防水层 4. 20 厚 1∶3 水泥砂浆找平层 5. 最薄 30 厚 LC5.0 轻集料混凝土或泡沫混凝土 2% 找坡层（当结构找坡时无此层） 6. 保温（隔热）层 7. 钢筋混凝土屋面板	1. 植被层选用草坪、地被植物 2. 耐根穿刺复合防水层材料选用见表 3-5
RW3	 无保温（隔热）层 坡度 2%～10%	1. 平式种植容器 2. 20 厚 1∶3 水泥砂浆保护层 3. 隔离层 4. 耐根穿刺复合防水层 5. 20 厚 1∶3 水泥砂浆找平层 6. 最薄 30 厚 LC5.0 轻集料混凝土或泡沫混凝土 2% 找坡层（当结构找坡时无此层） 7. 钢筋混凝土屋面板	1. 植被层选用草坪、地被植物 2. 耐根穿刺复合防水层材料选用见表 3-5 3. 隔离层做法选用见表 3-7
RW4	 有保温（隔热）层 坡度 2%～10%	1. 平式种植容器 2. 20 厚 1∶3 水泥砂浆保护层 3. 隔离层 4. 耐根穿刺复合防水层 5. 20 厚 1∶3 水泥砂浆找平层 6. 最薄 30 厚 LC5.0 轻集料混凝土或泡沫混凝土 2% 找坡层（当结构找坡时无此层） 7. 保温（隔热）层 8. 钢筋混凝土屋面板	1. 植被层选用草坪、地被植物 2. 耐根穿刺复合防水层材料选用见表 3-5 3. 隔离层做法选用见表 3-7
RW5	 无保温（隔热）层 坡度 10%～20%	1. 平式种植容器 2. 300g/m² 土工布保护层 3. 耐根穿刺复合防水层 4. 20 厚 1∶3 水泥砂浆找平层 5. 钢筋混凝土屋面板	1. 植被层选用草坪、地被植物 2. 耐根穿刺复合防水层材料选用见表 3-5

续表

构造编号	简　图	构造做法	备　注
RW6	有保温（隔热）层 坡度 10%～20%	1. 平式种植容器 2. 300g/m² 土工布保护层 3. 耐根穿刺复合防水层 4. 20 厚 1：3 水泥砂浆找平层 5. 保温（隔热）层 6. 钢筋混凝土屋面板	1. 植被层选用草坪、地被植物 2. 耐根穿刺复合防水层材料选用见表 3-5
RW7	挡土隔板 无保温（隔热）层 坡度 20%～50%	1. 坡式种植容器 2. 40 厚钢筋细石混凝土保护层 3. 隔离层 4. 耐根穿刺复合防水层 5. 20 厚 1：3 水泥砂浆找平层 6. 钢筋混凝土屋面板	1. 植被层选用草坪、地被植物 2. 耐根穿刺复合防水层材料选用见表 3-5 3. 隔离层做法选用见表 3-7
RW8	挡土隔板 有保温（隔热）层 坡度 20%～50%	1. 坡式种植容器 2. 40 厚钢筋细石混凝土保护层 3. 隔离层 4. 耐根穿刺复合防水层 5. 20 厚 1：3 水泥砂浆找平层 6. 保温（隔热）层 7. 钢筋混凝土屋面板	1. 植被层选用草坪、地被植物 2. 耐根穿刺复合防水层材料选用见表 3-5 3. 隔离层做法选用见表 3-7
RW9	有保温（隔热）层 坡度 3%～20%	1. 平式种植容器 2. 300g/m² 土工布保护层 3. 耐根穿刺单层防水层 4. 保温层 5. 0.3 厚聚酯膜隔汽层 6. 专用压型钢板，厚度≥0.75 7. 屋面檩条	1. 植被层选用草坪、地被植物 2. 耐根穿刺复合防水层材料选用见表 3-5

注：当屋面坡度超过 3%，或找坡荷载过大时，宜为结构找坡，并在构造做法中取消找坡层。

摘自图集 14J 206

2. 容器种植屋面的设计要点

容器种植屋面的设计要点如下：

（1）种植容器是指具有排（蓄）水、过滤等功能的模块化可移动式的特定容器。根据屋面坡度的不同，可分别采用平式种植容器（图 3-42）和坡式种植容器（图 4-43）。平式种植容器适用于屋面坡度为 2％～20％坡度的屋面，坡式种植容器适用于屋面坡度为 20％～50％坡度的屋面。坡式种植容器内有多道挡土隔板，以用于防止种植土在容器内滑动。平式种植容器其容器体上可设置增高带（图 3-44），以满足不同种植土厚度的要求，而坡式种植容器则不宜采用增高带方式。容器材质的使用年限不应低于 10 年。

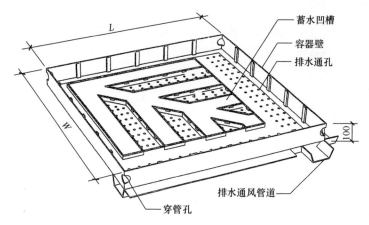

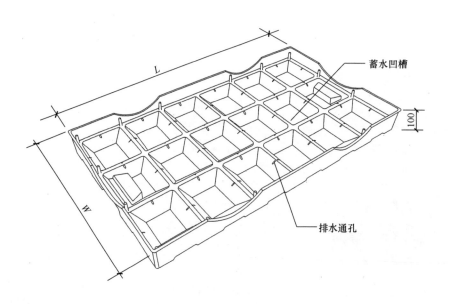

图 3-42　平式种植容器构造

注：L 为容器长度，W 为容器宽度，L、W 均以厂家成品规格尺寸为准。

（2）容器种植屋面的结构设计要点如下：① 容器种植屋面的种植荷载取值不应小于 $1.0kN/m^2$；② 种植屋面的荷载应按 3.2.1.3 节 1 的要求进行荷载计算，并纳入屋面结构永久荷载。

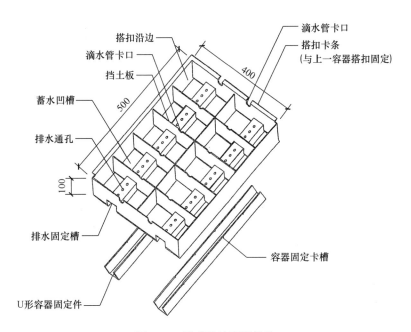

搭扣沿边
滴水管卡口
滴水管卡口
搭扣卡条
（与上一容器搭扣固定）
挡土板
400
蓄水凹槽
500
排水通孔
100
排水固定槽
容器固定卡槽
U形容器固定件

图 3-43　坡式种植容器构造

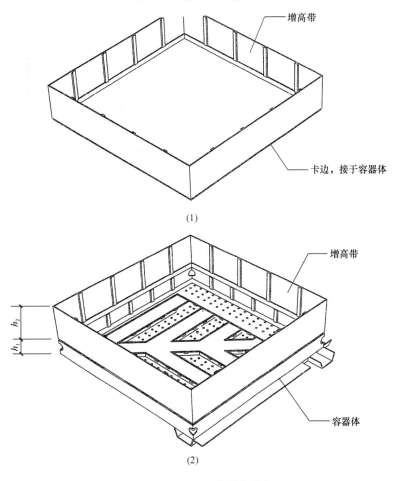

增高带

卡边，接于容器体

(1)

增高带

h_2

h_1

容器体

(2)

图 3-44　种植容器的增高

（1）增高带；（2）容器体接增高带

注：h_1 为容器高度，h_2 为增高带有效高度。

（3）防水层上应铺设保护层，方可摆放种植容器，以防止防水层被破坏。

（4）应根据种植屋面的功能要求和植物的种类确定种植容器的形式、规格和荷重，容器种植的土层厚度应满足植物生存的营养需求，不宜小于100mm。

（5）容器种植应具有通风、排水、隔热、防漏等功能，并根据不同的建筑屋面将容器灵活地拼接，组成完整的种植绿化系统。容器与屋面防滑系统应固定连接，容器体之间应设置相互连接的卡件，以形成容器组，并具有整体性。容器的连接方法参见图3-45～图3-46。

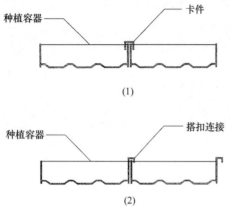

图 3-45　平式种植容器的连接方法
（1）容器组卡件连接；（2）容器组搭扣连接

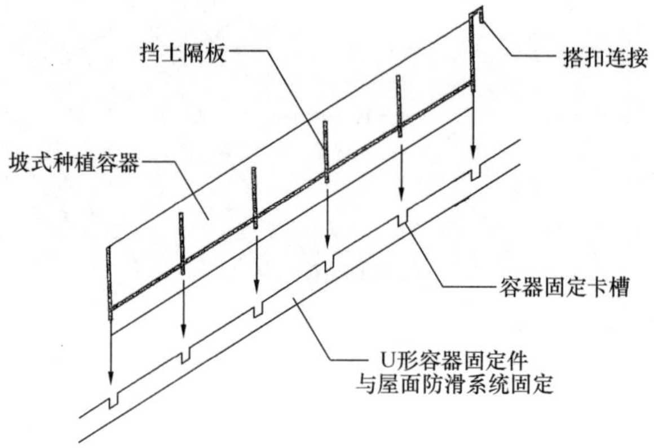

图 3-46　坡式种植容器连接与固定

（6）种植土宜高于容器侧壁，使摆放后的种植部分形成整体，并可使水肥联通。

（7）容器中的设计应符合以下规定：① 种植容器应轻便、易搬动，连接点稳固且便于组装、维护；② 种植容器宜设计有组织排水；③ 宜采用滴灌系统；④ 植物容器下面应设置保护层。

3.3.5　地下建筑顶板种植的设计

地下建筑顶板种植是指在地下建（构）筑物的顶部承重板上进行绿化种植以及相关园林景观营建的一类种植屋面。

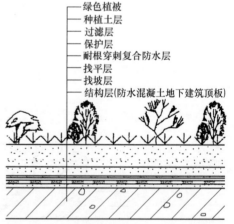

图 3-47　地下建筑顶板覆土种植防水构造
（注：过滤层、保护层之间可增加排水层，是否设置排水层要根据具体情况定。例如，地下水位很低，地线建筑顶部覆土与自然地坪不接壤时，则可设置排水层）

1. 地下建筑顶板种植的构造层次

地下建筑顶板种植的基本构造层次包括防水混凝土地下建筑顶板、保温层、找坡层、找平层、耐根穿刺复合防水层、隔离层、保护层、排（蓄）水层、过滤层、种植土层、植被层等（图3-47）。根据设计的要求，可增减地下建筑顶板种植的构造层次。

国家建筑标准设计图集《种植屋面建筑构造》14J 206列出的各类地下建筑顶板种植构造做法

见表 3-27。

国家建筑标准设计图集《平屋面建筑构造》12J 201 列出的各类地下建筑顶板种植构造做法见表 3-15中的 D7、D8。

2. 地下建筑顶板种植的设计要点

地下建筑顶板种植的设计要点如下：

（1）地下工程建筑种植顶板的防水等级应为Ⅰ级，要求其不允许渗水、结构表面无湿渍。

（2）若地下建筑顶板种植其种植土与周边的自然土体不相连，且高于周边地坪时，则应按照种植屋面的要求进行设计。

表 3-27　地下建筑顶板种植构造做法

构造编号	简　图	构造做法	备　注
DZ1	无保温（隔热）层	1. 植被层 2.300～1200 厚种植土 3.200g/m² 无纺布过滤层 4. 凹凸型排（蓄）水板 5.70 厚 C20 细石混凝土保护层 6. 隔离层 7. 耐根穿刺复合防水层 8. 找平层 9. 找坡层（1%～2%） 10. 防水混凝土地下建筑顶板	1. 种植土厚度为 300～600 时，凹凸型排（蓄）水板厚度为 20～30 2. 种植土厚度为 600～1200 时，凹凸型排（蓄）水板厚度为 30～40
DZ2	有保温（隔热）层	1. 植被层 2.300～1200 厚种植土 3.200g/m² 无纺布过滤层 4. 凹凸型排（蓄）水板 5.70 厚 C20 细石混凝土保护层 6. 隔离层 7. 耐根穿刺复合防水层 8. 找平层 9. 找坡层（1%～2%） 10. 保温层 10. 防水混凝土地下建筑顶板	1. 种植土厚度为 300～600 时，凹凸型排（蓄）水板厚度为 20～30 2. 种植土厚度为 600～1200 时，凹凸型排（蓄）水板厚度为 30～40
DZ3	无保温（隔热）层	1. 植被层 2.900～2000 厚种植土 3.100 厚洁净细砂 4.200g/m² 无纺布过滤层 5. 网状交织排水板 6. 级配碎石或卵石或陶粒排水层 7.70 厚 C20 细石混凝土保护层 8. 隔离层 9. 耐根穿刺复合防水层 10. 找平层 11. 找坡层（1%～2%） 12. 防水混凝土地下建筑顶板	1. 种植土厚度为 900～1500 时，级配碎石或卵石或陶粒厚度为 100～300 2. 种植土厚度为 1500～2000 时，级配碎石或卵石或陶粒厚度为 >300

构造编号	简　图	构造做法	备　注
DZ4	 有保温（隔热）层	1. 植被层 2. 900～2000 厚种植土 3. 100 厚洁净细砂 4. 200g/m² 无纺布过滤层 5. 网状交织排水板 6. 级配碎石或卵石或陶粒排水层 7. 70 厚 C20 细石混凝土保护层 8. 隔离层 9. 耐根穿刺复合防水层 10. 找平层 11. 找坡层（1%～2%） 12. 保温层 13. 防水混凝土地下建筑顶板	1. 种植土厚度为 900～1500 时，级配碎石或卵石或陶粒厚度为 100～300 2. 种植土厚度为 1500～2000 时，级配碎石或卵石或陶粒厚度为 >300
DZ5	 深覆土无保温层	1. 植被层 2. >2000 厚种植土 3. 70 厚 C20 细石混凝土保护层 4. 隔离层 5. 耐根穿刺复合防水层 6. 找平层 7. 防水混凝土地下建筑顶板	种植土应分层设置。地表采用改良土或田园土，种植土应满足种植植物相应厚度需求，向下分别逐层铺设细砂、粗砂、保证排水通畅。
DZ6	 隐蔽式消防车道	1. 植被层 2. 3000 厚种植土 3. 200g/m² 无纺布过滤层 4. 网状交织排水板 5. 100～300 厚级配碎石或卵石或陶粒排水层 6. 200 厚 C25 混凝土配筋路面 7. 100 厚 C15 混凝土垫层 8. 回填土夯实，压实系数 >0.93（回填土厚度按工程设计） 9. 70 厚细石混凝土保护层层 10. 隔离层 11. 耐根穿刺复合防水层 12. 找平层 13. 找坡层（1%～2%） 14. 保温层（按工程要求设置） 15. 防水混凝土地下建筑顶板	1. 种植土厚度为 900～1500 时，级配碎石或卵石或陶粒厚度为 100～300 2. 种植土厚度为 1500～2000 时，级配碎石或卵石或陶粒厚度为 >300

续表

构造编号	简　图	构造做法	备　注
DZ7	停车场绿化嵌草砖	1. 80 厚嵌草砖 2. 30 厚黄土粗砂垫层铺平 3. 150 厚碎石垫层碾压密实 4. 级配砂石碾压密实，压实系数＞0.93 5. 70 厚 C20 细石混凝土保护层 6. 隔离层 7. 耐根穿刺复合防水层 8. 找平层 9. 找坡层（1%～2%） 10. 保温层（按工程要求设置） 11. 防水混凝土地下建筑顶板	级配砂石厚度按工程设计

注：1. 耐根穿刺复合防水层材料选用见表 3-5；隔离层做法选用见表 3-7。

2. 配碎石、卵石排水层选用见表 3-22。

3. 70 厚 C20 细石混凝土保护层可按工程设计配筋。

4. 当结构找坡或有可靠排水措施时可不设找坡层。

摘自图集 14J 206

（3）地下建筑顶板的种植荷载取值应考虑到种植土荷载、植物荷载、地下建筑顶板上的行车荷载以及其他建在顶板上的构筑物、堆积物荷载等因素。

（4）地下建筑的顶板应是现浇防水混凝土结构，并应符合现行国家标准《地下工程防水技术规范》GB 50108 的规定：① 种植顶板应为现浇防水混凝土，结构找坡，坡度宜为 1%～2%；② 种植顶板其厚度不应小于 250mm，最大裂缝宽度不应大于 0.2mm，并不得贯通；③ 种植顶板的结构荷载设计应按国家现行标准《种植屋面工程技术规程》JGJ 155 的有关规定执行。

（5）地下建筑顶板种植应设置过滤层和排水层。地下建筑顶板的耐根穿刺防水层、保护层、排（蓄）水层和过滤层的设计应按国家现行标准《种植屋面工程技术规程》JGJ 155—2013 中第 5.1 节的规定执行。

（6）地下建筑顶板若为车道或硬铺地面时，应根据工程所在地区现行建筑节能标准，进行绝热（保温）层的设计。

（7）地下建筑种植顶板所用材料应符合下列要求：①绝热（保温）层应选用密度小、压缩强度大、吸水率低的绝热材料，不得选用散状绝热材料；②耐根穿刺层防水材料的选用应符合国家相关标准的规定和具有相关权威检测出具的材料性能检测报告；③排（蓄）水层应选用抗压强度大且耐久性好的塑料排水板、网状交织排水板或轻质陶粒等轻质材料。

（8）地下工程建筑种植顶板的防水设计应包括主体结构防水、管线、花池、排水沟、通风并和亭、台、架、柱等构配件的防排水、泛水设计。

（9）耐根穿刺防水层应铺设在普通防水层上面，耐根穿刺防水层其表面应设置保护层，保护层应采用厚度不小于70mm的细石混凝土，并应根据工程要求可配筋，保护层与防水层之间应设置隔离层，隔离层所应采用的材料，其选取详见表3-8。

（10）排（蓄）水层应根据渗水性、储水量、稳定性、抗生物性和碳酸盐含量等因素进行设计，其应设置在保护层上面，并应结合排水沟分区设置。地下建筑顶板种植其排（蓄）水层设计应符合以下要求：①地下建筑顶板种植土与周界地面相连时，宜设置盲沟排水；②地下建筑顶板种植采用下沉式种植时，应设自流排水系统（图3-48）；③地下建筑顶板种植其顶板采用反梁结构或坡度不足时，应设置渗排水管或梁间采用填级配碎石、陶粒等渗排水措施；④地下建筑顶板找坡坡度宜在1%～2%，当地下建筑顶板面积较大，放坡困难时，应分区设置水落口、盲沟、神排水管等内排水及雨水收集排放系统；⑤当种植土厚度大于2.0m时，可不设过滤层和排水层，但应保证排水通畅；⑥地下建筑顶板种植若局部为停车场、消防车等高荷载时，则应根据计算确定排（蓄）水层材料的抗压强度，地下建筑顶板种植的排（蓄）水层材料其抗压强度应大于200kPa；⑦地下建筑顶板面积较大时，应设计蓄水装置，寒冷地区的设计，冬秋季时宜将种植土中的积水排出；⑧种植土中的积水宜通过盲沟排至周边土体或建筑排水系统。

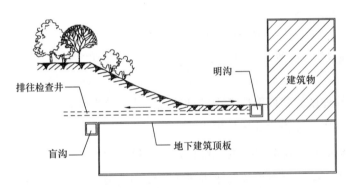

图3-48　下沉式种植剖面示意图

（11）地下建筑顶板在多雨地区应避免低于周边土体，少雨地区的地下建筑顶板种植土宜与大于1/2周边的自然土体相连，若低于周边土体时，宜设置排（蓄）水层。当地下建筑顶板覆土过深时，种植土应分层设置，地表宜采用改良土或田园土，种植土必须满足种植物相应厚度，向下逐层铺设细砂、粗砂，保证排水通畅，种植土各层厚度应按工程设计。

（12）排（蓄）水层上面设置过滤层，过滤层材料的搭接宽度不应小于200mm。

（13）种植土层与植被层应符合国家现行标准《种植屋面工程技术规程》JGJ 155的有关规定和要求。

（14）地下建筑工程顶板种植的细部构造应符合下列要求：①防水层下不得埋设水平管线，垂直穿越的管线应预埋套管，套管超过种植土的高度应大于150mm；②变形缝应作为种植分区边界，不得跨缝种植；③种植顶板的泛水部位应采用现浇钢筋混凝土，泛水处防水层高出种植土应大于250mm；④泛水部位、水落口及穿顶板管道四周宜设置200～300mm宽的卵石隔离带。

（15）地下建筑顶板种植应按永久性绿化设计，所种植的植物不宜选用速生树种，树木与地面建筑

（构）物外缘、地下管线最小水平距离参见表3-28。

表 3-28　植物与建（构）筑物等最小水平距离　　　　　　　　单位：m

名　　称	新植乔木	现状乔木	灌木与绿篱
楼房	5.0	5.0	1.5
平房	2.0	5.0	—
围墙（高度小于2m）	1.0	2.0	0.75
地上杆柱	2.0	2.0	—
电力电缆、通讯电缆	1.5	3.5	0.5
燃气管道（低中压）	1.2	3.0	1.0
热力管	2.0	5.0	2.0
消防龙头	1.2	2.0	1.2
给水管	1.5	2.0	—
排水明沟	1.0	1.0	0.5
排水暗沟、排水管	1.5	3.0	—

摘自图集14J 206

（16）已建地下建筑工程顶板的绿化改造应经结构验算，在安全允许的范围内方可进行。种植顶板应根据原有结构体系合理布置绿化，原有建筑若不能满足绿化防水要求时，应进行防水改造，加设的绿化工程不得破坏原有的防水层及其保护层。

3.3.6　既有建筑屋面种植改造的设计

既有建筑屋面进行种植改造应优先选用简单式种植和容器种植，植被层则宜以地被植物为主。

1）既有建筑屋面种植改造的构造层次

既有建筑屋面种植改造其建筑构造可参考种植平屋面、种植坡屋面以及容器种植屋面的有关建筑构造。

国家建筑标准设计图集《种植屋面建筑构造》14J 206列出的各类既有建筑屋面种植改造构造做法见表3-29。

表 3-29　既有建筑屋面种植改造构造做法

构造编号	简　图	构造做法	备　注
GW1	此层以上为改造做法 保温层满足节能设计要求，防水层失效简单式种植	1. 植被层 2. 100～300厚种植土 3. 150～200/m² 无纺布过滤层 4. 15～20高凹凸型排（蓄）水层 5. 300g/m² 土工布保护层 6. 耐根穿刺复合防水层 拆除防水层后的原屋面构造（表面清理并涂刷基层处理剂）	1. 拆除失效防水层 2. 耐根穿刺复合防水层的选用表见表3-5 3. 植被层选用草坪、地被类植物

续表

构造编号	简 图	构造做法	备 注
GW2	此层以上为改造做法 保温层满足节能设计要求，防水层失效简单式种植	1. 植被层 2. 100～300 厚种植土 3. 150～200g/m² 无纺布过滤层 4. 15～20 高凹凸型排（蓄）水层 5. 20 厚 1∶3 水泥砂浆保护层 6. 隔离层 7. 耐根穿刺复合防水层 拆除防水层后的原屋面构造（表面清理并涂刷基层处理剂）	1. 拆除失效防水层 2. 耐根穿刺复合防水层的选用见表 3-5 3. 隔离层做法选用见表 3-7 4. 植被层选用草坪、地被类植物
GW3	此层以上为改造做法 防水层有效，保温层不满足节能设计要求简单式种植	1. 植被层 2. 100～300 厚种植土 3. 150～200g/m² 无纺布过滤层 4. 15～20 高凹凸型排（蓄）水层 5. 300g/m² 土工布保护层 6. 耐根穿刺防水层 7. 找平层 8. 保温层 9. 30 厚 1∶3 水泥砂浆隔离层 原屋面各层构造（表面清理并涂刷基层处理剂）	1. 新旧保温层、防水层共同作用 2. 耐根穿刺防水层的选用见表 3-5 3. 植被层选用草坪、地被类植物
GW4	此层以上为改造做法 防水层有效，保温层不满足节能设计要求简单式种植	1. 植被层 2. 100～300 厚种植土 3. 150～200g/m² 无纺布过滤层 4. 15～20 高凹凸型排（蓄）水层 5. 20 厚 1∶3 水泥砂浆保护层 6. 隔离层 7. 耐根穿刺防水层 8. 找平层 9. 保温层 10. 30 厚 1∶3 水泥砂浆隔离层 原屋面各层构造（表面清理并涂刷基层处理剂）	1. 新旧保温层、防水层共同作用 2. 耐根穿刺防水层的选用见表 3-5 3. 隔离层做法选用见表 3-7 4. 植被层选用草坪、地被类植物
GW5	此层以上为改造做法 保温层满足节能设计要求，防水层失效容器种植	1. 种植容器 2. 300g/m² 土工布保护层 3. 耐根穿刺复合防水层 拆除防水层后的原屋面构造（表面清理并涂刷基层处理剂）	1. 拆除失效防水层 2. 原屋面拆除防水层后应满足改造后屋面排水，且表面平整 3. 耐根穿刺复合防水层的选用见表 3-5 4. 植被层选用草坪、地被类植物

续表

构造编号	简　图	构造做法	备　注
GW6	此层以上为改造做法 保温层满足节能设计要求，防水层失效容器种植	1. 种植容器 2. 20厚1：3水泥砂浆保护层 3. 隔离层 4. 耐根穿刺复合防水层 拆除除水层后的原屋面构造（表面清理并涂刷基层处理剂）	1. 拆除失效防水层 2. 原屋面拆除防水层后应满足改造后屋面排水，且表面平整 3. 耐根穿刺复合防水层的选用见表3-5 4. 隔离层做法选用见表3-7 5. 植被屋选用草坪、地被类植物

摘自图集 14J 206

2）既有建筑屋面种植改造的设计要点

既有建筑屋面种植改造的设计要点如下：

（1）在既有建筑屋面改造为种植屋面之前，先应对原有建筑结构进行鉴定，核算出原结构的承载能力，对于不能满足承载要求的既有建筑屋面应先进行加固处理后，方可进行种植改造。

（2）既有建筑屋面改造种植屋面前，必须检验鉴定结构的安全性，并应以结构鉴定报告作为设计依据，确定种植形式。

（3）既有建筑屋面改造为种植屋面时，应当满足种植屋面有关的安全技术要求，当既有建筑屋面为坡屋面种植改造时，各种植构造层应有防滑、防坠落措施。

（4）既有建筑种植屋面改造前应对原有的防水层进行评估和鉴定，以确定是否能满足改造要求。采用覆土种植的防水层设计应符合下列规定：①原有防水层仍具有防水能力的，应在其上增加一道耐根穿刺防水层，新旧两道防水层应相容；②原有防水层若已无防水能力的，应拆除，并按行业标准《种植屋面工程技术规程》JGJ 155—2013 第5.1节的规定重新铺设防水层。

（5）既有建筑屋面的耐根穿刺防水层、保护层、排（蓄）水层和过滤层的设计应按行业标准《种植屋面工程技术规程》JGJ 155—2013 第5.1节的规定执行。

（6）既有建筑屋面改造为种植屋面，宜选用轻质种植土、地被植物。

（7）既有建筑屋面改造为种植屋面，宜采用容器种植，当采用覆土种植时，设计应符合下列规定：①有檐沟的屋面应砌筑种植土挡墙，挡墙应高出种植土50mm，挡墙距离檐沟边沿不宜小于300mm（图3-49）；②挡墙应设排水孔；③种植土与挡

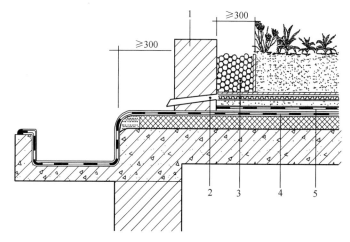

图 3-49　种植土挡墙构造

1—檐口种植挡墙；2—排水管（孔）；3—卵石缓冲带；

4—普通防水层；5—耐根穿刺防水层

183

墙之间应设置卵石缓冲带，带宽度宜大于 300mm。

（8）既有建筑屋面改造应同时考虑屋面的防雷系统。

3.3.7 国内外种植屋面系统介绍

3.3.7.1 德国威达种植屋面系统

德国威达是德国历史最为悠久的传统工业企业，它具有近 170 年的历史，是欧洲市场上最早从事沥青卷材生产的企业。从 1846 年建立起，德国威达就针对各种结构的防水需求进行了专业化的研发，提供可靠的解决方案。在欧洲，尤其是在德国，种植屋面的系统技术已相当成熟。德国威达公司作为德国最大的防水企业，它在德国种植屋面系统技术的发展过程中发挥着相当重要的作用。

德国威达种植屋面系统的构造详见表 3-30～表 3-38。

表 3-30　重型保温种植屋面（钢筋混凝土现浇屋面板）

构造层序	构造层名称	构造做法（任选其一）	构造图
1	覆土植被层	1）改良土 2）复合种植土	
2	过滤层	1）聚酯毡 2）矿物棉垫	
3	排水层	1）高密度聚乙烯（HDPE）凹凸排水板（10～20 高） 2）聚丙烯多孔网状交织排水板 3）陶粒 $d<25$，厚度 80～100，堆积密度 1000kg/m³	
4	蓄水保护层	Vedaflor SSV 保护过滤毯	
5	隔离层	聚乙烯（PE）分离滑动保护膜	
6	防水层（一）	4 厚 Vedaflor WS-Ⅰ铜离子复合胎基改性沥青耐根穿刺防水卷材	
7	防水层（二）	Vedatop Su 改性沥青自粘防水卷材	
8	找平层	20 厚 1：3 水泥砂浆	
9	保温层	1）EPS 聚苯板 2）XPS 挤塑板 3）PU 硬泡聚氨酯 4）泡沫玻璃	
10	隔汽层	1）Vadagard SK-PLUS 网状特殊金属聚酯复合胎 SBS 蒸汽阻拦卷材（自粘） 2）Vedatect SK-D 耐碱腐蚀铝箔面面 SBS 蒸气阻拦卷材（自粘）	
11	找坡找平层	1：8 水泥陶粒，上洒干水泥抹光（材料找坡） 1：3 水泥砂浆找平（结构找坡）	
12	结构层	钢筋混凝土现浇屋面板	

表 3-31　重型种植屋面（钢筋混凝土现浇屋面板）

构造层序	构造层名称	构造做法（任选其一）	构造图
1	覆土植被层	1）改良土 2）复合种植土	
2	过滤层	1）聚酯毡 2）矿物棉垫	
3	排水层	1）高密度聚乙烯（HDPE）凹凸排水板（10～20 高） 2）聚丙烯多孔网状交织排水板 3）陶粒 $d<25$，厚度 80～100，堆积密度 1000kg/m³	
4	蓄水保护层	Vedaflor SSV 保护过滤毯	
5	隔离层	聚乙烯（PE）分离滑动保护膜	
6	防水层（一）	4 厚 Vedaflor WS-Ⅰ铜离子复合胎基改性沥青耐根穿刺防水卷材	
7	防水层（二）	Vedatop Su 改性沥青自粘防水卷材	
8	找坡找平层	1：8 水泥陶粒，上洒干水泥抹光（材料找坡） 1：3 水泥砂浆找平（结构找坡）	
9	结构层	钢筋混凝土现浇屋面板	

表 3-32　轻型保温种植屋面（钢筋混凝土现浇屋面板）

构造层序	构造层名称	构造做法（任选其一）	构造图
1	覆土植被层	1）改良土 2）复合种植土	
2	蓄水保护层	Vedaflor SSV 保护过滤毯	
3	隔离层	聚乙烯（PE）分离滑动保护膜	
4	防水层（一）	4 厚 Vedaflor WS-Ⅰ铜离子复合胎基改性沥青耐根穿刺防水卷材	
5	防水层（二）	Vedatop Su 改性沥青自粘防水卷材	
6	找平层	20 厚 1：3 水泥砂浆	
7	保温层	1）EPS 聚苯板 2）XPS 挤塑板 3）PU 硬泡聚氨酯 4）泡沫玻璃	
8	隔汽层	1）Vadagard SK-PLUS 网状特殊金属聚酯复合胎 SBS 蒸汽阻拦卷材（自粘） 2）Vedatect SK-D 耐碱腐蚀铝箔面 SBS 蒸汽阻拦卷材（自粘）	
9	找坡找平层	1：8 水泥陶粒，上洒干水泥抹光（材料找坡） 1：3 水泥砂浆找平（结构找坡）	
10	结构层	钢筋混凝土现浇屋面板	

表 3-33　轻型保温种植屋面（压型钢板屋面）

构造层序	构造层名称	构造做法（任选其一）	构造图
1	覆土植被层	1）改良土 2）复合种植土	
2	蓄水保护层	Vedaflor SSV 保护过滤毯	
3	隔离层	聚乙烯（PE）分离滑动保护膜	
4	防水层（一）	4 厚 Vedaflor WS-Ⅰ铜离子复合胎基改性沥青耐根穿刺防水卷材	
5	防水层（二）	Vedatop Su 改性沥青自粘防水卷材	
6	保温层	1）EPS 聚苯板 2）XPS 挤塑板 3）PU 硬泡聚氨酯 4）泡沫玻璃	
7	隔汽层	1）Vadagard SK-PLUS 网状特殊金属聚酯复合胎 SBS 蒸汽阻拦卷材（自粘） 2）Vedatect SK-D 耐碱腐蚀铝箔面 SBS 蒸汽阻拦卷材（自粘）	
8	屋面基层	压型钢板	

表 3-34　轻型种植屋面（钢筋混凝土现浇屋面板）

构造层序	构造层名称	构造做法（任选其一）	构造图
1	覆土植被层	1）改良土 2）复合种植土	
2	过滤保护层	Vedaflor SSV 保护过滤毯	
3	隔离层	聚乙烯（PE）分离滑动保护膜	
4	防水层（一）	4 厚 Vedaflor WS-Ⅰ铜离子复合胎基改性沥青耐根穿刺防水卷材	
5	防水层（二）	Vedatop Su 改性沥青自粘防水卷材	
6	找坡找平层	1:8 水泥陶粒，上洒干水泥抹光（材料找坡） 1:3 水泥砂浆找平（结构找坡）	
7	结构层	钢筋混凝土现浇屋面板	

表 3-35　超轻型保温种植屋面（钢筋混凝土现浇屋面板）

构造层序	构造层名称	构造做法（任选其一）	构造图
1	覆土植被层	1）改良土 2）复合种植土	
2	蓄排水营养层	Vedag vegetation mat 蓄排水营养毯	
3	隔离层	聚乙烯（PE）分离滑动保护膜	
4	防水层（一）	4 厚 Vedaflor WS-Ⅰ铜离子复合胎基改性沥青耐根穿刺防水卷材	
5	防水层（二）	Vedatop Su 改性沥青自粘防水卷材	
6	找平层	20 厚 1：3 水泥砂浆	
7	保温层	1）EPS 聚苯板 2）XPS 挤塑板 3）PU 硬泡聚氨酯 4）泡沫玻璃	
8	隔汽层	1）Vadagard SK-PLUS 网状特殊金属聚酯复合胎 SBS 蒸汽阻拦卷材（自粘） 2）Vedatect SK-D 耐碱腐蚀铝箔面 SBS 蒸汽阻拦卷材（自粘）	
9	找坡找平层	1：8 水泥陶粒，上洒干水泥抹光（材料找坡） 1：3 水泥砂浆找平（结构找坡）	
10	结构层	钢筋混凝土现浇屋面板	

表 3-36　超轻型保温种植屋面（压型钢板屋面）

构造层序	构造层名称	构造做法（任选其一）	构造图
1	覆土植被层	1）改良土 2）复合种植土	
2	蓄排水营养层	Vedag vegetation mat 蓄排水营养毯	
3	隔离层	聚乙烯（PE）分离滑动保护膜	
4	防水层（一）	4 厚 Vedaflor WS-Ⅰ铜离子复合胎基改性沥青耐根穿刺防水卷材	
5	防水层（二）	Vedatop Su 改性沥青自粘防水卷材	
6	保温层	1）EPS 聚苯板 2）XPS 挤塑板 3）PU 硬泡聚氨酯 4）泡沫玻璃	
7	隔汽层	1）Vadagard SK-PLUS 网状特殊金属聚酯复合胎 SBS 蒸汽阻拦卷材（自粘） 2）Vedatect SK-D 耐碱腐蚀铝箔面 SBS 蒸汽阻拦卷材（自粘）	
8	屋面基层	压型钢板	

表 3-37　超轻型种植屋面（钢筋混凝土现浇屋面板）

构造层序	构造层名称	构造做法（任选其一）	构造图
1	覆土植被层	1）改良土 2）复合种植土	
2	蓄排水营养层	Vedag vegetation mat 蓄排水营养毯	
3	隔离层	聚乙烯（PE）分离滑动保护膜	
4	防水层（一）	4 厚 Vedaflor WS-Ⅰ铜离子复合胎基改性沥青耐根穿刺防水卷材	
5	防水层（二）	Vedatop Su 改性沥青自粘防水卷材	
6	找坡找平层	1：8 水泥陶粒，上洒干水泥抹光（材料找坡） 1：3 水泥砂浆找平（结构找坡）	
7	结构层	钢筋混凝土现浇屋面板	

表 3-38　地下建筑顶板覆土种植（现浇钢筋混凝土顶板）

构造层序	构造层名称	构造做法（任选其一）	构造图
1	覆土植被层	1）田园土 2）改良土 3）复合种植土	
2	保护层	40 厚 C20 细石混凝土	
3	隔离层	聚乙烯（PE）分离滑动保护膜	
4	防水层（一）	4 厚 Vedaflor WS-Ⅰ铜离子复合胎基改性沥青耐根穿刺防水卷材	
5	防水层（二）	Vedatop Su 改性沥青自粘防水卷材	
6	找平层	20 厚 1：3 水泥砂浆	
7	保温层	1）EPS 聚苯板 2）XPS 挤塑板 3）PU 硬泡聚氨酯 4）泡沫玻璃	
8	地下室顶板基层	现浇钢筋混凝土顶板	

注：地下室顶板覆土植被层和大地土体连接，可以不设排水层。

德国威达种植屋面系统各结构层次的特点和要求如下：

1）屋面结构基层的坡度

平屋面的坡度不小于 2％坡度，屋面坡度大于 20％基层需要采取防滑措施，通常采用防滑枕木。防滑枕木的间距根据屋面坡度而设定：屋面坡度 27％～37％°时，防滑枕木的间距为 100cm；屋面坡度 37％～58％°时，防滑枕木的间距为 50cm；屋面坡度为 58％～84％°时，防滑枕木的间距为 33cm；屋面坡度为 84％～173％°时，防滑枕木的间距则为 20cm。

2）屋面结构的承载能力

种植屋面结构同时要承受"活荷载"和"静荷载"，静荷载由所有的构造层共同组成，比如说屋面防水层、保温层、保护层、砾石以及排水层、过滤层和植被种植层，要考虑这些构造层所用材料饱和水状态下的密度，另外要考虑植物本身产生的逐渐增加的荷载和灌溉产生的附加荷载。

3）隔汽层

采用正置式保温种植屋面时，避免屋面的结构顶板结露、防止水蒸气进入保温材料，导致保温性能破坏，需要在保温层下设置隔汽层。

4）绝热层

绝热层的设计需要符合所在地区的实际情况，按照所在地区的建筑节能标准中的相关规定进行，绝热层应选用吸水率小的材料。

种植屋面系统中，绝热层要承受其上阻根防水层、防水保护层、排水层、过滤层、种植土、植物等构造层所产生的静荷载以及植物重量随时间的增加，种植土中含水量变化、交通荷载的变化所产生的活荷载，绝热层材料要有足够的承载能力和变形量，通常保温材料密度不宜大于 $100kg/m^3$，压缩强度不得低于 $100kPa$。在 $100kPa$ 压缩强度下，压缩比不得大于 10%，种植土不能取代保温层。

5）种植屋面防水层及阻根防水层

种植屋面植物根穿透防水层会造成屋面防水功能的失效；植物根穿透结构层有可能造成更为严重的结构破坏和连带损失。所以，用于种植屋面的防水卷材不仅要满足屋面防水材料所规定的检测指标，同时还要满足阻根检测指标。

具有阻根性能的材料需要与整体种植屋面系统匹配，对防水性能、环保性能、自重、施工简便程度、屋面节点及搭接部位易操作等性能进行综合评估。

种植屋面防水层应满足一级防水等级要求，且必须至少设置一道具有耐根穿刺性能的防水材料。

在自然环境下，植物的根系可以自由的伸展，屋面种植绿化客观上改变了植物在自然环境下的属性，需要把阻根这个纯技术手段建立在研究和尊重植物自然生长习性的基础之上，在建立一个以改善生态环境为目的的人工景观时避免产生另一种破坏，从这个意义上说铜离子复合胎基的 SBS 改性沥青阻根防水卷材是一种理想的种植屋面用阻根防水卷材。当植物根接近铜离子层时会转向寻找其他方式继续生长，不再继续破坏防水层。同时这种含有复合铜胎基的 SBS 改性沥青阻根防水材料是在防水材料的基础上发展而来的，它具有良好的防水性能，很强的抗变形能力，理想的耐久性能，体现了防水、阻根的完美结合。

6）排水层

在种植屋面系统中，大约有 60％以上的雨水在降雨的过层中从土层表面径向流走，种植土本身具有一定的保水能力，剩余的重力水需要通过畅通的通道排走以避免土壤底层长期积水导致植物的坏死。

当屋面坡度＞3％，同时种植土层厚度较薄（小于 150mm）时，可不考虑设置排水层。如屋面坡度较小，土层厚度较薄（小于 150mm 时），需选用排水层材料，选择排水层材料时，不宜选用热胀冷缩系数较大和吸热、导热性强的材料。

7）过滤层

过滤层的作用是防止渗入水将细土和基质成分从植被支撑层冲走，形成泥浆，并进入排水层，堵塞排水层的排水通道。

过滤层的总孔隙率直接影响水的渗透速度，过滤层材料宜选用的总孔隙度大的材料。

8）种植土及植被

种植屋面用种植土有别于普通种植土，选用种植土时需要注意以下几个重要的技术指标：小于0.063mm 的颗粒粒径含量、种植土的干容重、最大湿容重、种植土的含水量、种植土中水的渗透性、种植土的 pH 值以及种植土的有机物含量。国外的经验显示，种植物面用种植土无需"过肥"，注意有机物含量不要过高，避免植物生长过快带来的屋面承重。

植被的选择要考虑以下几个因素：

（1）抗旱，这样可以相对减少浇水的次数，以适应屋顶的特定环境。

（2）抗风，要选用相对比较低矮的植株，除非在地下车库顶板上，不建议选用高大灌木，必要时要考虑植株采取加固措施。

（3）植株要有较鲜艳的色泽或者开花时要有较好的团状效果，使得屋顶绿化有较好的观赏效果。

9）隔离带的设置

种植屋面上的排水口周围容易辨认，不要种满植物，避免堵塞排水口，可以在将排水口表面铺设砾石。

3.3.7.2 世纪洪雨 GRP "绿茵" 种植屋面防水系统

北京世纪洪雨科技有限公司是最早致力于种植屋面技术防水系统研究的单位之一。从 2004 年起，历经数次试验，成功研制了改性沥青耐根穿刺防水卷材，并于 2009 年 7 月通过北京园林科学研究所历时两年的耐根穿刺检测，检测结果符合种植屋面工程技术规程的要求，填补了我国化学阻根型耐根穿刺防水卷材的空白，并获得国家专利。

1）种植系统构造层次和构造要点

世纪洪雨种植系统一般由植被层、种植土、过滤蓄水层、排水层、保护层、SBS/APP 耐根穿刺防水层、普通 SBS/APP 防水层、找平层、保温层、结构板（结构基层）等层次构成。

（1）保温层 可选用一定强度的和导热系数小、吸收率低的材料。宜选用聚苯乙烯泡沫塑料板、聚乙烯泡沫塑料板以及现场喷涂硬质发泡聚氨酯做保温层。种植土厚度大于 800mm，可不设保温层。长江以南地区，也可不设保温层。

（2）找坡层 为便于迅速排除种植屋面的积水，确保植物正常的生长，宜采用结构找坡。屋面坡度应为 2%。当坡长 4m 以内，可用水泥砂浆找坡；当坡长 4m～9m，找坡材料可选用加气混凝土、轻质陶粒混凝土、膨胀珍珠岩水泥砂浆或蛭石水泥砂浆等；当坡长大于 9m，应采用结构找坡。施工环境温度应在 5℃以上，当低于 5℃时应采取冬期施工措施。

（3）找平层 可用 1∶2.5 水泥砂浆铺设厚度为 20～25mm 的水泥砂浆找平层。找平层应留设间距不大于 6mm 的分格缝。

（4）普通防水层 宜选用 4mmSBS/APP 改性沥青防水卷材做一道防水处理。热熔施工。

（5）耐根穿刺防水层　选用 GRP "绿茵" SBS 改性沥青耐根穿刺防水卷材或 APP 改性沥青耐根穿刺防水卷材，兼具阻根和防水功能。热熔施工。

（6）保护层　采用 200g/m² 聚酯无纺布、聚乙烯膜做保护层时，宜空铺法施工，搭接宽度不应小于 200mm；采用细石混凝土做保护层时，保护层下面应铺设隔离层；采用水泥砂浆保护层时，应抹平压实，厚度均匀，并设分格缝，分格缝间距宜为 6m。

（7）排水层　可采用凹凸高度 8～20mm 的塑料排水板，空铺法施工，搭接宽度不小于 150mm。也可采用粒径小于 25mm 的轻质陶粒或卵石做排水层，铺设厚度 80～100mm。干旱少雨地区（年总降水量少于 400mm）可不设排水层；种植土厚度小于 150mm 或大于 1500mm 时也可不设排水层。也可选用带有蓄水功能的排水板，其上只需设置一层过滤层。

（8）过滤、蓄水层　可采用密度大于 400g/m² 的化纤毡、矿物棉垫，空铺于排水层之上，搭接宽度为 100mm，接缝宜用线缝合。种植土厚度大于 500mm 时，有足够的蓄水能力，可以不设蓄水层，可用 200g/m² 聚酯无纺布做滤层。

（9）种植土　屋面种植宜选用改良土或复合种植土；地下室顶板种植宜选用田园土。种植土厚度根据植物种类确定。

各结构层的特点见表 3-39。

表 3-39　世纪洪雨种植屋面各结构层的特点

结构层 ＼ 类型	粗放型（简单式）	精细型（花园式）	半精细型（中间式）
植被层	景天属，草和其他多年生抗旱植物	草坪，多年生植物，野生牧草和灌木	亲水植物，草坪，多年生植物，野生牧草和灌木
种植土	烧制颗粒为主 种植厚度 100～150mm	烧制颗粒为主 种植厚度 100～150mm	烧制颗粒为主 种植厚度 100～150mm
排（蓄）水层	为聚苯乙烯板和无纺土工织物的复合体		
耐根穿刺防水层	GRP "绿茵" 添加环保型阻根剂的 SBS 改性沥青卷材，用来防止植物根系穿透防水层		
普通防水层	3mm/4mm 聚酯胎 SBS 改性沥青防水卷材		
保护层	由沥青、矿物和玻璃纤维或混凝土保护层组成		
保温层	为岩棉板和聚酯胎基层防水卷材的复合体，具有极高的防火保温性能并可省去保护层		
隔汽层	高强 HPDE 为胎基的橡胶改性沥青自粘卷材，具有优良的粘结性和自愈性		
结构层	可用于混凝土、金属或木结构的平屋面和坡屋面及地下结构顶板		
系统参考重量	200～250kg/m²	200～410kg/m²	120～240kg/m²

2）世纪洪雨耐根穿刺防水卷材

目前市场上耐根穿刺防水卷材主要有物理阻根和化学阻根两种，常见的物理阻根材料有铅锡锑合金防水卷材、复合铜胎基防水卷材、铜箔胎防水卷材、聚乙烯胎高聚物防水卷材、HDPE 土工膜、聚乙烯丙纶防水卷材、PVC＼TPO 防水卷材 GRP "绿茵" SBS 改性沥青耐根穿刺防水卷材。世纪洪雨生产的改性沥青耐根穿刺防水卷材是以长纤维聚酯无纺布、铜箔胎或复合铜胎基为胎基，以 SBS 或 APP 改性沥青为主料，添加德国 LANXESS 公司生产的化学阻根剂 Preventol B5 和 B2 制成，其环保性、安全性与沥青的配伍优异性已经通过德国发展与景观研究协会（FLL）的认证。

世纪洪雨"绿茵"耐根穿刺防水卷材是通过卷材中的化学阻根剂来达到阻根的目的。由于阻根剂有疏水性，并且阻根剂分子化学链能和沥青分子链链接在一起，不受水体的溶解、降解，阻根年限和防水卷材的使用年限一样长。GRP"绿茵"SBS改性沥青耐根穿刺防水卷材安装方便，不需要特殊的工具，普通的防水安装工即可胜任。

世纪洪雨"绿茵"耐根穿刺防水卷材具有以下特性：①具有防水和阻止植物根穿透双重功能，能够承受植物根须穿刺，长久保持防水功能；②采用进口化学阻根剂制成的改性沥青既耐植物根穿刺，又不影响植物正常生长，且对环境无污染；③可形成高强度防水层，抵抗压力水能力强，并耐穿刺、耐咯破、耐撕裂、耐疲劳；④抗拉强度高，延伸率大，对基层收缩变形和开裂的适应能力强；⑤优异的耐高低温性能，冷热地区均适用；⑥耐腐蚀、耐霉菌、耐候性好；⑦施工方便，热熔法施工或自粘施工。

世纪洪雨耐根穿刺防水卷材产品见表3-40。本系列产品有自粘型和热熔法两种施工工艺，适合不同的施工环境。

表 3-40　世纪洪雨耐根穿刺防水卷材

产品型号	产品名称	胎基	阻根材料	厚度规格	施工方式
GRP-1	SBS改性沥青化学耐根穿刺防水卷材	长纤聚酯胎	化学阻根剂	4mm、5mm	自粘、热熔
GRP-2	APP改性沥青化学耐根穿刺防水卷材	长纤聚酯胎	化学阻根剂	4mm、5mm	自粘、热熔
GRP-3	SBS改性沥青铜胎基耐根穿刺防水卷材	铜胎基	铜箔胎化学阻根剂	4mm、5mm	自粘、热熔
GRP-4	APP改性沥青铜胎基耐根穿刺防水卷材	铜胎基	铜箔胎化学阻根剂	4mm、5mm	自粘、热熔
GRP-5	SBS改性沥青复合铜胎基耐根穿刺防水卷材	复合铜胎基	铜箔胎化学阻根剂	4mm、5mm	自粘、热熔
GRP-6	APP改性沥青复合铜胎基耐根穿刺防水卷材	复合铜胎基	铜箔胎化学阻根剂	4mm、5mm	自粘、热熔

3.3.7.3　北京圣洁种植屋面系统

北京圣洁防水材料有限公司成立于1999年，致力于系统解决防水问题的探索和研究。经过十多年的积累与衬垫，北京圣洁防水材料有限公司已经发展为集产品研发、生产、销售、施工于一体的综合性防水公司。圣洁防水主营产品GFZ牌高分子增强复合防水卷材，第一批通过北京市园林科学研究所两年的种植实物检测，具有优异的耐根穿刺性能。目前，已有上百例采用GFZ聚乙烯丙纶防水卷材的种植屋面的防水工程实例，同时积累了较丰富的施工经验。其中较为典型的如：北京东升大厦种植屋面防水、朝外sohu种植屋面防水、五路居地铁大平台种植防水、怀柔美丽家园地下车库顶板种植面防水、通惠家园、四惠地铁站的大平台种植面防水、山西焦煤集团丽园地下车库顶面种植防水等种植屋面防水工程。

1）防水层设计构造

种植屋面一般由结构层、防水层、排蓄水层、种植层等多项技术构造形成。其中防水材料与防水技术保障是极为重要的环节，一旦发生渗漏，将会造成经济损失，而且不便修复。因此，选择相适应的优良防水材料及正确的做法是很重要的。通常把耐穿刺种植屋面的防水层设计为一级防水层。圣洁防水种植屋面工程各结构层次的设计构成如图3-50所示。种植屋面防水层的排水，采用排水坡度应符合按照国家标准《屋面工程技术规范》GB 50345 和行业标准《种植屋面工程技术规程》JGJ 155，以及相关规定进行设计和施工。

常用的两类种植屋面防水构造做法如图 3-51 所示。

2）GFZ 聚乙烯丙纶防水卷材施工特性

GFZ 聚乙烯丙纶防水卷材可在潮湿基层面上施工，基层上只要无明水即可施工。大雨后，只要扫除积水即可施工，有利于连续施工、保证质量、缩短工期。其他有机类的防水卷材通常不能在潮湿基层面上施工。

GFZ 聚乙烯丙纶防水卷材的基层可采取满粘法施工，粘结面不小于 90％；因为聚合物防水粘结料（具有防水性和粘结性）可起到满粘防水封闭的作用。

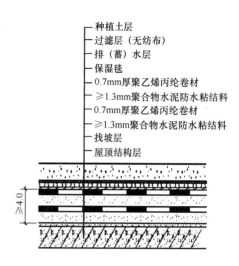

图 3-50　种植屋面工程防水层的设计构成

北京圣洁防水材料有限公司的技术人员和作业人员，在自己的施工实践中总结出了一套较完善的施工工艺流程及施工方法，并通过近十多年的施工应用，在各地都取得了良好的工程效果。

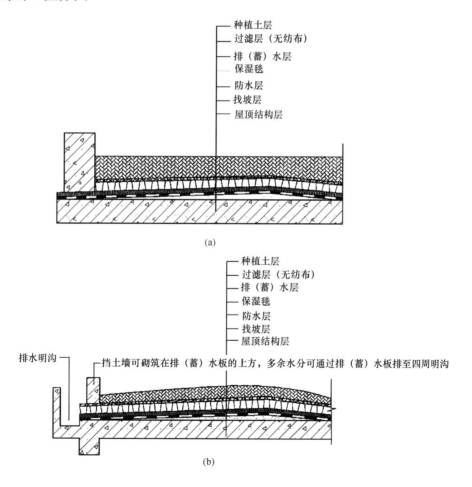

图 3-51　种植屋面防水构造

3.3.7.4　宏源防水种植屋面系统

宏源防水始创于 1996 年，是集科研开发、生产销售和施工服务于一体的专业化防水系统供应商、国家火炬计划重点高新技术企业、国家住宅产业化基地唯一防水企业、2014 中国房地产供应商综合服务实力品牌 TOP5、中国防水行业内领军企业。目前，宏源防水下辖潍坊市宏源防水材料有限公司、四川省宏源防水工程有限公司、江苏宏源中孚防水材料有限公司、吉林省宏源防水材料有限公司等生产基地。

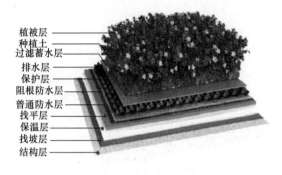

植被层
种植土
过滤蓄水层
排水层
保护层
阻根防水层
普通防水层
找平层
保温层
找坡层
结构层

图 3-52　宏源绿色生态种植系统

1）宏源绿色生态种植系统

宏源绿色生态种植系统各构造层次模型如图 3-52 所示。阻根防水层即为耐根穿刺防水层，通常根据情况选择不同型号的宏源耐根穿刺防水卷材。

2）宏源防水耐根穿刺防水卷材

宏源防水耐根穿刺防水卷材主要有两种，见表 3-41。

表 3-41　宏源防水耐根穿刺防水卷材

产品型号	产品名称	阻根剂材质	厚度规格
倍妥 PRM-C	SBS 改性沥青化学耐根穿刺防水卷材	改性合成高分子芯材化学阻根剂	4mm
倍妥 PRM-F	高分子聚乙烯丙纶耐根穿刺防水卷材	改性合成高分子芯材	0.7mm

倍妥 PRM-C 弹性体改性沥青化学耐根穿刺防水卷材是以长纤聚酯纤维毡为卷材胎基，以添加进口化学阻根剂的 SBS 改性沥青为涂盖材料，两面覆以聚乙烯膜为隔离材料制成的改性沥青卷材。适用于种植屋面、屋顶花园、车库顶板以及需要绿化的地下建筑顶板等工程。倍妥 PRM-C 弹性体改性沥青化学耐根穿刺防水卷材具有优异的防水功能，可形成高强度防水层，抵抗压力水能力强，长久保持防水效果：①具有阻止植物根穿透功能，能够承受植物根系穿刺。既耐根穿刺，又不影响植物正常生长；②产品抗拉强度高，耐腐蚀，耐霉菌，耐候性好；③具有优异的耐高低温性能，对基层收缩变形和开裂的适应能力强，冷热地区均可适用；④热熔法施工，施工方便且热接缝可靠耐久，四季皆可操作。

倍妥 PRM-F 高分子聚乙烯丙纶耐根穿刺防水卷材是以改性合成高分子树脂防水芯层为主阻根防水层，高强韧长丝纤维织物为增强层，采用一次复合工艺制成的耐根穿刺专用防水卷材。与其相配套的自行研制的阻根型胶结料相粘结，形成牢固、可靠、耐根穿刺的高分子聚乙烯丙纶复合耐根穿刺防水系统。适用于种植屋面、屋顶花园、车库顶板以及需要绿化的建筑物顶板等工程。由于有良好的耐酸碱盐的性能，更适用于沿海或有耐腐蚀要求工程的耐根穿刺种植系统。产品具有以下特点：①具有阻止植物根穿透功能，能够承受植物根系穿刺。即防根穿刺，又不影响植物正常生长；②机械强度高，抗穿刺能力强；③柔韧性好、易弯曲、任意折叠、易操作；④无毒、使用寿命长；耐化学性能好，耐老化，耐腐蚀；⑤与卷材配套的阻根型胶结料，属绿色环保产品，且本身就是一道耐根穿刺层，形成双重保险系数的耐根穿刺防水系统。

Chapter **04**

4

种植屋面的施工

种植屋面的设计与施工技术

种植屋面工程必须遵照种植屋面总体设计要求施工。施工前应通过图纸会审，明确细部构造和技术要求，并编制施工方案。进场的防水材料和保温隔热材料，应按规定抽样复验，提供检验报告。严禁使用不合格材料。种植屋面施工，应遵守过程控制和质量检验程序，并有完整检查记录。

新建建筑屋面覆土种植施工宜按图 4-1 的工艺流程进行；既有建筑屋面覆土种植施工宜按图 4-2 的工艺流程进行。

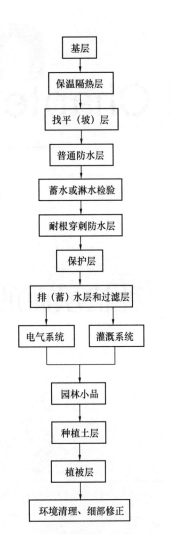

图 4-1　新建建筑屋面覆土种植施工
工艺流程图

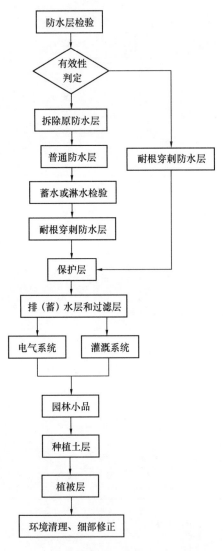

图 4-2　既有建筑屋面覆土种植屋面的
施工工艺流程

注：容器种植时，耐根穿刺防水层可为普通防水层。

4.1

种植屋面工程施工的一般规定

（1）施工前应通过图纸会审，明确细部构造和技术要求，并编制施工方案，进行技术交底和安全技术交底。

（2）进场的防水材料、排（蓄）水板、绝热材料和种植土等材料均应按规定抽样复检，并提供检验报告。非本地的植物应提供病虫害检疫报告。

（3）种植屋面防水工程和园林绿化工程的施工单位应有专业施工资质，主要作业人员应持证上岗，按照总体设计作业程序进行施工。

（4）种植屋面施工应符合现行国家标准《建设工程施工现场消防安全技术规范》GB 50720—2011的规定。

（5）屋面施工现场应采取下列安全防护措施：①屋面周边和预留孔洞部位必须设置安全护栏和安全网或其他防止人员和物体坠落的防护措施；②屋面坡度大于 20％时，应采取人员保护和防滑措施；③施工人员应戴安全帽，系安全带和穿防滑鞋；④雨天、雪天和五级风及以上时不得施工；⑤应设置消防设置，加强火源管理。

4.2

种植屋面种植系统各构造层次的施工

4.2.1　屋面结构层的施工

现以钢筋混凝土屋面板为例，介绍屋面结构层的施工。

钢筋混凝土屋面板既是承重结构，也是防水防渗的最后一道防线。其混凝土的配合比（质量比）为水泥：水：砂：砾石：UEA＝1：0.47：1.57：3.67：0.09。UEA 防水剂可保证抗渗等级为 P8，混凝土强度等级为 C25。为防止板面开裂，在板的跨中、上部应配双向 $\phi6@200$ 钢筋网，以防止受弯构件的上部钢筋被踩塌变形。

模板在浇筑混凝土前，应进行充分湿润，并正确掌握拆模时间（强度未达到 1.2kPa 时，不应上人或堆载）。浇筑混凝土前，及时检查钢筋的保护层厚度，不宜过大、过小，以保证混凝土的有效截面。

混凝土应一次性浇筑成型。混凝土浇筑从上向下，振捣从下向上进行。混凝土初凝前应安排进行两次压光，并用抹子拍打，压光后及时在混凝土表面覆盖麻袋，浇水养护。应尽可能避免在早龄期混凝土承受外加荷载，混凝土预留插筋等外露构件应不受撞击影响。严格控制施工荷载不超过设计荷载（即标准活荷载），屋面梁板与支撑应进行计算复核其刚度。

4.2.2　找坡层和找平层的施工

种植屋面找坡层和找平层的施工应符合现行国家标准《屋面工程技术规范》GB 50345—2012、《地下工程防水技术规范》GB 50108—2008 的有关规定。

找坡层和找平层的施工要点如下：

（1）装配式钢筋混凝土板的板缝嵌填施工应符合以下规定：①在嵌填混凝土之前，板缝内部应清理干净，并应保持湿润；②若板缝的宽度大于 40mm 或窄下宽时，板缝应按设计要求配置钢筋；③嵌填的细石混凝土，其强度等级不应低于 C20，填缝高度宜低于板面 10～20mm，且振捣密实和浇水养护；④板端缝应按设计要求增加防裂的构造措施。

（2）找坡层和找平层的基层施工应符合下列规定：①应清理结构层、保温层上面的松散的杂物，凸出基层表面的硬物应剔平扫净；②在抹找坡层之前，宜对基层进行洒水湿润；③突出屋面的管道、支架等根部，应采用细石混凝土堵实和固定；④对于不易与找平层结合的基层应做界面处理。

（3）找坡层和找平层所用材料的质量和配合比应符合设计要求，并应做到计量准确和机械搅拌。

（4）找坡应按屋面排水方向和设计坡度要求进行，找坡层最薄处其厚度不宜小于 20mm。找坡材料应分层铺设和适当压实，其表面宜平整和粗糙，并应适当浇水养护。

（5）找平层是铺贴卷材防水层的基层，应给防水卷材提供一个平整、密实、有强度、能粘结的构造基础，故要求找平层应坚实平整，无酥松、起砂、麻面和凹凸的缺陷。水泥砂浆找平层施工时，应先把屋面清理干净并洒水湿润，铺设找平砂浆时，应按由远及近、由高到低的程序进行，每一分格内必须一次连续铺成，并按设计控制好坡度，找平层应在水泥初凝前压实抹平，水泥终凝前完成收水后应进行二次压光，并应及时取出分格条，其养护时间不得少于 7d。

（6）卷材防水层的基层与突出屋面结构的交接处，以及基层的转角处，找平层均应做成圆弧形，且应整齐平顺，找平层圆弧半径应符合以下规定：①高聚物改性沥青防水卷材其找平层的圆弧半径为 50mm；②合成高分子防水卷材其找平层的圆弧半径为 20mm。

（7）找坡层和找平层的施工环境温度不宜低于 5℃，若低于 5℃时，则应采取冬期施工的措施。

4.2.3　隔汽层的施工

隔汽层的施工要点如下：

（1）隔汽层在施工前，基层应进行清理，宜进行找平处理。

（2）屋面周边的隔汽层应沿墙面向上连续铺设，高出保温隔热层上表面不得小于 150mm。

（3）若采用卷材做隔汽层时，卷材宜采用空铺工艺，卷材的搭接缝则应采用满粘工艺，其搭接宽度不应小于 80mm；若采用涂膜做隔汽层时，涂料的涂刷应均匀，涂层不得有堆积、起泡和露底现象。

（4）穿过隔汽层的管道，其周围应进行密封处理。

4.2.4　保温隔热层的施工

板状保温隔热层施工，其基层应平整、干燥和干净；干铺的板状保温隔热材料，应紧靠在需保温隔热的基层表面上，并铺平垫稳；分层铺设的板块上下层接缝应相互错开，并用同类材料嵌填密实；粘贴板状保温隔热材料时，胶粘剂应与保温隔热材料相容，并贴严、粘牢。

喷涂硬泡聚氨酯保温隔热层施工，其基层应平整、干燥和干净；伸出屋面的管道应在施工前安装牢固；喷涂硬泡聚氨酯的配比应准确计算，发泡厚度均匀一致；其施工环境气温宜为 15～30℃，风力不宜大于三级，空气相对湿度宜小于 85%。

种植坡屋面保温隔热层防滑条应与结构层钉牢，其绝热层应采用粘贴法或机械固定法工艺施工。

4.2.5　普通防水层的施工

种植屋面的普通防水层可采用卷材防水层或涂膜防水层。

种植屋面采用防水卷材作防水层，其防水卷材长边和短边的最小搭接宽度均不应小于 100mm，卷材的收头部位宜采用金属压条钉压固定和采用密封材料封严。种植屋面采用喷涂聚脲防水涂料作涂膜防水层，喷涂聚脲防水涂料的施工应符合现行行业标准《喷涂聚脲防水工程技术规程》JGJ/T 200—2010 的规定。

防水材料的施工环境应符合下列规定：

（1）合成高分子防水卷材冷粘法施工，环境温度不宜低于 5℃；采用焊接法施工时，环境温度不宜低于 -10℃。

（2）高聚物改性沥青防水卷材热熔法施工环境温度不宜低于 -10℃。

（3）反应型合成高分子防水涂料的施工环境温度宜为5～35℃。

1. 普通防水层施工的基本要求

普通防水层的卷材与基层宜满粘施工，坡度大于3％时，不得空铺施工。采用热熔法满粘或胶黏剂满粘防水卷材防水层的基层应干燥、干净。

当屋面坡度小于等于15％时，卷材应平行屋脊铺贴；大于15％时，卷材应垂直屋脊铺贴。上下两层卷材不得互相垂直铺贴。防水卷材搭接接缝口应采用与基材相容的密封材料封严。卷材收头部位宜采用压条钉压固定。

阴阳角、水落口、突出屋面管道根部、泛水、天沟、檐沟、变形缝等细部构造处，在防水层施工前应设防水增强层，其增强层的材料应与大面积防水层材料同质或相容；伸出屋面的管道和预埋件等，应在防水施工前完成安装。如后装的设备其基座下应增加一道防水增强层，施工时不得破坏防水层和保护层。

2. 高聚物改性沥青防水卷材的热熔法施工

高聚物改性沥青防水卷材热熔法施工，其环境温度不应低于－10℃。铺贴卷材时应平整顺直，不得扭曲，长边和短边的搭接宽度均不应小于100mm；火焰加热应均匀，并以卷材表面沥青熔融至光亮黑色为宜，不能欠火或过分加热卷材；卷材表面热熔后应立即滚铺，在滚铺时应立即排除卷材下面的空气，并辊压粘贴牢固；卷材搭接缝应以溢出热熔的改性沥青为宜，将溢出的5～10mm沥青胶封边，并均匀顺直；采用条粘法施工时，每幅卷材与基层粘结面不应少于两条，每条宽度不应小于150mm。

APP、SBS改性沥青防水卷材热熔法施工要点如下：

（1）水泥砂浆找平层必须坚实平整，不能有松动、起鼓、面层凸出或严重粗糙，若基层平整度不好或起砂时，必须进行剔凿处理；基层要求干燥，含水率应在9％以内；施工前要清扫干净基层；阴角部位应用水泥砂浆抹成八字形，管根、排水口等易渗水部位应进行增强处理。

（2）在干燥的基层上涂刷基层处理剂，要求其均匀一致一次涂好。

（3）先把卷材按位置摆正，点燃喷灯（喷灯距卷材0.3mm左右），用喷灯加热卷材和基层，加热要均匀，待卷材表面熔化后，随即向前滚铺，细致地把接缝封好，尤其要注意边缘和复杂部位，防止翘边。双层做法施工工艺和单层做法施工工艺基本相同，但在铺贴第二层时应与卷材接缝错开，错开位置不得小于0.3m。

（4）防水卷材的热熔法施工要加强安全防护，预防火灾和工伤事故的发生。大风及气温低于－15℃不宜施工。应加强喷灯、汽油、煤油的管理。

3. 自粘防水卷材的施工

自粘防水卷材铺贴前，基层表面应均匀涂刷基层处理剂，干燥后应及时铺贴卷材；铺贴卷材时应将自粘胶底面的隔离纸撕净；应排除自粘卷材下面的空气，并采用辊压工艺粘贴牢固；铺贴的卷材应平整顺直，不能扭曲、折皱，长边和短边的搭接宽度均不应小于100mm；低温施工时，立面、大坡面及搭接部位宜采用热风机加热，并粘贴牢固；采用湿铺法施工自粘类防水卷材应符合相关技术规定。

4. 合成高分子防水卷材的冷粘法施工

合成高分子防水卷材冷粘法施工其环境温度不应低于5℃。铺贴卷材时应先将基层胶粘剂涂刷在基层及卷材底面，要求涂刷均匀、不露底、不堆积；铺贴卷材应顺直，不得折皱、扭曲、拉伸卷材；应采用辊压工艺排除卷材下的空气，粘贴牢固；卷材长边和短边的搭接宽度均不应小于100mm；搭接缝口应采用材性相容的密封材料封严。

PVC防水卷材的施工要点如下：

（1）卷材铺贴前要检查找平层质量要求，做到基层坚实、平整、干燥、无杂物，方可进行防水施工。

（2）基层表面的涂刷，在干燥的基层上，均匀涂刷一层厚1mm左右的胶粘剂，涂刷时切忌在一处来回涂刷，以免形成凝胶而影响质量。涂刷基层胶粘剂时，尤其要注意阴阳角、平立面转角处、卷材收头处、排水口、伸出屋面管道根部等节点部位。

（3）卷材的铺贴，其铺贴方向一律平行屋脊铺贴，平行屋脊的搭接缝按顺流水方向搭接，卷材的铺贴可采用滚铺粘贴工艺施工。

施工铺贴卷材时，先用墨线在找平层上弹好控制线，由檐口（屋面最低标高处）向屋脊施工，把卷材对准已弹好的粉线，并在铺贴好的卷材上弹出搭接宽度线。铺贴一幅卷材时，先用塑料管将卷材重新成卷，且涂刷胶粘剂的一面向外，成卷后用钢管穿入中心的塑料管，由两人分别持钢管两端，抬起卷材的端头，对准粉线，展开卷材，使卷材铺贴平整。贴第二幅卷材时，对准控制线铺贴，每铺完一幅卷材，立即用干净而松软的长柄压辊从卷材一端顺卷材横向顺序滚压一遍，彻底排除卷材粘结层间的空气，滚压从中间向两边移动，做到排气彻底。卷材铺好压粘后，用胶粘剂封边，封边要粘结牢固，封闭严密，且要均匀、连续、封满。

（4）屋面节点部位是防水中的重要部位，处理好坏对整个屋面的防水尤为重要，做到细部附加层不外露，搭接缝位置顺当合理。

（5）水落口周围直径500mm范围内，用防水涂料作附加层，厚度应大于2mm。铺至水落口的各层卷材和附加层，用剪刀按交叉线剪开，长度与水落口直径相同，粘贴于杯口上，用雨水罩的底部将其压紧，底盘与卷材间用胶粘剂粘结，底盘周围用密封材料填封。

管道根部周平层应做成圆锥台，管道壁与找平层之间预留20mm×20mm的凹槽，用密封材料嵌填密实，再铺设附加层，最后铺贴防水层，卷材接口用胶粘剂封口，金属压条箍紧。

在突出楼梯间墙处、女儿墙等部位，把卷材沿女儿墙、楼梯间墙往上卷，女儿墙做成现浇结构，厚度120mm，高1600mm，在600mm高度处侧面嵌25mm×30mm木条，等混凝土终凝后，取下木条，就形成一条凹槽，从凹槽处向下阴角贴一层附加卷材，主卷材在此收口，嵌性能良好的油膏。在浇筑上面刚性防水层时，注意保护好PVC卷材，绝不能损伤、撕裂。

5. 合成高分子防水涂料的施工

合成高分子防水涂料可采用涂刮法或喷涂法施工；当采用涂刮法施工时，两遍涂刮的方向宜相互垂直；涂覆厚度应均匀，不露底、不堆积；第一遍涂层干燥后，方可进行第二遍涂覆；当屋面坡度大于15％时，宜选用反应固化型高分子防水涂料。

4.2.6　耐根穿刺防水层的施工

1. 耐根穿刺防水层施工的基本要求

（1）耐根穿刺防水层所采用的材料品种、规格、性能均应符合设计及相关材料标准提出的要求，耐根穿刺防水材料应抽样复检。

（2）耐根穿刺防水层所采用的高分子防水卷材与普通防水层所采用的高分子防水卷材复合时，可采用冷粘法施工；耐根穿刺防水层所采用的沥青防水卷材与普通防水层所采用的沥青基防水卷材复合时，应采用热熔法施工；若耐根穿刺防水材料与普通防水材料不能复合时，则可采用空铺法施工。耐根穿刺防水层若用于坡屋面时，则必须采取防滑措施。

（3）耐根穿刺防水层卷材的接缝应牢固、严密，符合设计要求，细部构造其密封材料的嵌填应密实饱满，粘结牢固无气泡、开裂等缺陷。

（4）耐根穿刺防水卷材的耐根穿刺性能和施工方式是密切相关的，其包括卷材的施工方法、配件、工艺参数、搭接宽度、附加层、加强层和节点处理等内容，故耐根穿刺防水材料的现场施工方式应与其耐根穿刺防水材料的检测报告中所列的施工方法相一致。

（5）耐根穿刺防水卷材施工应符合下列规定：①改性沥青类耐根穿刺防水卷材搭接缝应一次性焊接完成，并溢出5～10mm的沥青胶用于封边，不得过火或欠火；②塑料类耐根穿刺防水卷材在施工前应进行试焊，检查搭接强度，调整工艺参数，必要时应进行表面处理；③高分子耐根穿刺防水卷材暴露内增强织物的边缘应密封处理，密封材料与防水卷材应相容；④高分子耐根穿刺防水卷材"T"形搭接处应作附加层，附加层的直径（尺寸）不应小于200mm，附加层应为匀质的同材质高分子防水卷材，矩形附加层的角应为光滑的圆角；⑤不应采用溶剂型胶黏剂搭接。

（6）耐根穿刺防水层施工完成后，应进行蓄水或淋水试验，24h内不得有渗漏或积水。耐根穿刺防水层成品应注意保护，施工现场不得堵塞排水口。

2. 改性沥青类耐根穿刺防水卷材的施工

改性沥青类耐根穿刺防水卷材其品种有：弹性体（SBS）改性沥青（含化学阻根剂）耐根穿刺防水卷材、弹性体（SBS）改性沥青铜箔胎基耐根穿刺防水卷材、塑性体（APP）改性沥青（含化学阻根剂）耐根穿刺防水卷材、塑性体（APP）改性沥青铜箔胎基耐根穿刺防水卷材等。

改性沥青类耐根穿刺防水卷材的施工应采用热熔法工艺铺贴，并应符合行业标准《种植屋面工程技术规程》JGJ 155—2013中第6.3节的规定（参见本章4.2.5节中相关内容）。

下面以铜复合胎基改性沥青（SBS）阻根防水卷材的热熔法施工和金属铜胎改性沥青防水卷材与聚乙烯胎高聚物改性沥青防水卷材复合施工为例，进一步介绍此类产品的施工工艺。

1）铜复合胎基改性沥青（SBS）阻根防水卷材的热熔法施工

（1）材料要求

① 耐根穿刺层兼防水层材料

铜复合胎基改性沥青(SBS)阻根防水卷材是以铜蒸气处理聚酯胎表面，从而使铜离子浸透到聚酯胎中，形成聚酯毡与铜的复合胎基，浸涂和涂盖加入阻根添加剂的苯乙烯－丁二烯－苯乙烯(SBS)热塑弹性体改性沥青，两面覆以隔离材料制成的，铜复合胎基的厚度为 1.2mm 的一类耐根穿刺防水卷材。

单层施工时卷材厚度不应小于 4mm，双层施工时卷材厚度不应小于 4mm（阻根防水卷材）＋3mm（聚酯胎 SBS 改性沥青防水卷材）。

② 配套材料

a. 基层处理剂　以溶剂稀释橡胶改性沥青或沥青制成，外观为黑褐色均匀液体。易涂刷、易干燥，并具有一定的渗透型。

b. 改性沥青密封胶　是以沥青为基料，用适量的合成高分子材料进行改性，并加填充剂和化学助剂配制而成的膏状密封材料。主要用于卷材末端收头的密封。

c. 金属压条、固定件　用于固定卷材末端收头。

d. 螺钉及垫片　用于屋面变形缝金属承压板固定等。

e. 卷材隔离层　油毡、聚乙烯膜（PE）等。

（2）工艺流程　铜复合胎基改性沥青（SBS）阻根防水卷材热熔法施工的工艺流程如图 4-3 所示。

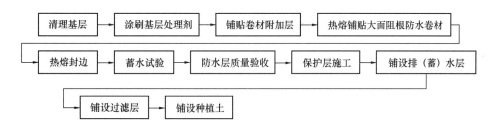

图 4-3　铜复合胎基改性沥青（SBS）阻根防水卷材热熔法施工工艺流程图

铜复合胎基改性沥青（SBS）阻根防水卷材热熔法施工的施工要点如下：

① 主要施工机具　清理基层工具有开刀、钢丝刷、扫帚、吸尘器等；铺贴卷材的工具有剪刀、盒尺、壁纸刀、弹线盒、油漆刷、压辊、滚刷、橡胶刮板、嵌缝枪等；热熔施工机具有汽油喷灯、单头或多头火焰喷枪、单头专用热熔封边机等。

② 作业条件　铜复合胎基改性沥青（SBS）阻根防水卷材的阻根性能应持有效试验报告。在防水施工前应申请点火证，进行卷材热熔施工前，现场不得有其他焊接或明火作业。

防水基层已验收合格，基层应干燥。下雨及雨后基层潮湿不得施工，五级风以上不得进行防水卷材热熔施工。施工环境温度－10℃以上即可进行卷材热熔施工。

③ 清理基层　将基层浮浆、杂物彻底清扫干净。

④ 涂刷基层处理剂　基层处理剂一般采用沥青基防水涂料，将基层处理剂在屋面基层满刷一遍。要求涂刷均匀，不能见白露底。

⑤ 铺贴卷材附加层　基层处理剂干燥后（约 4h），在细部构造部位（如平面与立面的转角处、女儿墙泛水、伸出屋面管道根、水落口、天沟、檐口等部位）铺贴一层附加层卷材，其宽度应不小于 300mm，要求贴实、粘牢、无折皱。

⑥ 热熔铺贴大面阻根防水卷材

a. 先在基层弹好基准线，将卷材定位后，重新卷好。点燃喷灯，烘烤卷材底面与基层交界处，使卷材底边的改性沥青熔化。烘烤卷材要沿卷材宽度往返加热，边加热，边沿卷材长边向前滚铺，并排除空气，使卷材与基层粘结牢固。

b. 在热熔施工时，火焰加热要均匀，施工时要注意调节火焰大小及移动速度。喷枪与卷材地面的距离应控制在 0.3～0.5m。卷材接缝处必须溢出熔化的改性沥青胶，溢出的改性沥青胶宽度以 2mm 左右并均匀顺直不间断为宜。

c. 耐阻根防水卷材在屋面与立面转角处、女儿墙泛水处及穿墙管等部位要向上铺贴至种植土层面上 250mm 处才可进行末端收头处理。

d. 当防水设防要求为两道或两道以上时，铜复合胎基改性沥青（SBS）阻根防水卷材必须作为最上面的一层，下层防水材料宜选用聚酯胎 SBS 改性沥青防水卷材。

⑦ 热熔封边　将卷材搭接缝处用喷灯烘烤，火焰的方向应与操作人员前进的方向相反。应先封长边，后封短边，最后用改性沥青密封胶将卷材收头处密封严实。

⑧ 蓄水试验　屋面防水层完工后，应做蓄水或淋水试验。有女儿墙的平屋面做蓄水试验，蓄水 24h 无渗漏为合格。坡屋面可做淋水试验，一般淋水 2h 无渗漏为合格。

⑨ 保护层施工　铺设一层聚乙烯膜（PE）或油毡保护层。

⑩ 铺设排（蓄）水层　排（蓄）水层采用专用排（蓄）水板或卵石、陶粒等。

⑪ 铺设过滤层　铺设一层 200～250g/m² 的聚酯纤维无纺布过滤层。搭接缝用线绳连接，四周上翻 100mm，端部及收头 50mm 范围内用胶粘剂与基层粘牢。

⑫ 铺设种植土　根据设计要求铺设不同厚度的种植土。

2）金属铜胎改性沥青防水（JCuB）与聚乙烯胎高聚物改性沥青防水卷材（PPE）的复合施工

（1）材料要求

耐根穿刺层兼防水层材料为金属铜胎改性沥青防水（JCuB）与聚乙烯胎高聚物改性沥青防水卷材（PPE）。

① 金属铜胎改性沥青防水（JCuB）　卷材是以金属铜箔和聚酯无纺布为复合胎基（铜箔厚度为 0.07mm）在两胎基里外层浸涂三层高聚物改性沥青面料，在上下两面覆盖面膜而制成的"双胎、三胶、两膜"防水卷材。由于金属铜箔具有耐根穿刺功能，故用于种植屋面中可集耐根穿刺及防水功能于一身。

② 聚乙烯胎高聚物改性沥青防水卷材（PPE）　聚乙烯胎高聚物改性沥青防水卷材是以高分子聚乙烯材料为胎基，与高聚物改性沥青面料组成的防水卷材。由于胎基所固有的特性，使该卷材具有耐根穿刺性、耐碱性及高延伸性，集防水及耐根穿刺性能于一体。

金属铜胎改性沥青防水卷材（JCuB）与聚乙烯胎高聚物改性沥青防水卷材（PPE）两者均为耐根穿刺层兼防水层，可互相配合作为两道防水设防的复合施工，当一道防水设防时也可单独使用。

③ 配套材料

a. 基层处理剂　丁苯橡胶改性沥青涂料。

b. 封边带　橡胶沥青密封胶带，宽 100mm。

c. 密封胶。

（2）施工工艺

防水层为两道设防时，采用金属铜胎改性沥青防水卷材（JCuB）与聚乙烯胎高聚物改性沥青防水卷材（PPE）复合做法。前者为耐根穿刺层，4mm 厚；后者为防水层，3mm 厚。

防水层为一道设防时，耐根穿刺兼防水层可分别采用金属铜胎改性沥青防水卷材（JCuB）单层施工，或聚乙烯高聚物改性沥青防水卷材（PPE）单层施工，厚度均不小于 4mm。

采用金属铜胎改性沥青防水卷材（JCuB）与聚乙烯胎高聚物改性沥青防水卷材（PPE）复合施工的工艺流程如图 4-4 所示。

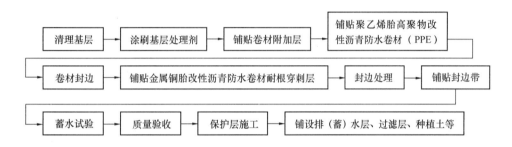

图 4-4　JCuB 与 PPE 复合施工的工艺流程图

金属铜胎改性沥青防水卷材（JCuB）与聚乙烯胎高聚物改性沥青防水卷材（PPE）复合施工的施工要点如下：

① 主要施工机具　清理基层工具有开刀、钢丝刷、扫帚等；铺贴卷材的工具有剪刀、盒尺、弹线盒、滚刷、料桶、刮板、压辊等；热熔施工机具有汽油喷灯、火焰喷枪等。

② 作业条件　防水卷材进行热熔施工前应申请点火证，经批准后才能施工。现场不得有焊接或其他明火作业。基层应干燥，防水基层已验收合格。

③ 清理基层　将基层杂物、尘土等均应清扫干净。

④ 涂刷基层处理剂　满刷基层处理剂，涂刷要均匀、不露底。

⑤ 铺贴附加层卷材　带基层处理剂干燥后，在细部构造部位（如女儿墙、阴阳角、管道根、水落口等部位）粘贴一层附加层卷材，宽度不小于 300mm，粘贴牢固，表面应平整无折皱。

⑥ 聚乙烯胎高聚物改性沥青防水卷材（PPE）有自粘型、热熔型之分，自粘型卷材可采用冷自粘法工艺铺贴，热熔型卷材可采用热熔法工艺铺贴。

大面铺贴卷材时，将卷材定位，撕掉卷材底面的隔离膜，将卷材粘贴于基层。粘贴时应排尽卷材底面的空气，并用压辊滚压，粘贴牢固。

⑦ 卷材封边　卷材搭接缝可用辊子滚压，粘牢压实，当温度较低时可用热风机烘热封边。

⑧ 铺贴金属铜胎改性沥青防水卷材（JCuB）耐根穿刺层　卷材宜用热熔法铺贴。将金属铜胎改性

沥青防水卷材弹线定位，卷材搭接缝与底层冷自粘卷材错开幅宽的 1/3。用汽油喷灯或火焰喷枪加热卷材底部，要往返加热，温度均匀，使卷材与基层满粘牢固。卷材搭接缝处应溢出不间断的改性沥青热熔胶。

⑨ 封边处理　大面卷材在热熔法施工完毕后，搭接缝处亦需热熔封边，使之粘结牢固，无张口、翘边现象出现。

⑩ 铺贴封边带　用 100mm 宽的专用封边带将卷材接缝处封盖粘牢。

⑪ 蓄水试验　防水层及耐根穿刺层施工完成后，应进行蓄水试验，以 24h 无渗漏为合格。

⑫ 保护层施工　防水层及耐根穿刺层完成，质量验收合格后，按设计要求做好保护层，然后再进行种植绿化各层次的施工。

3）德国威达复合铜胎基改性沥青 SBS 阻根防水卷材的施工

复合铜胎基改性沥青 SBS 阻根防水卷材施工方法与常规 SBS 卷材在屋面上的施工方法基本相同，但为了保证阻根功能的实现，特别要做好搭接边处理，并适合种植屋面的总体构造设计。

（1）材料及机具

① 复合铜胎基改性沥青 SBS 阻根防水卷材　该卷材是以聚酯毡与铜的复合胎基为胎体，浸涂和涂盖加入阻根生物添加剂的苯乙烯－丁二烯－苯乙烯（SBS）热塑弹性体改性沥青，两面覆以隔离材料制成。卷材上表面隔离材料为板岩颗粒。

卷材规格：幅宽为 1m，厚度为 4.2mm，每卷面积为 7.5m²。

该卷材的各项物理力学性能满足国家相关材料标准《弹性体改性沥青防水卷材》GB 18242—2008 中 II 型的要求，其阻根性能满足德国 FLL 的相关规定。

② 配套材料

a. 改性沥青密封膏　是以沥青为基料，用适量的合成高分子材料进行改性，并加填充剂和化学助剂配制而成的膏状密封材料。主要用于卷材末端收头的密封和卷材搭接缝边缘的密封。

b. 金属压条、固定件　用于固定卷材末端收头。

c. 螺钉及垫片　用于屋面变形缝金属承压板固定等。

③ 主要机具　清理基层的工具主要有开刀、钢丝刷、扫帚、吸尘器等；铺贴卷材的工具主要是剪刀、盒尺、壁纸刀、弹线盒、油漆刷、压辊、滚刷、橡胶刮板、嵌缝枪等；热熔施工机具建议使用单头或多头长杆煤气喷枪。

（2）基层

根据平面屋顶原则，防水屋面的要求的最低坡度为 2%。这样才能保证水在屋面上顺利排出，同时保证了卷材上没有积水。

Vedaflor WS-I 卷材可采用热熔法满粘铺设在第一层 SBS 上，第一层防水基面不得有酥松、起砂、起皮现象。基层必须平整、干净、干燥，平整度 4m 偏差为 1cm，无油污和浮土等杂质，含水率小于 4%。有一定粗糙度，但小于 1.5mm。

基层与突出结构的连接处，以及基层的转角处，均应做成圆弧。圆弧半径去 50mm，内部排水的水落口周围应做成略低的凹坑。

（3）基层处理剂

如卷材铺设在混凝土基面上，则应在铺设前在基层上涂刷一道冷底油。冷底油的材性应与 SBS 改性沥青类卷材的材性相容，如沥青冷底油或氯丁胶乳沥青冷底油；可采取喷涂法或涂刷法施工，喷、涂应均匀一致；待冷底油干燥后，方可铺贴卷材；喷、涂时应先对节点、周边和拐角先行涂刷。

（4）卷材铺设

① 大面积铺设　卷材采用热熔法满铺在基层上，可平行或垂直脊线铺贴，应先做好节点、附加层和排水比较集中的部位的处理，然后由最低标高向上施工。

铺贴卷材时应平整顺直，搭接尺寸准确，不得扭曲；搭接宽度长边 8cm，短边 10cm，搭接缝应错开。

火焰加热器的喷嘴距卷材面的距离应适中；幅宽内加热应均匀，以卷材表面熔至光亮黑色为度，不得过分加热或烧穿卷材。卷材表面热熔后应立即滚铺卷材，滚铺时应排除卷材下面的空气，使之平展，不得折皱，辊压粘贴牢固。

搭接缝部位宜以溢出热熔的改性沥青宽度为 2mm 左右并均匀顺直为佳。

② 细部处理　阴阳角部位，平立面交叉处要按规定做好附加层；屋面泛水做法，要求防水卷材高出覆土面至少 15cm(图 4-5)，卷材收头压入预留凹槽内，用压条固定，最大钉距 900mm，嵌填密封胶，保证长期规定牢靠，防止受到破坏(图 4-6)。卷材收头也可用金属压条钉压，并用密封材料封固(图 4-7)。

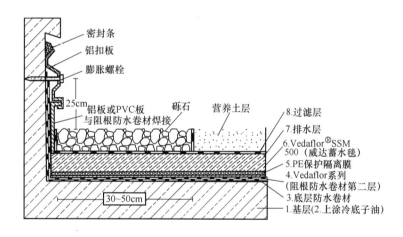

图 4-5　屋面泛水

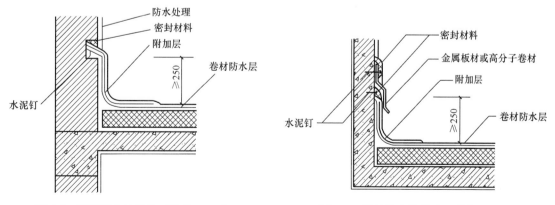

图 4-6　屋面泛水的做法（单位：mm）　　　图 4-7　卷材收头的做法（单位：mm）

排水沟部位应当先做附加层，再铺大面。出水口部位也应当先做附加层，再铺大面，收头并嵌缝密实。伸出屋面管道周围的找平层应做成圆锥台，要求防水卷材高出覆土面至少15cm（图4-8），管道与找平层层应留凹槽，并嵌填密封材料，防水层收头应用金属箍箍紧，并用密封材料填严（图4-9）。

③ 种植区域和非种植区域的连接　要确保非阻根卷材一定铺设在非种植区域内，可以在两个区域之间设置结构隔离带，将两边的卷材翻上至隔离墩顶部焊接，并用钉子固定，金属板覆盖。但要保证两个区域内都有排水槽和出水口连接（图4-10）。

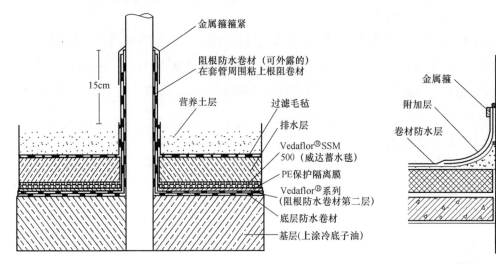

图 4-8　伸出屋面管道的做法　　　　　图 4-9　防水层收头的做法（单位：mm）

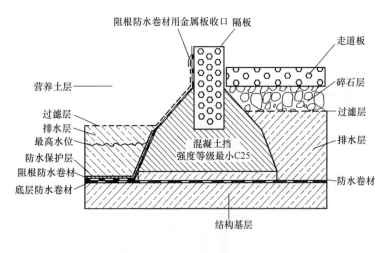

图 4-10　种植区域与非种植区域的连接

（5）卷材保护

卷材铺设完成后应尽快在上部设置保护层。保护层可采用塑料、塑料毛毡或砂浆抹面等。砂浆抹面保护层5～8m的距离要布置伸缩缝，并在两者之间设置一个润滑层。

（6）砾石隔离带

通常情况下，用50cm宽的16～32mm级配砾石将种植区域和非种植区域结构构件、排水槽、出水口分隔开。

在屋面与立面转角处，女儿墙墙根处、伸出屋面的管道根、水落口、天沟、檐口等部位30～50cm范围内不能设置种植土，而用砾石代替。

（7）雪天、严寒季节施工

严禁在雨天、雪天施工。五级风以上不得施工，气温低于0℃不宜施工。中途下雨、下雪，应做好已铺卷材周边的防护工作；低于5℃的严寒季节施工时，卷材应存放在防冻的室内，只有在施工前才能将卷材搬到现场。

（8）卷材的贮存、保管

① 不同品种、规格和强度等级的产品应分别堆放。

② 应贮存在阴凉通风的室内，避免雨淋、日晒和受潮，严禁接近火源。沥青防水卷材贮存环境温度，不得高于 45℃。

③ 沥青防水卷材宜直立堆放，其高度不宜超过两层，并不得倾斜或横压，短途运输平放不宜超过四层。

④ 卷材应避免与化学介质及有机溶剂等有害物质接触。

（9）检查验收

德国威达的屋面用防水材料按德国或欧洲标准生产［DIN 或（EN）］，满足国内相关标准的要求，工程设计和施工可以按《屋面工程技术规范》（GB 50345—2012）和《屋面工程质量验收规范》（GB 50207—2012）的相关要求执行。

① 基层平整、干净、干燥，无松动、浮浆、起砂等。

② 铺贴方向正确，搭接宽度正确，错缝搭接。

③ 火焰加热均匀，不能过分加热或烧穿卷材。

④ 卷材表面热熔后立即滚铺卷材，排尽空气，辊压牢固，无空鼓；接缝部位必须溢出热沥青。

⑤ 卷材应平整顺直，搭接尺寸正确，不得扭曲、折皱。

⑥ 卷材收头的端部应裁齐，塞入预留凹槽中，用金属压条钉压固定，并用密封材料嵌填封严。

⑦ 防水性和根的防护性能检查（采用积水办法等）。

⑧ 防水层施工完成后，应做保护层进行成品保护。

3. 聚氯乙烯（PVC）防水卷材和热塑性聚烯烃（TPO）防水卷材的施工

卷材与基层宜采用冷粘法工艺进行铺贴，大面积采用空铺法施工时，距屋面周边 800mm 内的卷材应与基层满粘，或沿屋面周边对卷材进行机械固定。当搭接缝采用热风焊接施工，单焊缝的有效焊接宽度不应小于 25mm，双焊缝的每条焊缝有效焊接宽度不应小于 10mm。

4. 三元乙丙橡胶（EPDM）防水卷材的施工

卷材与基层宜采用冷粘法工艺进行铺贴，采用空铺法施工时，屋面周边 800mm 内的卷材应与基层满粘，或沿屋面周边对卷材进行机械固定。搭接缝应采用专用的搭接胶带进行搭接，带搭接胶带的宽度不应小于 75mm，搭接缝应采用密封材料进行密封处理。

5. 聚乙烯丙纶防水卷材和聚合物水泥粘结料复合防水的施工

聚乙烯丙纶防水卷材是一类中间芯片为低密度聚乙烯片材，两面为热压一次成型的高强丙纶长丝无纺布制成的一类合成高分子防水卷材。聚乙烯丙纶防水卷材生产中使用的聚乙烯材料必须是成品原生原料，严禁使用再生原料；与聚乙烯材料复合的无纺布应选用长丝无纺布。聚乙烯丙纶防水卷材应选用一次成型工艺生产的卷材，不得采用二次成型工艺生产的卷材。聚乙烯丙纶防水卷材应无毒无味，不影响花草树木的生长。聚合物水泥防水粘结料为双组分，具有防水性能及粘结性能。

1）聚乙烯丙纶防水卷材和聚合物水泥粘结料复合防水材料的施工应符合以下规定：

（1）聚乙烯丙纶防水卷材应采用双层叠合铺设，每层由芯层厚度不小于0.6mm的聚乙烯丙纶防水卷材和厚度不小于1.3mm的聚合物水泥胶结料组成。

（2）聚合物水泥胶结料应按要求配制，宜采用刮涂法工艺施工。

（3）应按施工人员和工程需要配备施工机具和劳动安全设施。施工机具包括：清理基层的机具有铁锹、扫帚、锤子、凿子、扁平铲等；配制聚合物水泥防水粘结料的机具有电动搅拌器、计量器具、配料桶等；铺贴卷材的工具有铁抹子、刮板、剪刀、卷尺、线盒等。

（4）卷材铺贴前基层应清理干净，水泥砂浆基层可湿润但无明水。施工环境温度宜为5℃以上，当低于5℃时应采取保温措施。

2）聚乙烯丙纶防水卷材和聚合物水泥粘结料复合防水施工的工艺流程，如图4-11所示。

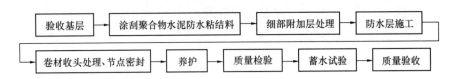

图4-11　聚乙烯丙纶防水卷材—聚合物水泥粘结料复合防水施工的工艺流程图

聚乙烯丙纶防水卷材和聚合物水泥粘结料复合防水材料的施工要点如下：

（1）验收基层

水泥砂浆基层应坚实平整，潮湿而无明水，验收应合格。

（2）涂刮聚合物水泥防水粘结料

聚合物水泥防水粘结料的配比为胶∶水∶水泥＝1∶1.25∶5。当冬季气温在5℃以下、−5℃以上时，可在聚合物水泥防水粘结料中加入3％～5％的防冻剂。聚合物水泥防水粘结料内不允许有硬性颗粒和杂质，搅拌应均匀，稠度应一致。

（3）细部附加层处理

阴阳角应做一层卷材附加层；管道根部应做一层附加层，剪口附近应做缝条搭接，待主防水层做完后，剪出围边，围在管根处并用聚合物水泥防水粘结料封边。

（4）防水层施工

铺贴聚乙烯丙纶防水卷材时，将聚合物水泥防水粘结料均匀涂刮在基层上，把防水卷材粘铺在上面，用刮板推压平整，使卷材下面的气泡和多余的粘结料推压下来。

防水层的粘结应满粘，使其平整、均匀，粘结牢固、无翘边。

（5）卷材收头处理、节点密封

（6）养护

防水层完工后，夏季气温在25℃以上应及时在卷材表面喷水养护或用湿阻燃草帘覆盖。冬季气温在5℃以下、−5℃以上时应在防水层上覆盖阻燃保温被或塑料布。

（7）质量检验

（8）蓄水试验

防水层完工后应做蓄水试验或雨后检验，蓄水 24h 观察无渗漏为合格。

（9）质量验收

6. 高密度聚乙烯土工膜的施工

高密度聚乙烯土工膜的施工宜采用空铺法工艺施工；单焊缝的有效焊接宽度不应小于 25mm，双焊缝的每条焊缝有效焊接宽度不应小于 10mm；焊接应严密，不应焊焦、焊穿；焊接卷材应铺平、顺直；变截面部位卷材接缝施工应采用手工或机械焊接，若采用机械焊接时，应使用与焊机配套的焊条。

1）高聚物改性沥青防水卷材与高密度聚乙烯土工膜（HDPE）的复合施工

（1）材料要求：

① 防水层材料采用高聚物改性沥青防水卷材，其技术性能要求应符合国家标准《弹性体改性沥青防水卷材》(GB 18242—2008)中聚酯胎(PY)的要求，参见表 2-37。该卷材作为防水层，采用热熔法施工。高聚物改性沥青防水卷材单层使用厚度应不小于 4mm，双层使用厚度应不小于 6mm(3mm＋3mm)。

② 耐根穿刺层材料采用高密度聚乙烯土工膜（HDPE）。高密度聚乙烯土工膜又称高密度聚乙烯防水卷材，是由 97.5％的高密度聚乙烯和 2.5％的炭黑、抗氧化剂、热稳定剂构成，卷材强度高、硬度大，具有优异的耐植物根系穿刺性能及耐化学腐蚀性能。其物理性能参见 2.4.2.3 节。

高密度聚乙烯土工膜（HDPE）用于耐根穿刺层，厚度应不小于 1.2mm。施工时，大面采用空铺法，搭接缝采用焊接法。

（2）主要施工机具及消防器材　高聚改性沥青防水卷材热熔施工机具见 4.2.6 节 2；卷材焊接机有自行式热合焊机（楔焊机）、自控式挤压热熔焊机、热风机、打毛机；现场检验设备有材料及焊件拉伸机、正压检验设备、负压检验设备。消防器材有粉末灭火器材或砂袋等。

（3）作业条件

高密度聚乙烯土工膜的作业基层为高聚物改性沥青卷材防水层，要求在底层防水层施工完毕并已验收合格后方可进行作业。

施工现场不得有其他焊接等明火作业。雨、雪天气不得施工，五级风以上不得进行卷材焊接施工。施工环境温度不受季节限制。

（4）施工工艺

高聚物改性沥青防水卷材热熔施工工艺见 4.2.6 节 2，这里仅介绍高密度聚乙烯土工膜（HDPE）热焊接施工工艺。

高密度聚乙烯土工膜的热焊接方式有两种，即热合焊接（用楔焊机）和热熔焊接。当工程大面积施工时采用"自行式热合焊机"施工，形成带空腔的热合双焊缝，并用充气做正压检漏试验检查焊缝质量。在异型部位施工，如管根、水落口、预埋件等细部构造部位则采用"自控式挤压热熔焊机"施工，用同材质焊条焊接，形成挤压熔焊的单焊缝，用真空负压检漏试验检查焊缝质量。

高聚物改性沥青防水卷材和高密度聚乙烯土工膜复合施工的工艺流程，如图 4-12 所示。

高聚物改性沥青防水卷材与高密度聚乙烯土工膜（HDPE）复合施工的要点如下：

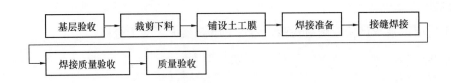

图 4-12 高聚物改性沥青防水卷材与 HDPE 复合施工的工艺流程图

① 基层验收 基层为高聚物改性沥青卷材防水层，应铺贴完成，质量检验合格，经蓄水试验无渗漏后方可进行施工；为了使高密度聚乙烯土工膜焊接安全、方便，宜在防水层上面空铺一层油毡保护层，以保护已完工的防水层不受损坏。

② 剪裁下料 根据工程实际情况，按照需铺设卷材尺寸及搭接量进行下料。

③ 铺设土工膜 铺设高密度聚乙烯土工膜时力求焊缝最少。要求土工膜干燥、清洁，应避免折皱，冬季铺设时应铺平，夏季铺设时应适当放松，并留有收缩余量。

④ 焊接准备 搭接宽度要满足要求，双缝焊（热合焊接）时搭接宽度应不小于 80mm，有效焊接宽度 10mm×2＋空腔宽；单缝焊（热熔焊接）时搭接宽度应不小于 60mm，有效焊接宽度不小于 25mm。

焊接前应将接缝处上下土工膜擦拭干净，不得有泥、土、油污和杂物。焊缝处宜进行打毛处理。

在正式焊接前必须根据土工膜的厚度、气温、风速及焊机速度调整设备参数，应取 300mm×600mm 的小块土工膜做试件进行试焊。试焊后切取试样在拉力机上进行剪切、剥离试验，并应符合下列规定方可视为合格：试件破坏的位置在母材，不在焊缝处；试件剪切强度和剥离强度符合要求；检验合格后，可锁定参数，依此焊接。

⑤ 接缝焊接

a. 热合焊接工艺（楔焊机双缝焊） 焊接时宜先焊长边，后焊短边。焊接程序如图 4-13 所示。

图 4-13 热合焊接工艺流程图

b. 热熔焊接工艺（挤压焊机单缝焊）焊接程序如图 4-14 所示。

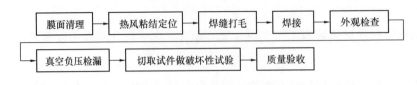

图 4-14 热熔焊接工艺流程图

⑥ 焊缝质量验收施工质量检验的重点是接缝的焊接质量。按如下方法检验：

a. 焊缝的非破坏性检验，做充气检验：检验时用特制针头刺入双焊缝空腔，两端密封，用空压机充气，达到 0.2MPa 正压时停泵，维持 5min，不降压为合格，或保持 5min 后，最大压力差不超过停泵压力的 10％为合格。

b. 焊缝的破坏性检验：检验焊缝处的剪切强度（拉伸试验）自检时，要在每 150～250mm 长焊缝切取试件，现场在拉伸机上试验。工程验收时为 3000～4000m² 取一块试件。取样尺寸宽为 0.2m，长为 0.3m，测试小条宽为 10mm。其标准为焊缝剪切拉伸试验时，断在母材上，而焊缝完好为合格。

⑦ 焊缝的修补　对初检不合格的部位，可在取样部位附近重新取样测试，以确定有问题的范围，用补焊或加覆一块等办法修补，直至合格为止。

2）湿铺法双面自粘防水卷材（BAC）与高密度聚乙烯土工膜（HDPE）的复合施工

防水层采用湿铺法双面自粘防水卷材（BAC）。耐根穿刺层采用高密度聚乙烯土工膜。高密度聚乙烯土工膜（HDPE）作为耐根穿刺层，大面采用与湿铺法双面自粘防水卷材（BAC）空铺，搭接缝采用热焊接法施工，厚度应不小于 1.0mm。其物理性能应参见 2.4.2.3 节。

（1）辅助材料

附加自粘封口条（120mm 宽）、专用密封胶、普通硅酸盐水泥、硅酸盐水泥、水、砂子等。

（2）主要施工机具

清理基层的工具有扫帚、开刀、钢丝刷等；铺抹水泥（砂）浆的工具有水桶、铁锹、刮杠、抹子等；铺贴卷材的工具有盒尺、壁纸刀、剪刀、刮板、压辊等；铺设聚乙烯土工膜的机具有挤压焊机、热熔焊枪等。

（3）作业条件

湿铺法双面自粘防水卷材在施工前其基层验收应合格，要求基层无明水，可潮湿。湿铺法双面自粘防水卷材（BAC）铺贴时，环境温度宜为 5℃以上。

（4）施工工艺

BAC 与 HDPE 复合施工的工艺流程，如图 4-15 所示。

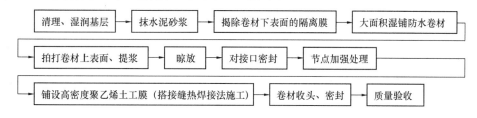

图 4-15　BAC 与 HDPE 复合施工的工艺流程图

① 清理、湿润基层　基层表面的灰尘、杂物应清除干净，并充分湿润但无积水。

② 抹水泥砂浆　当采用水泥砂浆时，其厚度宜为 10～20mm，铺抹时应压实、抹平；当采用水泥浆时，其厚度宜为 3～5mm。在阴角处，应用水泥砂浆分层抹成圆弧形。

③ 揭除卷材下表面的隔离膜。

④ 大面湿铺防水卷材　卷材铺贴时采用对接法施工，将卷材平铺在水泥（砂）浆上。卷材与相邻卷材之间为平行对接，对接缝宽度宜控制在 0～5mm 之间。

⑤ 拍打卷材上表面、提浆　用木抹子或橡胶板拍打卷材上表面，提浆，排出卷材下表面的空气，使卷材与水泥（砂）浆紧密贴合。

⑥ 晾放　晾放 24～48h（具体时间应视环境温度而定），一般情况下，温度越高所需时间越短。

⑦ 对接口密封 可采用 120mm 宽附加自粘封口条密封，对接口密封时，先将卷材搭接部位上表面的隔离膜揭掉，再粘贴附加自粘封口条。

⑧ 节点加强处理 节点处在大面卷材铺贴完毕后，按规范要求进行加强处理。

⑨ 铺设高密度聚乙烯土工膜（搭接缝热焊接法施工） 双面自粘防水卷材上表面隔离膜不得揭掉，高密度聚乙烯土工膜施工大面采用空铺法，搭接缝热焊接法。焊接操作要点参见 4.2.6 节 6 1) 的相关内容。

⑩ 卷材收头、密封 卷材收头部位采用密封胶密封处理。

⑪ 质量验收

7. 喷涂聚脲防水涂料的施工

采用喷涂聚脲涂层作为一道防水构造时，其工程的防水等级与设防要求均应符合现行国家标准《屋面工程技术规范》GB 50345—2012、《地下工程防水技术规范》GB 50108—2008 的有关规定。

1) 施工前的准备

喷涂聚脲防水工程应有相应资质的专业队伍进行施工，操作人员必须持证上岗。在施工之前，应通过图纸会审从而使施工单位掌握工程主体以及细部构造的防水技术要求，并编制施工方案。

喷涂聚脲防水工程所采用的材料，应具有产品合格证和性能检测报告，材料的品种、性能等均应符合行业标准《喷涂聚脲防水工程技术规程》JGJ/T 200—2010 的规定和设计的要求，材料进场后应进行抽样复验，合格之后方可使用，严禁在工程中使用不合格的材料；喷涂聚脲防水工程所采用的材料之间应具有相容性；每批经进场检验合格的喷涂聚脲防水涂料在进行喷涂作业前 15d，应由操作人员用喷涂设备在施工现场制样、送检，并应提交现场施工质量检验报告，其检验项目应符合行业标准《喷涂聚脲防水工程技术规程》JGJ/T 200—2010 第 4.0.2 条第 1 款的规定，现场施工质量检测报告的内容应包括操作人员及喷涂设备的情况、喷涂现场环境条件、喷涂作业的关键工艺参数和送样检测结果等。

在施工之前，应对作业面以外易受施工飞散物料污染的部位采取遮挡措施。

喷涂聚脲作业应在环境温度大于 5℃，相对湿度应小于 85%，且基层表面温度比露点温度至少高 3℃ 的条件下方可进行，在四级风及以上的露天环境下，则不宜实施喷涂施工作业，严禁在雨天、雪天实施露天喷涂作业。

2) 基层处理

喷涂聚脲防水工程的基层应充分养护、硬化，并应做到表面坚固、密实、平整和干燥，基层表面正拉粘结强度不宜小于 2.0MPa，伸出基层的管道、设备基座、设施或预埋件等，均应在喷涂聚脲施工之前安装完毕，并应做好细部处理。基层表面处理应符合以下要求：

(1) 基层表面不得有浮浆、孔洞、裂缝、灰尘、油污等，当基层不能满足要求时，则应进行打磨、除尘和修补，基层表面的孔洞和裂缝等缺陷应采用聚合物砂浆进行修复；细部构造部位则应按设计要求进行基层表面处理。

(2) 在涂刷底涂料之前，应按照现行国家标准《屋面工程质量验收规范》GB 50207—2012 的规定检测基层干燥程度，且应在基层干燥度检测合格后方可涂刷底涂料。

（3）在底涂料涂布完毕并干燥之后，正式喷涂作业开始之前，应采取措施防止灰尘、溶剂和杂物等的污染。

3）喷涂设备的要求

喷涂聚脲防水涂料喷涂作业宜选用具有双组分枪头混合喷射系统的专用喷涂设备，喷涂设备应具备物料输送、计量、混合、喷射和清洁功能。喷涂设备应由经过培训的专业技术人员进行管理和操作，喷涂作业时，宜根据施工方案和施工现场条件适时调整工艺参数。

喷涂设备的配套装置应符合以下规定：

（1）对喷涂设备主机供料的温度不应低于15℃。

（2）B料桶应配备搅拌器。

（3）应配备向A料桶和喷枪提供干燥空气的空气干燥机。

4）喷涂作业

喷涂聚脲防水工程喷涂作业的要点如下：

（1）底涂料层进验收合格之后，宜在喷涂聚脲防水涂料生产厂家规定的间距时间之内进行喷涂作业，若已超出规定间隔时间的，则应重新涂刷底涂料。

（2）在喷涂作业开始前，应确定基层、喷涂聚脲防水涂料、喷涂设备、施工现场环境条件、操作人员等均符合《喷涂聚脲防水工程技术规程》JGJ/T 200—2010的规定和设计要求后，方可进行喷涂作业。

（3）在喷涂作业之前，应根据使用的材料和作业环境条件制定施工参数和预调方案；在喷涂作业的过程中，应进行过程控制和质量检验，并应做好完整的施工工艺记录。

（4）喷涂作业现场应按行业标准《喷涂聚脲防水工程技术规程》JGJ/T 200—2010附录A的规定做好操作人员的安全防护工作，并应采取必需的环境保护措施。

（5）在喷涂作业之前，应充分搅拌B料，严禁在施工现场向A料和B料中添加任何物质，严禁混淆A料和B料的进料系统。

（6）在每个工作日正式喷涂作业前，应在施工现场先喷涂一块500mm×500mm、厚度不小于1.5mm的样片，并应由施工技术主管人员进行外观质量评价并留样备查，当涂层外观质量达到要求后，可确定工艺参数并开始喷涂作业。

（7）喷涂作业时，喷枪应垂直于待喷的基层，距离应适中，并应匀速移动，按照先细部构造后整体的顺序连续作业，一次多遍，交叉喷涂直至达到设计要求的厚度。当出现异常情况时，则应立即停止作业，检查并排除故障后再继续进行作业。

（8）每个作业班次应做好现场施工工艺纪录，其内容包括：①施工时间、地点和工程项目名称；②环境温度、湿度、露点；③打开包装时A料、B料的状态；④喷涂作业时A料、B料的温度和压力；⑤材料及施工时的异常状况；⑥施工完成的面积；7各项材料的具体用量。

（9）喷涂作业完毕后，应按机械设备的使用说明书提出的要求，检查和清理机械设备，并应妥善处理剩余物料。

（10）两次喷涂的时间间隔若超出喷涂聚脲防水涂料生产厂家所规定的复涂时间时，再次喷涂作业前应在已有涂层的表面施作层间处理剂。

（11）两次喷涂作业面之间的接槎宽度不应小于 150mm。间隔 6h 以上应进行表面处理。

（12）喷涂施工完成后并经检验合格后，应按设计要求施作土层的保护层。喷涂聚脲防水工程应根据工程使用环境及喷涂聚脲土层的耐候性，选择合适的保护措施。

（13）喷涂作业完工之后，不得直接在涂层上凿孔、打洞或重物撞击，严禁直接在喷涂聚脲涂层表面进行明火烘烤、热熔沥青材料等施工作业。

5）涂层的修补

喷涂聚脲防水涂层若存在漏涂、针孔、鼓泡、剥落及损伤等缺陷时，则应进行修补。涂层修补的要点如下：

（1）修补涂层时，应先清除损伤及粘结不牢的涂层，并应将缺陷部位边缘 100mm 范围内的涂层及基层打毛并清理干净，分别涂刷层间处理剂及底涂料。单个修补面积小于或等于 250cm^2 时，可用涂层修补材料进行手工修补；若单个修补面积大于 250cm^2 时，则宜用喷涂与原涂层相同的喷涂聚脲防水涂料进行修补。

（2）修补处的喷涂聚脲防水涂层其厚度不应小于已有涂层的厚度，且其表面质量应符合设计要求和行业标准《喷涂聚脲防水工程技术规程》JGJ/T 200—2010 的规定。

（3）涂层厚度若达不到设计要求时，应进行二次喷涂，二次喷涂宜采用与原涂层相同的喷涂聚脲防水涂料，并应在材料生产厂商规定的复涂时间内完成，二次喷涂作业工艺应满足 4.2.6 节 7 4）的要求。

8. 合金防水卷材（PSS）与双面自粘防水卷材的复合施工

合金防水卷材（PSS）是以铅、锡、锑等为基础，经加工而成的一类金属防水卷材。此类卷材具有良好的抗穿孔性和耐植物根系穿刺性能，耐腐蚀、抗老化性能强，延展性好，卷材使用寿命长等优点。接缝采用焊接。该卷材集耐根穿刺及防水功能于一身，综合经济效益好。

合金防水卷材（PSS）大面采用与双面自粘橡胶沥青防水卷材粘结，搭接缝采用焊条焊接法施工，搭接宽度不小于 5mm。铺贴完的合金防水卷材（PSS），平整、接缝严密，但大面上允许有小皱折。

合金防水卷材表面应平整，不能有孔洞、开裂等缺陷。其边缘应整齐，端头里进外出不得超过 10mm。

双面自粘橡胶沥青防水卷材作为防水层，同时还兼有过渡粘结的作用。

（1）辅助材料　①焊剂，焊剂应采用饱和的松香酒精溶液；②焊条，所采用的松香焊丝其含锡量应不小于 55%；③专用基层处理剂、双面自粘胶带、专用密封膏和金属压条、钉子等。

（2）消防器材

防水施工前先申请点火证，施工现场备好灭火器材。

（3）主要施工机具

清理基层工具有开刀、钢丝刷、扫帚等；铺贴卷材的工具有弹线盒、盒尺、刮板、压辊、剪刀、料桶、焊枪等。

（4）作业条件

基层要求坚实、平整、压光、干燥、干净。

（5）合金防水卷材（PSS）与双面自粘防水卷材复合施工的工艺流程如图 4-16 所示。

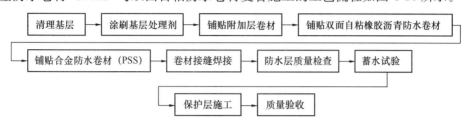

图 4-16　合金防水卷材（PSS）与双面自粘防水卷材复合施工工艺流程

合金防水卷材（PSS）与双面自粘防水卷材复合施工的操作要点如下：

① 清理基层　在双面自粘橡胶沥青防水卷材铺贴之前，应彻底清除基层上的灰浆、油污等杂物。

② 涂刷基层处理剂　将基层处理剂均匀地涂刷在基层表面，要求薄厚均匀、不露底、不堆积。

③ 铺贴附加层卷材　在细部构造部位，如阴阳角、管根、水落口、女儿墙泛水、天沟等处先铺贴一层附加层卷材。附加层卷材应采用双面自粘橡胶沥青防水卷材，粘贴牢固并用压辊压实。

④ 铺贴双面自粘橡胶沥青防水卷材　在基层弹好基准线。将双面自粘橡胶沥青防水卷材展开并定位，然后由低向高处铺贴。铺贴时边撕开底层隔离纸，边展开卷材粘贴丁基层，并用压辊压实卷材，使卷材与基层粘结牢固。

⑤ 铺贴合金防水卷材（PSS）　在双面自粘橡胶沥青防水卷材上面铺贴一层合金防水卷材（PSS）。首先使合金防水卷材就位，铺贴时，边展开合金防水卷材，边撕开双面自粘橡胶沥青防水卷材的面层隔离纸，并用压辊滚压卷材，使合金防水卷材与双面自粘橡胶沥青防水卷材粘结牢固。

⑥ 卷材接缝焊接　合金防水卷材（PSS）的搭接宽度不应小于 5mm，搭接缝采用焊接法。焊接时将卷材焊缝两侧 5mm 内先清除氧化层，涂上饱和松香酒精焊剂，用橡皮刮板压紧，然后方可进行焊接作业。在焊接过程中两卷材不得脱开，焊缝要求平直、均匀、饱满，不得有凹陷、漏焊等缺陷。

合金防水卷材（PSS）在檐口、泛水等立面收头处应用金属压条固定，然后用粘结密封胶带密封处理。

⑦ 防水层质量检查　双面自粘橡胶沥青防水卷材及合金防水卷材（PSS）全部铺贴完毕，应按照《屋面工程质量验收规范》GB 50207—2012 检查防水层质量。

⑧ 蓄水试验　种植屋面防水层及耐根穿刺层铺贴完毕，即可进行蓄水试验，蓄水 24h 无渗漏为合格。

⑨ 保护层施工　铺设保护层前可先铺一层隔离层。

合金防水卷材（PSS）表面必须做水泥砂浆或细石混凝土刚性保护层。做水泥砂浆保护层时，其厚度应不小于 15mm；做细石混凝土保护层时，厚度应不小于 40mm，且应设分格缝，间距不大于 6m，缝宽 20mm，缝内嵌密封胶。

防水保护层施工完毕，需进行湿养护 15d。

⑩ 质量验收

9. 地下建筑顶板的耐根穿刺防水层的施工

地下顶板的绿化系统同一般种植屋面一样，也都包括荷载、耐根穿刺防水、排水和种植层等，但是阻根防水更为重要。

目前由于对阻根防水不够重视，一些车库顶层绿化后，地下车库也出现了渗水、漏水、根穿刺现象。地下顶板由于破坏严重而进行翻修处理，相关的经济损失是很大的。因此地下顶板防水施工更要严谨。

地下工程防水的设计与施工应遵循"防、排、截、堵相结合，刚柔相济、因地制宜、综合治理"的原则。地下室应采用"外防外贴"或"外防内贴"法构成全封闭和全外包的防水层。对于地下室的变形缝、施工缝、诱导缝、后浇带、穿墙管（盒）、预埋件、预留通道接头、桩头等细部构造，应采取加强的防水构造措施。

地下顶板防水层可采用卷材防水层或涂膜防水层。

卷材防水层的铺贴要求如下：卷材防水层为 1～2 层，高聚物改性沥青卷材的厚度要求单层使用不应小于 4mm，双层使用每层不应小于 3mm，高分子卷材的厚度要求单层使用不应小于 1.5mm，双层使用总厚度不应小于 2.4mm；平面部位的卷材宜采用空铺法或点粘工艺施工，从底面折向立面的卷材与永久保护墙的接触部位应采用空铺工艺，与混凝土结构外墙接触的部位应满粘，采用满粘工艺；底板卷材防水层上的细石混凝土保护层其厚度不应小于 50mm，侧墙卷材防水层宜采用 6mm 厚的聚乙烯泡沫塑料片材作软保护层。

涂膜防水的铺设要点如下：涂膜防水层应采用"外防外涂"的施工方法。所选用的涂膜防水材料应具有优良的耐久性、耐腐蚀性、耐霉菌性以及耐水性，有机防水涂膜的厚度宜为 1.2～2.0mm。

种植屋面中的耐根穿刺防水层的设置是十分重要的，选择什么样的阻根材料和如何选择以及应用到种植屋面系统中去这些问题都需要进行认真研究和探讨。因为并不是所有可以阻根的材料都适宜用在种植屋面系统中的，除满足阻根性能以外，材料要具有环保、易施工、承重小等特点，并要做到与系统相匹配。如钢筋混凝土裂缝不可避免、承重过大及变形缝处理困难等，PSS、PVC 不环保，HDPE 热胀冷缩系数大、结点处理困难，这些问题都要考虑到实际应用中去。

4.2.7 保护层和隔离层的施工

施工完毕的防水层应进行雨后观察，做淋水或蓄水试验，在其合格之后方可再进行保护层和隔离层的施工。在保护层和隔离层施工前，防水层和保温层的表面应平整、干净。保护层和隔离层施工时，应避免损坏防水层和保温隔热层。

1. 保护层的施工

种植屋面耐根穿刺防水层上面宜设置保护层，保护层的施工应符合现行国家标准《屋面工程技术规范》GB 50345—2012、《地下工程防水技术规范》GB 50108—2008 的有关规定。

水泥砂浆及细石混凝土保护层的铺设应符合下列规定：

（1）水泥砂浆、细石混凝土保护层表面的坡度应符合设计要求，不得有积水现象。

（2）在水泥砂浆及细石混凝土保护层铺设前，应在其下面（耐根穿刺防水层上面）作隔离层。

（3）细石混凝土保护层铺设时不宜留施工缝，当施工间隙超过时间规定时，应对接槎进行处理。

（4）水泥砂浆及细石混凝土表面应抹平压光，不得有裂纹、脱皮、麻面、起砂等缺陷，厚度应均匀。

（5）施工环境温度宜为 5～35℃。

2. 隔离层的施工

隔离层的施工要点如下：

（1）隔离层的铺设，不得出现破损和漏铺现象。

（2）干铺塑料膜、土工布、卷材时，其搭接宽度不应小于 50mm，铺设应平整，不得有皱折。干铺塑料膜、土工布、卷材可在负温下进行。

（3）低强度等级砂浆铺设时，其表面应平整、压实，不得有起壳和起砂等现象出现，铺抹低强度等级砂浆其施工环境温度宜为 5～35℃。

4.2.8 排（蓄）水层的施工

隔离过滤层的下部为排（蓄）水层，其作用是用于改善基质的通气状况，将通过过滤层的多余水分迅速排出，从而有效缓解瞬时的压力，但其仍可蓄存少量的水分。

排（蓄）水层的不同排水形式有三种：①专用的、留有足够空隙并具有一定承载能力的塑料或橡胶排（蓄）水板排水层；②粒径为 20～40mm，厚度为 80mm 以上的陶粒排水层（此类排水层应在荷载允许的范围内使用）；③软式透水管排水层（适用于屋面排水坡度比较大的环境中使用）。

排（蓄）水设施在施工前应根据屋面坡向确定其整体排水方向；排（蓄）水层应与排水系统连通，以保证排水畅通；排（蓄）水层应铺设排水沟边缘或水落口周边，铺设方法如图 4-17 所示。在铺设排（蓄）水材料时，不应破坏耐根穿刺防水层。

凹凸塑料排（蓄）水板的厚度、顺槎搭接宽度应符合设计要求，宜采用搭接法施工，其搭接宽度应视产品的具体规格而确定，但不应小于 100mm，若设计无要求时，搭接宽度应大于 150mm；网状交织、块状塑料排水板宜采用对接法施工，并应接槎齐整。采用卵石、陶粒等材料铺设排（蓄）水层时，铺设时粒径应大小均匀。屋顶绿化采用卵石排水的，粒径应为 3～5cm；地下顶板覆土绿化采用卵石排

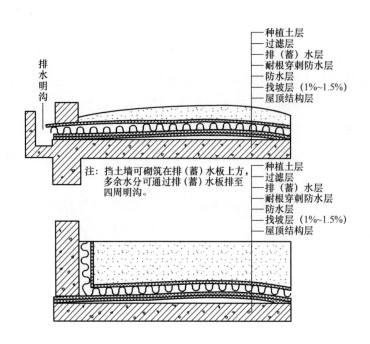

图 4-17　屋顶绿化排（蓄）水板铺设方法示意

水的，粒径应为 8～10cm。卵石的铺设应平整，铺设厚度应符合设计要求。

四周设置明沟的，排（蓄）水层应铺设至明沟边缘；挡土墙下设排水管的，排水管与天沟或落水口应合理搭接，坡度适当。

施工时，各个花坛、园路的出水孔必须与女儿墙排水口或屋顶天沟连接成整体，使雨水或灌溉多余的水分能够及时顺利地排走，减轻屋顶的荷重且防止渗漏；还应根据排水口设置排水观察井，并定期检查屋顶排水系统的通畅情况。及时清理枯枝落叶，防止排水口泥沙壅塞造成水倒流。

屋面的排水系统和屋面的防水层一样，是保护屋面不漏水的关键所在。屋顶多采用屋面找坡、设排水沟和排水管的方式解决排水问题，避免积水造成植物根系腐烂。

1. 陶粒排水层

传统的疏排水方式，使用最多的是采用河砾石或碎石作为滤水层，将水疏排到指定地点，如采用轻质陶粒作排水层时，铺设应平整，厚度应一致。

2. 排（蓄）水板排水层

采用排（蓄）水板来排水省时、省力并可节省投资。屋顶的承重也可大大减轻。其滤水层的质量仅为 1.30kg/m²。排（蓄）水板具有渗水、疏水和排水功能。它可以多方向性排水，受压强度高，有良好的交接咬合，接缝处排水畅通、不渗漏。用于种植屋面，可以有效排出土壤多余水分，保持土壤的自然含水量，促进屋顶草木生长繁茂，满足大面积屋面绿化的疏水、排水要求。

排（蓄）水板与渗水管组成一个有效的疏排水系统，圆柱形的多孔排（蓄）水板与无纺布也组成一个排水系统，从而形成一个具有渗水、贮水和排水功能的系统。

排（蓄）水板主要由两部分组成：圆锥凸台（或中空圆柱形多孔）的塑胶底板和滤层无纺布。前者由高抗冲聚乙烯制成，后者胶接在圆锥凸台顶面上（或圆柱孔顶面上），其作用是防止泥土微粒通过，避免通道阻塞，从而使孔道排水畅通。其铺设方法如下：

排（蓄）水板可按水平方向和竖直方向铺设。应先清理基层，水平方向应先进行结构找坡，沿垂直找坡方向铺设，按设计要求边铺覆土或在浇混凝土时，应逐批向前或向后施工。铺设完毕后，应在排水板上铺设施工通道，后方可覆土或浇混凝土。

排水板与排水板长边在竖直方向相接时，应拉开土工布，使上下片底板在圆锥凸台处重叠，再覆盖上土工布。连接部位的高低、形成的坡度，应和水流方向一致。排水板在转角处折弯即可，也可以两块搭。从挡土墙角向上铺设时，边铺边填土，接近上缘时，铺设第二批排水板，依次类推向上铺设。当遇到斜坡面时，竖直方向上的排水板在上，斜坡面的在下面直接搭接后，竖直面上的土工布压在斜坡面土工布上面。

模块式排水板铺设时先将排水板按照交接口拼装成片，再大面积铺设土工布，在其上覆盖粗砂，回填种植土并绿化。也可将模块式排水板叠成双层固定，在大面积排水板边沿作为排水管排水。

塑料排（蓄）水板宜采用搭接法施工，搭接宽度不应小于100mm，网状交织排（蓄）水板宜采用对接法施工。

排水板底板搭接方法为：凸台向下时，小凸台套入大凸台；凸台向上时，大凸台套入小凸台，地板平面采用粘结连接。排水板采用粘结固定时，应用相容性、干固较快的胶水粘结。排水板采用钢钉固定时，用射钉枪将钉把排水板钉在结构面层上，按两排布置。排水板平铺时，采用大凸台套入小凸台固定。

3. 软式透水管

软式透水管，表面看就是螺旋钢丝圈外包过滤布，柔软可自由弯曲，其构造如图4-18所示。这种透水管在土壤改良工程，护坡、护堤工程，特殊用途草坪（如足球场、高尔夫球场）等的排水工程中早有应用，在普通绿地排水工程中现也得到广泛应用。软式透水管用于绿化排水工程，具有耐腐蚀性和抗微生物侵蚀性能，并有较高的抗拉耐压强度，使用寿命长，可全方位透水，渗透性好，质量轻，可连续铺设且接头少，衔接方便，可直接埋入土壤中，施工迅速，并可减小覆土厚度等特点。软式透水管的这些特点，决定了它完全是用于"板面绿化"排水。

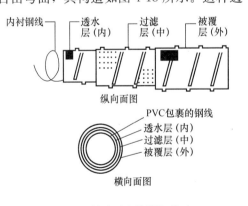

图4-18 软式透水管详细构造

软式透水管有多种规格，小管径多用于渗水，大管径多用于通水。作为渗水用的排水支管间距同覆土深度、是否设过滤层等因素有关。用于"板面绿化"排水的支管，宜选用较小的管径和较密的布置间距，因为排水管上面的覆土一般只有30～40cm，土壤的横向渗水性差，每根排水支管所承担的汇水面积小，建议采用$\phi 50$的管径、1%的排水坡度和2.0m的布置间距。

4.2.9　过滤层的施工

为了防止种植土中小颗粒及养料随水流失，堵塞排水管道，需在植被层与排（蓄）水层之间，采用质量不低于 $250g/m^2$ 聚酯纤维土工布作一道隔离过滤层，用于阻止基质进入排水层，以起到保水和滤水的作用。其目的是将种植介质层中因下雨或浇水后多余的水及时通过过滤后排出去，以防止植物烂根，同时可将植物介质保留下来以免发生流失。

过滤层的材料规格、品种应符合设计要求，采用单层卷状聚丙烯或聚酯无纺布材料的，单位面积质量必须大于 $150g/m^2$；采用双层组合卷状材料，上层蓄水棉，单位面积质量应达到 $200\sim300g/m^2$，下层无纺布材料单位面积质量应达到 $100\sim150g/m^2$。

过滤层空铺于排（蓄）水层之上时，铺设应平整、无皱褶，向栽植地四周延伸，搭接宽度不应小于 150mm。过滤层无纺布的搭接，应采用粘合或缝合固定，无纺布边缘应沿种植土挡墙向上铺设至种植土高度。端部收头应用胶粘剂粘结，粘结宽度不得小于 5cm，或采用金属条固定。种植土挡墙或挡板施工时，留设的泄水孔位置应准确，并不得堵塞。

4.2.10　种植土层的施工

种植土层是指能够满足植物生长的条件，具有一定渗透能力、蓄水能力和空间稳定性的一类轻质材料层。种植土层的施工要点如下：

（1）种植土层应符合现行行业标准《园林绿化工程施工及验收规范》CJJ 82—2012 4.1.1 和 4.1.3 的规定（见标准附录二、七）。

（2）种植土层的荷载应符合设计要求。

（3）种植土进场后不得集中码放，应及时摊平铺设，均匀堆放、分层踏实，平整度和坡度应符合竖向设计要求，且不得损坏防水层。厚度 500mm 以下的种植土不得采用机械回填。

（4）进场后的种植土应避免雨淋，散装种植土应有防止扬尘的措施，摊铺后的种植土表面用采取覆盖或洒水措施防止扬尘。

4.2.11　植被层的施工

植被层的施工是指通过移栽、铺设植生带和播种等形式来种植各种植物，包括小型乔木、灌木、草坪、地被植物、攀缘植物等。植被层景物的配置，应使其既具有独特的风格，又与所在的主体建筑及周边的环境相协调。

在进行植被层施工时，应设置人员安全防护装置，在施工过程中还应避免对周边环境造成污染。

1. 种植池的要求和施工

种植池也是种植植物的一类人工构筑物，是植物生长所需的最基本空间。种植池应具有良好的防水、排水和灌溉系统，其防水层不能出现渗漏水现象。种植池应符合下列技术要求：

（1）所采用的透水、排水、透气、渗管等构造材料以及种植土均应符合栽植要求。

（2）种植池的施工做法应符合设计和规范要求。

（3）种植池的透水、透气系统和结构性能良好，浇灌后无积水，雨期无沥涝。

传统的种植池多为方形、圆形、菱形、弧形、椭圆形、带状等规则图案。现代设计时，往往是用自由的曲线种植池来适应屋顶的规则场地。乔木、灌木的种植池要高于草坪地被，其高度视该种植屋面使用的需要与植被层厚度而定，池壁的高和厚都要考虑到屋顶的承重安全，例如较高大的池壁应位于承重墙或独立的柱头上（如图 3-33 中屋顶绿化植物种植池处理方法所示）。池壁最常见的是普通黏土砖砌墙体，也可采用空心砖横向砌筑。造园设施中，体积大、质量重的如乔木、雕塑、假山等亦应位于受力的承重墙或相应的柱头上，并应注意合理分散，避免集中（如图 3-33 中屋顶绿化植物种植微地形处理方法所示）。

2. 植被层的种植要求

植被层在进行施工前，应检查种植介质，所铺设的种植土必须疏松。地形的整理应按照竖向进行设计，平整度和坡度应符合设计的要求。

屋顶绿化种植介质的荷重应控制在建筑荷载允许的范围内。各种种植屋面的绿化技术体系都是有特定的种植介质铺设技术要求的，如无土草坪草块的铺植，常是种植介质和植被一起铺设的。

植被层植物材料的选择和栽培方式应符合行业标准《园林绿化工程施工及验收规范》CJJ 82—2012 4.12.6 的规定（见标准附录二、七）。进场的植被宜在 6h 之内栽植完毕，未栽植完毕的植物应及时喷水保湿或采取假植措施。

小型乔木、灌木、草坪、地被植物、攀缘植物等通过移栽、铺设植生带和播种等形式种植在预先设计的种植区域内，其屋面边缘必须设置 30~50cm 的缓冲带，乔、灌木主干距屋面边界的距离应大于乔、灌木本身的高度。复层绿化时先栽植乔、灌木，后栽植草本植物。根据屋面大小、屋顶出入口位置、周围景观环境、楼层高低，可采取自然式或规则式，也可根据需要设置花坛、花池、置石、流水、荫棚等。但宜采用体量小、质量轻的园林小品，容器栽植应考虑满足植物生长所需的营养面积。

乔木、灌木、地被植物的栽植宜根据植物各自的习性，在冬季休眠期后至春季萌芽期前进行种植。①乔木：选择 5~7 年生苗木为宜，宜早春栽植，株行距根据设计要求合理安排。②灌木：选择 1~2 年生苗木为宜，宜早春栽植，株行距根据设计要求合理安排。③草本植物：花草，选择当年生幼苗，宜早春栽植，株行距根据花草植物体的大小情况而具体调整；草坪草，选择 2 年以上草皮或前 1 年的草籽，早春建植或播种，覆盖度为 75% 以上。

乔木、灌木种植深度应与原种植线持平，易生不定根的树种栽深宜为 50~100mm，常绿树栽植时土球应高于地面 50mm；竹类植物可比原种植线深 50mm；树木根系必须舒展，填土应分层踏实；移植带土球的树木在入穴前，穴底松土必须踏实，土球放稳后，应拆除不易腐烂的包装物。乔木可采用地上撑杆固定、绳索拉传固定或地下固定法等方法固定牢固，但绑扎树木处应加垫衬，使其不得损伤树干。乔木种植穴周围应筑灌水围堰，其直径应大于种植穴直径 200mm，其高宜为 150～200mm；新植树木应在当日浇透第一遍水，三日内浇透第二遍水，十日内浇透第三遍水。

草坪块、草坪卷规格应一致，边缘平直，杂草数量不得多于 1%；草坪块的土层厚度宜为 30mm，草坪卷的土层厚度宜为 18～25mm；草坪块、草坪卷铺设，周边应平直整齐，高度一致，并与种植土紧密衔接，不留空隙；铺设施工后应滚压、拍打、踏实，并及时浇水以保持土壤湿润。

栽种草本花卉应使用容器苗，其株高宜为 100～500mm，冠径宜为 150～350mm；当气温高于 25℃时不宜进行栽植。种植花卉的株行距，应按植株高低、分蘖多少、冠丛大小决定，并以成苗后覆盖地面为宜。种植深度应为原苗种植深度，保持根系完整，不得损伤茎叶和根系；球茎花卉种植深度宜为球茎的 1～2 倍；块根、块茎、根茎类可覆土 30mm。当高矮不同品种的花苗混植时，应按先高后矮的顺序进行种植；宿根花卉与 1～2 年生花卉混植时，应先种植宿根花卉，后种植 1～2 年生花卉。

3. 植被层的种植方法

植被层的绿化种植方法有播种、扦播、栽种、铺植及容器式植物模块等多种方法。

1) 播种

植物的播种分为干播种和湿播种，干播种是将种子均匀撒播在屋顶上并覆土，可以和砂或锯末混合撒播。适于发芽一致的种子，可用于纯草坪或以禾草为主的混合草本植物群落。湿播种是将含粘合剂和一些轻型基质和种子的混合液装载于小压缩机，然后用喷枪均匀喷播。这种方法适合于亚灌木的播种，特别是倾斜度比较大的屋面上。这种方式在德国很普及。在我国，特别是北方比较干燥的地区，一般都是采用种植绿化的方法，不仅可避免工程作业过程中的扬尘，还提高了植物的成活率。

2) 扦播

扦播适合于枝条容易生根的植物，此类植物其生根和发枝快，容易成坪，景观效果形成快。扦播时选择成熟的嫩枝，最佳时间段为 4 月底～10 月初。

3) 栽种

对于花园式种植屋面，在种植亚灌木和小乔木时，在运输时需带土球和断根处理以提高植物成活率，栽种后的木本植物，应加强栽培管理和修剪，并进行防风固定。

4) 铺植

对于佛甲草和禾草类植物，也可以用铺植草坪卷的方法在屋顶进行绿化。

5) 容器式植物模块

市场上销售的一类种植屋面容器式植物模块，是由特制的模块化容器、配比恰当的植物生长基质和耐旱、易生长的植物组成。其采用的"毛细导引芯渗灌法"是当今较先进的灌溉方法之一。它可以自动积蓄雨水，供水无需动力，施工简单易行，维修安全方便，节水效率高，植物也可以多样化种植，草坪、灌木、乔木等均可栽植，养分补充便利。

容器种植的施工要点如下：

（1）容器种植的基层应按现行国家标准《屋面工程技术规范》GB 50345—2012 中一级防水等级的要求施工。

（2）容器种植施工前，应按设计要求铺设灌溉系统。

（3）种植容器置于防水层上应设置保护层。

（4）种植容器应按要求进行组装，放置平稳，固定牢固，与屋面排水系统连通。种植容器的排水方向应与屋面排水方向相同，并由种植容器排水口内直接引向排水沟排出。

（5）种植容器应避开水落口、檐沟等部位，不得放置在女儿墙上和檐口部位。

4. 植被层的灌溉

植被层的灌溉方式应符合下列规定：

（1）根据植物种类确定灌溉方式、频率和用水量。

（2）乔、灌木种植穴周围应做好灌水围堰，直径应大于种植穴直径 200mm，高度宜为 150～200mm。

（3）新种植的植物宜在当日浇透第一遍水，三日内浇透第二遍水，以后依气候情况适时进行灌溉。

5. 树木的固定与防风技术

对于花园式种植屋面，因其植被层较薄，故高大树木的栽植与养护在种植屋面中一直是个难题，尤其是树木的固定与防风、防倾倒更是个重要的问题。种植高于 2m 的植物应采用防风固定技术。

植物的防风固定方法可根据设计要求采用地上固定法和地下固定法。具体做法如图 4-19 和图 4-20 所示。树木的绑扎处应加软质保护衬垫，以防损伤树干。

地上固定法主要是利用圆木、螺栓和绳索将树木固定为稳定的三角形，地上固定简单易行，但支撑物会影响树木的美观和庭园的景观效果。

地下固定法的做法是首先在屋面上安放基座，如树木较大时，其基座还须与屋面固定，基座的顶端连接树根钢索将树木底部拉接固定，起到支护作用，在屋面覆盖种植土层后，可将基座和固定钢索掩埋，这样在地面上就看不到任何的支护措施了。

除了树木本身的固定外，还可以设置防风墙，以改变风向或减小风压，如果树木靠近建筑外墙，则在设计时必须将女儿墙升高，增加防护栏或防护网，这样一方面可以起到防风的作用，使树木更加安全，另一方面可以防止植物倾斜、坠落。对于种植在屋顶上的树木，浇灌大多采用微灌技术，灌溉管道埋于地下，直接作用于植物根部，既节约了水资源，又可以根据树木的习性进行科学调节。

根据设计和当地的气候条件，还应对植物采取防冻、防晒、降温以及保温等措施。

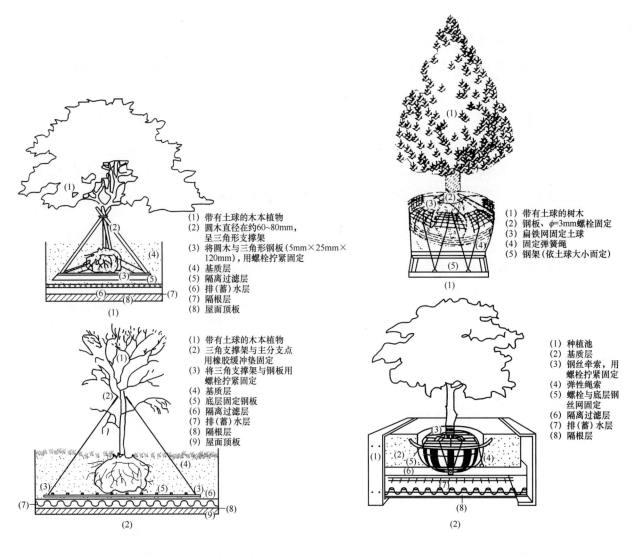

图 4-19　植物地上固定法示意图

（1）地上固定法一；（2）地上固定法二

图 4-20　植物地下固定法示意图

（1）地下固定法一；（2）地下固定法二

4.2.12　既有建筑屋面种植改造的施工

既有建筑屋面其防水层完整、连续且仍具有防水能力时，在进行种植改造施工时，应符合以下规定：

（1）覆土种植时，应增加一道耐根穿刺防水层，耐根穿刺防水层及耐根穿刺防水层以上各层次的施工方法参见本章 4.2.6～4.2.11 的介绍。既有建筑屋面增铺耐根穿刺防水层后，其女儿墙防水收头应采用压条钉压固定，并用嵌缝密封胶封严。

（2）容器种植时，应在原防水层上增设保护层。既有建筑屋面的防水层若已丧失防水功能的，则应拆除原防水层以及上部铺装构造，增做普通防水层、耐根穿刺防水层及其他铺装构造层次，其施工方法参见本章 4.2.5～4.2.11 的介绍。

寒冷地区，挡墙与种植土之间应设防冻胀措施。

4.2.13　园路的铺装和园林小品的施工

1. 园路的铺装

种植屋面除植物种植和水体外，工程量较大的是道路和场地的铺装，它是整个种植屋面构造的一个重要的组成部分。在俯视种植屋面时，由园路和场地组成的优美曲线及丰富多彩的路面材料构成的图案具有屋顶其他景物所不可代替的直观效果。园路铺装设计不仅要重视它的装饰性，而且要注意它的坡度设计，在选材时还应注意防滑，防止路面和场地积水。园路铺装应选择轻型、生态、环保、防滑的材质为宜，其园路设计手法应简洁大方，与周围环境相协调，追求自然朴素的艺术效果。园路的形式有花街卵石铺地、嵌草路面汀步、台阶等多种形式。

园路铺装施工应符合下列规定：

（1）基层应坚实、平整，结合层应粘结牢固，无空鼓现象。

（2）木铺装所用的面材及垫木等应选用防腐、防蛀材料，固定所用的螺钉、螺栓等配件应做防锈处理，其安装应紧固，无松动，螺钉顶部不得高出铺装表面。

（3）透水砖的规格尺寸应符合设计要求，边角整齐，铺设后应采用细砂扫缝。

（4）嵌草砖铺设应以砂土、砂壤土为结合层，其厚度不应低于30mm，湿铺砂浆应饱满严实，干铺应采用细砂扫缝。

（5）卵石面层应无明显坑洼、隆起和积水等现象，石子与基层应结合牢固，石子宜采用立铺方式，镶嵌深度应大于粒径的1/2，带状卵石的铺装长度大于6m时，应设伸缩缝。

（6）铺装踏步的高度不应大于160mm，宽度不应小于300mm。

（7）路缘石底部应设置基层，其应砌筑稳固，直线段顺直，曲线段顺滑，衔接无折角，顶面应平整，无明显错开，勾缝应严密。

2. 园林小品的施工

为提供游憩设施和丰富种植屋面的绿化景观，可根据屋顶的荷载和使用的要求，适当设置园亭、花架等园林小品。园林小品的设计要与周围环境和建筑物自身的风格相协调，并适当控制尺度。其材料的选择应考虑质轻、牢固、安全，并注意选择好建筑承重位置。与屋顶楼板的衔接和防水处理，应在建筑结构设计时统一考虑，或单独做防水处理。

种植屋面在原则上不提倡设置水池，必要时应根据屋顶面积和荷载要求，确定水池的大小和水深。水池的荷重可根据水池面积、池壁的质量和高度进行核算，池壁质量可根据使用材料的密度计算。

景石宜优先选择塑石等人工轻质材料，采用天然石材则要准确计算其荷重，并应根据建筑屋面荷载情况，布置在楼体承重柱、梁之上。

园林小品的施工应符合下列规定：

（1）花架应做防腐防锈处理，立柱垂直且偏差应小于 5mm。

（2）园亭整体应安装稳固，顶部应采取防风揭的措施。

（3）景观桥表面应做防滑和排水处理。

（4）水景应设置水循环系统，并定期消毒，池壁类型应配置合理，砌筑牢固，并单独做防排水处理。

（5）护栏应做防腐防锈处理，安装应紧实牢固，整体应垂直平顺。

3. 照明系统的施工

电线、电缆应采用暗埋式铺设，连接应紧密、牢固，接头不应在套管内，接头连接处应做好绝缘处理。

花园式屋顶绿化可根据使用功能和要求，适当设置夜间照明系统。简单式屋顶绿化原则上不设置夜间照明系统。屋顶照明系统应采取特殊的防水、防漏电措施。

4. 种植屋面给水系统的施工

保证水分供应是植物成活和生长的需要。种植屋面在植物种类选择上是以地被植物、宿根花卉、藤本植物和灌木为主的，这类植物根系分布较浅，需水量较大。同时，由于种植屋面的种植土层较薄，高温季节种植土层极易被晒透，故需要相应增加灌溉频率以缓解土层过于干燥的状况。

种植屋面的给水系统通常采用喷灌的形式，也可采用滴灌的形式。一般喷灌用水无水质特殊要求的可直接采用自来水、水景池水、污水深度处理水及池塘水、河流水。但若水中有较多较大的颗粒杂质，则应做相应的过滤处理，以防堵塞洒水喷头。给水压力则应根据所选用的喷头形式、喷射半径以及供水管网通过计算确定。为了减少城市自来水的用量，节约水资源，种植屋面还可采用雨水收集系统，将屋面和地面的雨水，经过收集、处理、储存，使其达到规定的非饮用水环境质量标准，以供灌溉种植物之用。

种植屋面的给水设施其喷头的类型繁多，应根据绿地、花坛的布置形式、面积大小、水源压力、植物状况、绿地功能及美观要求等选定。

一般窄条块的花坛，可选用离心式或折射式喷头；大面积绿地可选用摇臂式喷头；在机械化操作、美观要求较高或是一些开放式的草坪，则优先选用地埋式喷头。摇臂式和地埋式喷头的水压要求较高，一般需要 0.2～0.4MPa。布置有洒水喷头的绿地，要留有喷洒水枪接口，以备人工洒水之用。

为与楼宇自动化管理系统相匹配，一些工程的绿化喷灌亦要求实现自动化。比较简单易行的方法就是把绿化喷灌的水流控制阀设计成电磁阀，以实现喷灌的自动启闭，并能适应不同植物区的不同洒水周期和历时。在开放性绿地中，为保证使用安全，电磁线圈应选用 24V 或 12V 低压电源。同时，大面积的绿化可分区块轮流喷灌，以减小供水流量，进而减小供水设备的容量。喷灌用水射程严禁喷洒至防水层泛水部位和超越绿地种植区域；灌溉设施管道的套箍接口应牢固、紧密，对口严密、间隙准确并应设置泄水。

  如果旧建筑中没有考虑到种植屋面的灌溉问题，那么植物应采用耐旱节水型植物，以减少对水资源的浪费。

4.3

种植屋面的施工方案

  种植屋面建设项目的投资较大，结构也十分复杂，故对施工方案的要求也在不断提高。为了帮助施工部门在短时间内制订出有效的施工技术方案，参照相关资料，举例介绍如下。

目　　录

种植屋面施工方案

一、工程概况

工程名称：屋顶绿化工程

工程地点：

工程规模：

设计单位：

施工单位：

现场条件：施工用地情况：

　　　　　绿化面积（m²）：

　　　　　其中：简单式种植屋面绿化面积（m²）：

　　　　　　　　花园式种植屋面绿化面积（m²）：

二、编制依据

1.《屋面工程质量验收规范》（GB 50207—2012）

2.《屋面工程技术规范》（GB 50345—2012）

3.《种植屋面工程技术规范》（JGJ 155—2013）

4. 种植屋面工程招投标文件

5. 种植屋面工程设计图

三、施工准备

施工的准备工作包括以下几个方面：

（1）认真组织施工人员学习种植屋面的设计图纸和设计技术资料，学习本工程招标文件及监理程序，熟悉合同文件和相关的技术规范。

（2）现场核对设计资料，对地形地貌、地质水文状况等进行全面的调查。

（3）做好现场布置及临时设施的敷设。在施工范围内进行场地清理。

四、施工工艺

施工工艺流程（工序）如下：

清扫建筑顶层—建筑顶层防水试验—（建筑二次防水）—铺设分离滑动层（采用满铺）—铺设隔根层（采用满铺）—铺设排蓄水层（采用满铺）—铺设过滤层（采用满铺）—铺设种植基质—铺设青石板路—砖层（基础）铺装—木结构（基础）铺装—种植植物—植物养护。

简单式种植屋面的施工流程如图 4-21 所示。

花园式种植屋面的施工流程如图 4-22 所示。

五、种植屋面绿化种植区各构造层次的施工

种植区构造由下至上分别由结构层、保温（隔热）层、找坡（找平）层、屋面防水层、隔离层、耐根穿刺层、排（蓄）水层、过滤层、种植土、植被层等组成。

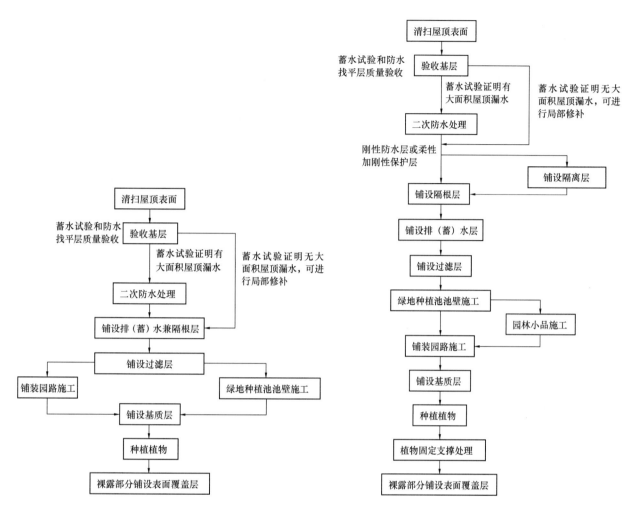

图 4-21　简单式种植屋面的施工工艺流程　　　　图 4-22　花园式种植屋面的施工工艺流程

1. 保温（隔热）层

保温（隔热）层有板状保温隔热层、喷涂硬泡聚氨酯保温隔热层等多种，其施工必须符合《屋面工程技术规范》GB 50345—2012、《种植屋面工程技术规范》JGJ 155—2013 等相关施工规范的要求。坡屋面保温隔热层的防滑条必须与结构层牢固结合。

2. 找坡（找平）层

找平层应坚实平整，无酥松、起砂、麻面和凹凸现象，找平层材料应符合设计要求。

3. 屋面防水层

种植屋面防水做法应符合《屋面工程技术规范》GB 50345—2012、《种植屋面工程技术规范》JGJ 155—2013 的要求，达到建筑防水设计标准。绿化施工前应进行防水检测并及时补漏，必要时做二次防水处理。铺设防水材料应向建筑侧墙面延伸，应高于基质表面 25cm 以上。

4. 隔离层

隔离层一般采用玻纤布或无纺布等材料，用于防止耐根穿刺层与防水层材料之间产生粘连现象。柔性防水层表面应设置隔离层；有刚性保护层的柔性防水层表面，隔离层可省略不铺。隔离层铺设在耐根穿刺层下面。搭接缝的有效宽度应达到 10～20cm，并向建筑侧墙面延伸 25cm。

5. 耐根穿刺层

耐根穿刺层一般有铅锡锑合金防水卷材、改性沥青类防水卷材、HDPE（高密度聚乙烯）和聚氯乙烯防水卷材、铝胎聚乙烯复合防水卷材等材料类型，用于防止植物根系穿透防水层。耐根穿刺层铺设在排（蓄）水层下，搭接宽度不小于 100mm，并向建筑侧墙面延伸 25cm。

6. 排（蓄）水层

排（蓄）水层一般包括排（蓄）水板、陶粒（荷载允许时使用）和排水管（屋顶排水坡度较大时使用）等不同的形式，用于改善基质的通气状况，迅速排出多余水分，有效缓解瞬时压力，并可蓄存少量水分。

排（蓄）水层铺设在过滤层下。应向建筑侧墙面延伸至基质表面下方 5cm 处。铺设方法如图 4-17 所示。

施工时应根据排水口设置排水观察井，并定期检查屋顶排水系统的通畅情况，及时清理枯枝落叶，防止排水口堵塞。

7. 过滤层

过滤层一般采用既能透水又能过滤的聚酯纤维无纺布等材料，用于阻止基质进入排水层。过滤层空铺于排（蓄）水层之上时，要求其铺设平整，搭接宽度不应小于 100mm。过滤层如为无纺布时，其搭接可采用粘合或缝合工艺。

8. 植被层

植被层是指能够满足植物生长条件，具有一定的渗透性能、蓄水能力和空间稳定性的轻质材料层。

种植屋面绿化基质荷重应根据湿表观密度进行核算，不应超过设计要求，可在建筑荷重和基质荷重允许的范围内，根据实际酌情配比。

六、屋顶绿化工程的施工

种植植物的施工工艺流程如下：放线定点→挖穴→起掘苗木→运苗与施工地假植→栽植修剪→栽植→栽后管理。

1. 放线定点

先清除障碍，根据图纸上的种植设计，按比例放样于地面，用仪器或皮尺标明边界、道路、建筑的位置，然后根据以上标明的位置就近确定苗木的种植位置。

2. 挖穴

栽植坑（穴）位置确定后，可根据树种根系特点决定挖坑（穴）的大小，栽植坑（穴）要求比土球大，应加宽放大 30cm 左右，加深 20cm 左右，栽植坑（穴）质量的好坏，对栽植质量和以后的植物生长发育有很大的影响，因此，对挖穴规格必须严格要求。

挖穴时以规定的穴径画圆，沿圆边向下挖掘，把表土和底土按统一规定分别堆放，再在穴内施一定的基肥，以便苗木以后，更好更快地长成，增强自身的抗性。

3. 起掘苗木

按种植屋面的设计要求到苗圃选择合适的苗木，并做出标记。所选苗木要求规格大小相近、单株壮苗、抗性强、无病害。为有利挖掘操作和少伤根系，苗木过湿的应提前开沟排水，过于干燥的应提前

2~3d 灌水。

起苗方法与质量要求应按藤长的 1/3 为半径定根幅画圆，于圆外绕起苗，垂直挖下至一定深度，切断侧根。将苗所带土球在穴内用稻草包扎好，搬出穴外。土球包扎要严，土球底要求封严不能漏。

4. 运苗与施工地假植

大量苗木出圃起运前，应核对苗木的数量及规格，并仔细检查起掘后的苗木质量，对不符合要求的苗木应淘汰，并补足苗数，运输苗木的车厢内先垫上草袋等物，以防车板磨损苗木。

树苗应有专人跟车押运，注意苦布是否被风吹开。短途运苗中途不要停留；长途运苗休息时停留在荫凉处，运苗时如遇气温较高，则应在傍晚装车木，苗木运到后应马上卸车。卸车时要求轻拿轻放。

苗木运到现场后，要马上栽种，未能及时栽种或未栽完的苗木，应视离栽种时间长短分别采取"假植"措施。

对裸根苗临时放置可用草袋盖好。干旱地区在栽植地附近挖浅沟，将苗木呈稍斜入置，挖土埋根，依次一排排假植好，盖遮阴网。如需较长时间的假植，选不影响施工的附近地点挖一宽 1.5~2cm，深 30~50cm，长度视需要而定的假植沟，按树种分别集中假植，并做好标记。依次一层层假植好。在此期间，土壤过干应适量浇水，但也不能过湿，以免影响日后的操作。

5. 栽植修剪

无论出圃时对苗木是否进行过修剪，栽植时都必须修剪。

6. 栽植

大规格苗木栽植方案如图 4-19 所示。

7. 栽后管理

树木栽后管理包括灌水、围土堰及其他。栽后当天必须及时浇上第一遍水。第二遍水可在第二天连续进行，水一定要浇透，使土壤吸足水分，有助于根系与土壤密接，保证成活。少雨季节植树，应每间隔 3~5d 浇透一次水。浇水时要防止冲垮土堰，每次浇水渗入后，应将歪斜树苗扶直，并对塌陷处填实土壤，最好是覆盖一层细干土。第一遍将水渗入后，可将土堰铲去，将土堆于干基，稍高出原地面，可利于防风和保护根系。

在对植物生长有妨害的种植区，应设置标志，或立柱牵索，或立临时篱笆等警告、防护措施，以保护植物的成活及正常生长。

种植区内应保持整洁，不得堆放杂物或用做临时场地。

对死亡的植株应及时进行更换补充。

七、确保工程质量的技术组织措施

（1）由施工管理经验丰富、组织能力强的项目经理和业务水平高的工程技术人员负责工程的全过程。

（2）教育职工牢固树立"百年大计，质量第一"的思想。

（3）选用一流设备对本项目进行施工，保证机械设备有良好的出勤率和安全保障，配备足够的修理人员跟班作业，确保工程设备处于最佳运行状态。

（4）配备足量的、能满足本项目精度要求的测量、检测仪器。

（5）对施工所采用的各种材料均应按相关的质量标准进行验收，对不合格的材料坚决不予采购。对种子必须检测其发芽率。

（6）对从外地区购入的苗木、种子应按要求进行检疫，并取得检疫证书。

（7）各类植物必须经验证其供应来源和检查合格后才能进行种植，一般不允许采用代替品种，所用植物运到工地后，应妥善放置养护，防止过冷或过热，并保持湿润。在开始种植到全部缺陷责任期中应对所种植物进行管理和养护，确保其成活率。其具体管理及养护措施如下：

① 按规定进行浇水，高温气候下则应加大浇水量和频率。

② 每年施肥不应少于规定的次数，各种肥料应按工程要求的方法施加。

③ 做好病虫害防治工作。

④ 经常清理及清除垃圾。在适宜的季节对枯坏及不发芽或死去的种植物均应及时更换。对不合格的坡面草地应及时进行补种。

⑤ 必要时可设置临时栅栏，以保护种植物，防止人为破坏。

八、确保工期的技术组织措施

1. 组织合理措施

（1）成立项目管理部，进行统一调度管理。

（2）及时落实材料、机具、劳力的进场和调度、管理。做好工序安排，提前做好工作面的准备工作。

2. 实施进度计划管理

（1）每周安排计划，下达班组和个人的定额和完成的工程质量指标，明确责任。

（2）每天班组对进度和质量实行自检，提出完成计划的具体措施。每周召开协调会，与甲方业主协调工序及施工进度，及时解决延误施工工期的因素。

九、脚手架工程

脚手架施工顺序：场地清理（平整）→检查材料配件→定位设置垫脚→安放底座立杆→小横杆→大横杆→与建筑物拉结→绑扎纵杆→铺脚手板→围侧脚手板，设置安全网。悬挑脚手先设置挑架，其余与上顺序相同。脚手拆除同搭设顺序相反，脚手设计具体在实施方案进一步明确完善

实地架子底脚应放置木板或槽钢垫脚，脚手架所用材料进场时均应加以检查、验收，不合格材料严禁使用。脚手架随楼层结构施工搭设，且比施工楼层高一个步距，防止外架倾斜，必须在墙面设置拉筋，固定脚手架，及时装好防护栏板、安全网，施工登高梯（斜道）要与脚手架同步跟上。

为了保证施工周围的绝对安全及文明施工，采用封闭围护措施，架子外侧用竹片与安全网结合封闭，在二层封闭围护外斜插一道安全网，在建筑物主要出入口用钢管搭设双层护头棚。

十、雨季、夏季施工措施和工作安排

1. 雨季施工安排

雨季是符合喷播的设计规定的最佳季节，争取在雨季前完成草籽喷播施工和攀缘植物栽种，在以后的时间内进行养护管理工作。

2. 夏季施工安排

夏季高温干旱势将严重影响喷播草籽的发芽及苗木的成活，为保证草籽的发芽及苗木的成活，采取如下施工措施：

（1）及时浇水。

（2）植苗木作业时间，原则以黑夜为主。

（3）采用透光率为10％黑色遮阳网遮盖植被，防止水分蒸发。

十一、与监理方配合的措施

（1）及时向监理工程师提供种植屋面施工组织设计和施工方案。

（2）熟悉设计图纸、设计要求，主动、明确地将工程费用最易突破的部分和环节告知监理工程师，以引起监理工程师的重视。

（3）协助监理工程师对工程变更、设计修改，并事前进行技术经济合理性分析。

（4）应及时地向监理工程师提供工程进度计划及工作量完成报表。在工程实施过程中，隐蔽工程应及时通知监理工程师，并取得监理工程师的认可后才能继续进行施工。

十二、屋顶绿化养护管理技术

1. 浇水

花园式屋顶绿化养护管理应按照《种植屋面工程技术规程》JGJ 155—2013执行，灌溉间隔一般控制在10～15天。简单式屋顶绿化一般基质较薄，应根据植物种类和季节不同，适当增加灌溉次数。

2. 施肥

采取控制水肥的方法或生长抑制技术，防止植物生长过旺而加大建筑荷载和维护成本。植物生长较差时，可在植物生长期内按照$30～50g/m^2$的比例，每年施1～2次长效复合肥。

3. 修剪

根据植物的生长特性，进行定期整形修剪和除草，并及时清理落叶。

4. 病虫害防治

应采用对环境无污染的防治措施，如人工及物理防治、生物防治、环保型农药防治等。

5. 防风防寒

应根据植物抗风性和耐寒性的不同，采取搭风障、支防寒罩和包裹树干等措施进行防风防寒处理。使用材料应具备耐火、坚固、美观的特点。

6. 灌溉设施

按设计要求选用灌溉系统，在有条件的情况下，应建立屋顶雨水和空调冷凝水的收集回灌系统。

十三、缺陷责任期内对工程的修复及维护方案

工程竣工后，项目经理部将按照合同规定的责任期组织专业队伍，配备足够的资源承担施工缺陷的维修，并做好回访业主、业主投诉处理等工作。

十四、文明施工的技术组织措施

1. 遵守施工措施

（1）施工现场管理人员、工人应统一服装，佩戴出入证；

（2）控制施工噪声，尽量做到施工不扰民；

（3）危险施工区域派专人值班，并悬挂警示牌。若晚间施工应挂警示灯；

（4）人人要讲究施工场地卫生，禁止随地大小便。

2. 场地整齐措施

（1）现场要做到文明、整洁，垃圾、杂物应及时清扫并倒放到指定地点，不得随地乱倒乱扔。

（2）施工时所用的脚手架、工具、机械和管线及其他材料应按管理人员所指定的区域、位置摆放整齐，不得乱摆放，影响出入与人员通行。

3. 工完料清措施

根据施工现场实际情况，划分文明施工责任区，落实责任人，做到文明施工有人管，有人抓。操作人员每日下班前，必须自觉对操作环境进行清理，做到工完场清。

十五、安全生产的技术组织措施

1. 安全组织措施

（1）树立严密的安全制度。以"安全生产、预防为主"的方针，确保安全施工，以此作为项目经理的主要考核目标；

（2）实行安全生产目标控制管理。在布置施工任务的同时布置安全生产指标和要求，考核工作成绩的同时也考核安全指标的完成情况；

（3）进行完全教育和活动。对所有进场的职工，必须进行安全生产的消防意识的教育工作；

（4）项目设兼职安全员。赋予他们安全一票否决权，严格制止违章指挥和违章作业，加强对安全生产检查和考评工作，凡发现安全隐患，必须及时整改；

（5）认真贯彻安全生产防火制度，易燃品按设防火标志，现场动用火源，应建立用火申报制度。

（6）认真编制安全生产措施：在各分项工程施工前，班组长必须进行安全技术交底，做到交底内容明确，针对性和实用性要强，操作人员必须按交底要求和安全操作用规程进行施工。

2. 安全防护措施

（1）凡是进场的施工人员在现场内严禁穿拖鞋、高跟鞋，更不能赤脚上工地，作业前严禁喝酒；

（2）不准在施工现场打闹，不准掷物，非有关人员不准进入危险区域内；

（3）施工用电不准私搭乱接，必须由甲方或经得甲方同意后派专人负责，严格遵守供电规则和操作规程；

（4）易燃易爆物品应离开火源，且不能长时间在太阳下曝晒；

（5）施工时应有足够照明设备，危险区域应有保护并设红灯警示；

（6）对施工机械设备进行定期和不定期的检查、保养、维护，严禁机械设备带病施工；杜绝事故的发生，确保安全生产。

4.4

施工示例

以德国威达种植屋面系统为例，其构造层次依次为：基层（1°～5°的找坡处理）；冷底子油；德国威达自粘蒸汽阻拦防水卷材 Vedagard SK 系列；EPS 保温层；德国威达自粘型底层防水材料——Vedatop SU（直接粘在 EPS 保温板上）；德国威达铜胎基 SBS 改性沥青阻根防水卷材——Vedaflor WS-I；德国威达蓄水保护毯 Vedaflor SSM 500；自动排水系统；过滤层；营养土 8～10cm；植物。部分工序施工示例如图 4-23～图 4-31 所示。

图 4-23　蒸汽阻拦层的铺设

图 4-24　EPS 保温层的铺设

图 4-25　阻根防水层的铺设

图 4-26　德国威达蓄水保护毯的铺设

图 4-27　自动排水系统的安装

图 4-28　过滤层的铺设

图 4-29　覆土施工

图 4-30　种植

图 4-31　完成的种植屋面

4.5

种植屋面的维护管理

种植屋面景观效果的保持、后期的维护管理工作十分重要，不可忽视。种植屋面的维护管理工作内容，主要包括植被层植物的养护和种植屋面种植系统、灌溉系统、避雷系统、电气及照明系统、防风系统、安全系统以及园林小品等设施的维护等。

在屋顶进行种植，由于植被层与大地相隔离，其植物生长所需的水分、养料则完全依靠人工灌溉和人工施肥，故操作难度和管理成本相对较高。在条件许可的情况下，可以选择滴灌、微喷、渗灌等灌溉技术，并建立屋顶雨水和空调冷凝水的收集回灌系统。相对于以灌溉为主要工作的简单式种植屋面（覆被式种植屋面）而言，花园式种植屋面的维护管理就相对复杂多了。除了对植物的灌溉、施肥、修剪、松土、支撑、遮阴、牵引、防寒、防治病除害等日常管理工作仍然必不可少外，还应对屋顶整体的防排水系统以及种植屋面各系统的设施进行定期的维护。

4.5.1 植物的养护

植被层的植物应根据植物的品种生长习性和种植屋面的采光、蓄水能力来决定具体的养护措施。种植屋面植被层施工结束后到工程竣工验收之前称之为施工期间的植物养护时期，这一时期应对各类植物进行精心的养护管理尤为重要，其后进行行之有效的养护是保证植物健康生长、种植屋面能否发展的关键。

1. 建立绿化养护管理制度

种植屋面工程应建立绿化养护管理制度，绿化栽植工程应编制养护管理计划，并应按照计划认真组织实施，其养护计划应符合现行行业标准《园林绿化工程施工及验收规范》CJJ 85—2012 第 4.15.2 条的规定。

2. 灌溉

应根据植被层所种植物的种类、习性、季节和天气情况实施灌溉；定期观察，测定种植土层的含水量，应根据其含水情况及时灌溉补水。由于在屋顶上栽植的植物因太阳照射强度大，蒸发量大，尤其是风力很大时，因此若少浇几次水，植物就会出现枯死等现象，当较长时间内没有天然降水时，必须及时进行浇水。灌溉用水应尽可能使用处理后的雨水以及灌溉植被层时渗透下来的水，以节约用水。

灌溉设施必须性能良好，接口处严禁发生滴、渗、漏现象，若水源杂质较多时，应进行过滤处理，以免排水管道被堵塞。灌溉结束后，应及时关闭灌溉设施。

灌溉应根据气候条件进行，夏季一般应在清晨或傍晚进行灌溉，冬季一般应在中午进行灌溉；灌溉不宜过度频繁，以防止局部积水时间过长而导致植物烂根，宜在土壤表面层干燥时再浇透为宜；灌溉时水不应超过植物的种植边界和女儿墙的高度；蕨类、常春藤等植物叶片上需要经常喷水以增加空气湿度，以保证生长良好，尤其是在温度高于 25℃ 或光照较好时，此环节尤为重要；如果发生局部积水则应采取沟通排水、局部松土透气等措施。

3. 施肥

应根据季节和植物生长周期测定种植土的肥力，根据植物的生长情况及时追肥、施肥，可适当补充环保、长效的有机肥和复合肥。

屋顶的特殊环境易造成种植土层（种植基质）的贫瘠，而植物的生长则需要足够的养料，故施肥是植物养护尤为重要的一个环节。

肥料的选择应以不污染环境为前提，其种类和用量取决于种植土的肥力和植物的生长状况，因此应因地制宜、合理施肥。同时，还应采取控水、控肥的方法和生长抑制等相关技术，防止植物生长过快而加大建筑物荷载和管理成本，若植物生长较差时，则可在植物生长期内按照规定施长效复合肥。

4. 修剪

树木应及时剥芽、去蘖、疏枝整形和修剪，草坪亦应适时进行修剪。修剪应根据设计要求、不同植物的生长习性、适时或定期进行。种植屋面可通过控制施肥和定期修剪来控制植物的生长。

由于植物在生长过程中常出现相邻植物其枝叶相互缠绕过密的现象，若通风不良则会导致植物病虫害的发生，而且冗乱的枝叶和杂草势必影响屋面绿化景观的美观性，故适时对植被层的植物进行整形修剪是种植屋面植物养护的一项重要工作。依据根冠平衡的原理，对植物进行修剪还可以起到抑制根部生长的作用，从而相应减少了根系对防水层的破坏。

种植屋面植物定期进行整形和修剪，除应根据园林绿地养护技术规程进行外，还必须严格控制植物的高度、疏密度、保持适宜的根冠比以及水分与养分的平衡，从而保证种植屋面的安全性。

植物的整形和修剪应根据植物的生长特性进行。一般乔木栽植满 3 年后，每年的早春季节进行修剪；灌木则在栽植满 2 年之后，每年的早春季节进行修剪；草坪在铺设后的当年，应修剪 1～2 次，第二年开始，每年的春季、夏季和秋季应各进行 1～2 次修剪，维持 5～7cm 的高度。修剪结束后应及时进行清理。

5. 更换和补栽植株

及时清理死枝，对于生长不良、枯死、损坏、缺株的植物应及时更换或补栽，用于更换和补栽的植物材料应和原来的植株的种类、规格相一致。

6. 更换新土

定期检查并及时补充种植土。

种植屋面长期栽植的植物，有时会出现根系相互纠结的情况，从而影响植物的正常生长，对此应及时剪去老根，换上新土。

持续的大风和降雨，尤其是南方多雨地区频繁的台风和暴雨可导致种植土的大量流失，因此亦应注意补充新土。

7. 清除杂草

在植物生长季节应及时除草并及时清运。杂草的侵入会导致原有的种植屋面绿化景观遭受破坏，而且对其他植物的生长造成危害，因此清除杂草对植被层的维护十分重要。

杂草的清除最好选择人工连根拔除的除草方法，人工除草适用于种植面积较小的情况。在面积较大的情况下，则多用化学除草法，化学除草法应采用高效、无毒、残效期短的除草剂。

8. 清除落叶

种植屋面的绿地应保持整洁，做好维护管理工作，及时清理枯枝、落叶、杂草、垃圾，保证植株生长健壮。

种植屋面绿地内若落叶堆积，不仅影响到屋面绿化的整体景观，而且落叶进入排水管道，则会造成排水管道堵塞，带来严重的隐患。因此每当发现落叶，特别是在植物的落叶期，要注意及时清理干净。部分地被植物或因叶片浓密而出现干枯，及时清理落叶，以保持小空间的良好通风。

9. 树木的支撑

对树木应加强支撑、绑扎及裹干措施，做好防强风、干热、洪涝、越冬防寒等工作。树木的支撑应符合设计要求。

10. 越冬

应根据植物的种类、季节和地域的不同，采取防寒、防晒、防风、防火措施。屋面绿化要注意防寒，应采取一定的防冻措施，特别是要及时清理积雪，防止大雪压坏树苗，若种植有新苗木或不耐寒的植物，则应采取搭设御寒风障、包裹树干、支防寒罩等措施来进行防风防寒处理。

11. 病虫害的防治

加强对病虫害的观察，控制突发性病虫害的发生，主要病虫害的防治应及时。园林植物病虫害防治，应采取生物防治方法和生物农药及高效低毒农药，严禁使用剧毒农药。

病虫害的防治应采取无污染或低污染、无毒害的防治方法，如人工及物理防治、生物防治、环保型农药防治等方法。对于草坪发生的一些病虫害，可选用具有针对性的杀菌剂；对于野生杂草，则可选用专用的除草剂；出现少量的蛀干害虫，宜采取人工钩杀的方法，量大的蛀干害虫应采用注射方式进行治理，同时进行适当的修枝、增加通风、透光性；对于有害侵入性植物宜采用人工拔除的方法清除。

4.5.2　设施的维护

为了保证种植屋面各系统设施的安全性，延长其耐久性，必须对其进行定期检查和维护，若发现设施损坏应及时保修。

1. 排水设施的维护

定期检查排水沟、水落口和检查井等排水设施，及时疏通排水管道，排水沟渠应定期清洁，避免淤积，以防侵蚀种植屋面的表层，导致屋顶漏水，影响建筑物的使用寿命。应保持外露的给排水设施清洁、完整，冬季应采取防冻裂措施。

2. 灌溉设施的维护

种植屋面浇水的灌溉系统要定期检查，定期检查水龙头、喷嘴以及水管是否有裂缝和毁坏。

3. 避雷系统的维护

除了房屋自身的避雷系统要保持完好外，在营建种植屋面时，应不破坏原有的避雷系统，并应将金属构件的搭建物、超出原有保护范围的搭建物的避雷设施同建筑物原有的避雷系统做可靠的焊接。避雷设施应接地可靠，并应满足设计要求。雷雨天气时，人们最好不要在种植屋面上停留。

4. 电气及照明系统的维护

应定期检查电气照明系统，保持照明设施正常工作，无带电裸露。

电气及照明系统的材料质量应符合设计要求；电气及照明系统的连接应紧密、牢固；电气接头的连接处应做绝缘处理，漏电保护器应反应灵敏可靠。

景观照明在安装完成之后应进行全负荷试验和接地阻值试验；夜景灯光安装完成之后应进行效果试验。

5. 防风

园林小品的安装应稳固，符合设计要求。

植物品种应尽量少用乔木、大灌木、高大的竹类以及浅根性品种，应多选低矮的、根系相对发达的植物品种，同时考虑根系对种植屋面的影响。种植屋面最好不要种植高大的植物，对一些比较脆弱的植物一定要做好加固处理。盆栽植物千万不要放在没有护栏的边沿，以防跌落到楼下伤及路人。

6. 园林小品的维护

园林小品应保持其外观整洁，构件和各项设施完好。

种植屋面的园林小品如园路、水景、栏杆、格架等，为了延长这些设施的寿命，保持良好的外貌特征和安全性，应对其进行维护，这是非常重要的。常见的园林小品设施的维护要点如下：

（1）应保持园路铺装、路缘石和护栏等的安全稳固，平整完好。应保持导引牌、标识牌的外观整洁、构件完整，应急避险标识应清晰醒目。

（2）应定期检查、清理水景设施的水循环系统，应保持水质的清洁，池壁安全稳固，无缺损。

（3）栏杆是种植屋面上的安全防护设施，在平常的维护管理工作中，必须检查所有点，以确保其强度和稳定性。

（4）应定期进行花盆和种植容器的检查，有些容器在寒冷的冬天会剥落或碎裂，故应在寒冷时将其移入室内或进行遮盖防寒。

（5）花架、木板、凳子等固定的家具由于受风吹、日晒、雨淋，故常会失去原有的颜色。因此，对于这些固定的家具应定期进行保养维护，除漆并重新涂漆。

附录 1

部分工程建设标准强制性条文及条文说明

附录 1-1 《屋面工程技术规范》中强制性条文及条文说明（摘录）

《屋面工程技术规范》GB50345—2012 中含有 8 条强制性条文，其条文及条文说明如下：

（一）**3.0.5**[＊] 屋面防水工程应根据建筑物的类别、重要程度、使用功能要求确定防水等级，并应按相应等级进行防水设防；对防水有特殊要求的建筑屋面，应进行专项防水设计。屋面防水等级和设防要求应符合附表 1 的规定。

附表 1 屋面防水等级和设防要求

防水等级	建筑类别	设防要求
Ⅰ级	重要建筑和高层建筑	两道防水设防
Ⅱ级	一般建筑	一道防水设防

条文说明

3.0.5 本条对屋面防水等级和设防要求作了较大的修订。原规范对屋面防水等级分为四级，Ⅰ级为特别重要或对防水有特殊要求的建筑，由于这类建筑极少采用，本次修订作了"对防水有特殊要求的建筑屋面，应进行专项防水设计"的规定；原规范Ⅳ级为非永久性建筑，由于这类建筑防水要求很低，本次修订给予删除，故本条根据建筑物的类别、重要程度、使用功能要求，将屋面防水等级分为Ⅰ级和Ⅱ级，设防要求分别为两道防水设防和一道防水设防。

本规范征求意见稿和送审稿中，都曾明确将屋面防水等级分为Ⅰ级和Ⅱ级，防水层的合理使用年限分别定为 20 年和 10 年，设防要求分别为两道防水设防和一道防水设防。关于防水层合理使用年限的确定，主要是根据原建设部《关于治理屋面渗漏的若干规定》（1991）370 号文中"……选材要考虑其耐久性能保证 10 年"的要求，以及考虑我国的经济发展水平、防水材料的质量和建设部《关于提高防水

＊ 章节序号为此工程建设标准中的原序号。

工程质量的若干规定》（1991）837 号中有关精神提出的。考虑近年来新型防水材料的门类齐全、品种繁多，防水技术也由过去的沥青防水卷材叠层做法向多道设防、复合防水、单层防水等形式转变。对于屋面的防水功能，不仅要看防水材料本身的材性，还要看不同防水材料组合后的整体防水效果，这一点从历次的工程调研报告中已得到了证实。由于对防水层的合理使用年限的确定，目前尚缺乏相关的实验数据，根据本规范审查专家建议，取消对防水层合理使用年限的规定。

（二）**4.5.1** 卷材、涂膜屋面防水等级和防水做法应符合附表 2 的规定。

附表 2 卷材、涂膜屋面防水等级和防水做法

防水等级	防 水 做 法
Ⅰ级	卷材防水层和卷材防水层、卷材防水层和涂膜防水层、复合防水层
Ⅱ级	卷材防水层、涂膜防水层、复合防水层

注：在Ⅰ级屋面防水做法中，防水层仅作单层卷材时，应符合有关单层防水卷材屋面技术的规定。

条文说明

4.5.1 本条对卷材及涂膜防水屋面不同的防水等级，提出了相应的防水做法。当防水等级为Ⅰ级时，设防要求为两道防水设防，可采用卷材防水层和卷材防水层、卷材防水层和涂膜防水层、复合防水层的防水做法；当防水等级为Ⅱ级时，设防要求为一道防水设防，可采用卷材防水层、涂膜防水层、复合防水层的防水做法。

（三）**4.5.5** 每道卷材防水层最小厚度应符合附表 3 的规定。

附表 3 每道卷材防水层最小厚度（mm）

防水等级	合成高分子防水卷材	高聚物改性沥青防水卷材		
		聚酯胎、玻纤胎、聚乙烯胎	自粘聚酯胎	自粘无胎
Ⅰ级	1.2	3.0	2.0	1.5
Ⅱ级	1.5	4.0	3.0	2.0

4.5.6 每道涂膜防水层最小厚度应符合附表 4 的规定。

附表 4 每道涂膜防水层最小厚度（mm）

防水等级	合成高分子防水涂膜	聚合物水泥防水涂膜	高聚物改性沥青防水涂膜
Ⅰ级	1.5	1.5	2.0
Ⅱ级	2.0	2.0	3.0

条文说明

4.5.5、4.5.6 防水层的使用年限，主要取决于防水材料物理性能、防水层的厚度、环境因素和使用条件四个方面，而防水层厚度是影响防水层使用年限的主要因素之一。本条对卷材防水层及涂膜防水层厚

度的规定是以合理工程造价为前提，同时又结合国内外的工程应用的情况和现有防水材料的技术水平综合得出的量化指标。卷材防水层及涂膜防水层的厚度若按本条规定的厚度选择，满足相应防水等级是切实可靠的。

（四）**4.5.7** 复合防水层最小厚度应符合附表 5 的规定。

附表 5　复合防水层最小厚度　　　　单位：mm

防水等级	合成高分子防水卷材＋合成高分子防水涂膜	自粘聚合物改性沥青防水卷材（无胎）＋合成高分子防水涂膜	高聚物改性沥青防水卷材＋高聚物改性沥青防水涂膜	聚乙烯丙纶卷材＋聚合物水泥防水胶结材料
Ⅰ级	1.2＋1.5	1.5＋1.5	3.0＋2.0	(0.7＋1.3)×2
Ⅱ级	1.0＋1.0	1.2＋1.0	3.0＋1.2	0.7＋1.3

条文说明

4.5.7 复合防水层是屋面防水工程中积极推广的一种防水技术，本条对防水等级为Ⅰ、Ⅱ级复合防水层最小厚度做出明确规定。需要说明的是：聚乙烯丙纶卷材物理性能除符合《高分子防水材料　第 1 部分：片材》GB18173.1 中 FS2 的技术要求外，其生产原料聚乙烯应是原生料，不得使用再生的聚乙烯；粘贴聚乙烯丙纶卷材的聚合物水泥防水胶结材料主要性能指标，应符合本规范附录第 B.1.8 条的要求。

（五）**4.8.1**　瓦屋面防水等级和防水做法应符合附表 6 的规定。

附表 6　瓦屋面防水等级和防水做法

防水等级	防水做法
Ⅰ级	瓦＋防水层
Ⅱ级	瓦＋防水垫层

　　注：防水层厚度应符合本规范第 4.5.5 条或第 4.5.6 条Ⅱ级防水的规定。

条文说明

4.8.1　本条中所指的瓦屋面，包括烧结瓦屋面、混凝土瓦屋面和沥青瓦屋面。近年来随着建筑设计的多样化，为了满足造型和艺术的要求，对有较大坡度的屋面工程也越来越多地采用了瓦屋面。

　　本次修订规范时将屋面防水等级划分为Ⅰ、Ⅱ两级，本条规定防水等级为Ⅰ级的瓦屋面，防水做法采用瓦＋防水层；防水等级为Ⅱ级的瓦屋面，防水做法采用瓦＋防水垫层。这就使瓦屋面能在一般建筑和重要建筑的屋面工程中均可以使用，扩大了瓦屋面的使用范围。

（六）**4.9.1**　金属板屋面防水等级和防水做法应符合附表 7 的规定。

附表 7　金属板屋面防水等级和防水做法

防水等级	防水做法
Ⅰ级	压型金属板＋防水垫层
Ⅱ级	压型金属板、金属面绝热夹芯板

注：1. 当防水等级为Ⅰ级时，压型铝合金板基板厚度不应小于 0.9mm；压型钢板基板厚度不应小于 0.6mm。

2. 当防水等级为Ⅰ级时，压型金属板应采用 360°咬口锁边连接方式。

3. 在Ⅰ级屋面防水做法中，仅作压型金属板时，应符合《金属压型板应用技术规范》等相关技术的规定。

条文说明

4.9.1　近几年，大量公共建筑的涌现使得金属板屋面迅猛发展，大量新材料应用及细部构造和施工工艺的创新，对金属板屋面设计提出了更高的要求。

金属板屋面是由金属面板与支承结构组成，金属板屋面的耐久年限与金属板的材质有密切的关系，按现行国家标准《冷弯薄壁型钢结构技术规范》GB50018 的规定，屋面压型钢板厚度不宜小于 0.5mm。参照奥运工程金属板屋面防水工程质量控制技术指导意见中对金属板的技术要求，本条规定当防水等级为Ⅰ级时，压型铝合金板基板厚度不应小于 0.9mm；压型钢板基板厚度不应小于 0.6mm，同时压型金属板应采用 360°咬口锁边连接方式。

尽管金属板屋面所使用的金属板材料具有良好的防腐蚀性，但由于金属板的伸缩变形受板型连接构造、施工安装工艺和冬夏季温差等因素影响，使得金属板屋面渗漏水情况比较普遍。根据本规范规定屋面Ⅰ级防水需两道防水设防的原则，同时考虑金属板屋面有一定的坡度和泄水能力好的特点，本条规定Ⅰ级金属板屋面应采用压型金属板＋防水垫层的防水做法；Ⅱ级金属板屋面应采用紧固件连接或咬口锁边连接的压型金属板以及金属面绝热夹芯板的防水做法。

（七）**5.1.6**　屋面工程施工必须符合下列安全规定：

1）严禁在雨天、雪天和五级风及其以上时施工。

2）屋面周边和预留孔洞部位，必须按临边、洞口防护规定设置安全护栏和安全网。

3）屋面坡度大于 30%时，应采取防滑措施。

4）施工人员应穿防滑鞋，特殊情况下无可靠安全措施时，操作人员必须系好安全带并扣好保险钩。

条文说明

5.1.6　施工单位应遵守有关施工安全、劳动保护、防火和防毒的法律法规，建立相应的管理制度，并应配备必要的设备、器具和标识。

本条是针对屋面工程的施工范围和特点，着重进行危险源的识别、风险评价和实施必要的措施。屋面工程施工前，对危险性较大的工程作业，应编制专项施工方案，并进行安全交底。坚持安全第一、预防为主和综合治理的方针，积极防范和遏制建筑施工生产安全事故的发生。

附录 1-2 《屋面工程质量验收规范》中的强制性条文及条文说明（摘录）

《屋面工程质量验收规范》GB50207—2012 中含有 4 条强制性条文，其条文及条文说明如下：

（一）**3.0.6** 屋面工程所用的防水、保温材料应有产品合格证书和性能检测报告，材料的品种、规格、性能等必须符合国家现行产品标准和设计要求。产品质量应由经过省级以上建设行政主管部门对其资质认可和质量技术监督部门对其计量认证的质量检测单位进行检测。

条文说明

3.0.6 防水、保温材料除有产品合格证和性能检测报告等出厂质量证明文件外，还应有经当地建设行政主管部门所指定的检测单位对该产品本年度抽样检验认证的试验报告，其质量必须符合国家现行产品标准和设计要求。

（二）**3.0.12** 屋面防水工程完工后，应进行观感质量检查和雨后观察或淋水、蓄水试验，不得有渗漏和积水现象。

条文说明

3.0.12 屋面渗漏是当前房屋建筑中最为突出的质量问题之一，群众对此反映极为强烈。为使房屋建筑工程，特别是量大面广的住宅工程的屋面渗漏问题得到较好的解决，将本条列为强制性条文。屋面工程必须做到无渗漏，才能保证功能要求。无论是屋面防水层的本身还是细部构造，通过外观质量检验只能看到表面的特征是否符合设计和规范的要求，肉眼很难判断是否会渗漏。只有经过雨后或持续淋水 2h，使屋面处于工作状态下经受实际考验，才能观察出屋面是否有渗漏。有可能蓄水试验的屋面，还规定其蓄水时间不得少于 24h。

（三）**5.1.7** 保温材料的导热系数、表观密度或干密度、抗压强度或压缩强度、燃烧性能，必须符合设计要求。

条文说明

5.1.7 建筑围护结构热工性能直接影响建筑采暖和空调的负荷与能耗，必须予以严格控制。保温材料的导热系数随材料的密度提高而增加，并且与材料的孔隙大小和构造特征有密切关系。一般是多孔材料的导热系数较小，但当其孔隙中所充满的空气、水、冰不同时，材料的导热性能就会发生变化。因此，要保证材料优良的保温性能，就要求材料尽量干燥不受潮，而吸水受潮后尽量不受冰冻，这对施工和使用都有很现实的意义。

保温材料的抗压强度或压缩强度，是材料主要的力学性能。一般是材料使用时会受到外力的作用，当材料内部产生应力增大到超过材料本身所能承受的极限值时，材料就会产生破坏。因此，必须根据材料的主要力学性能因材使用，才能更好地发挥材料的优势。

保温材料的燃烧性能，是可燃性建筑材料分级的一个重要判定。建筑防火关系到人民财产及生命安全和社会稳定，国家给予高度重视，出台了一系列规定，相关标准规范也即将颁布。因此，保温材料的燃烧性能是防止火灾隐患的重要条件。

（四）**7.2.7** 瓦片必须铺置牢固。在大风及地震设防地区或屋面坡度大于100％时，应按设计要求采取固定加强措施。

检验方法：观察或手扳检查。

条文说明

7.2.7 为了确保安全，针对大风及地震设防地区或坡度大于100％的块瓦屋面，应采用固定加强措施。有时几种因素应综合考虑，应由设计给出具体规定。

附录 1-3 《坡屋面工程技术规范》中的强制性条文及条文说明（摘录）

《坡屋面工程技术规范》GB50693——2011 中含有 4 条强制性条文，其条文及条文说明如下：

（一）**3.2.10** 屋面坡度大于100％以及大风和抗震设防烈度为 7 度以上的地区，应采取加强瓦材固定等防止瓦材下滑的措施。

条文说明

3.2.10 由于瓦材在此环境下容易脱落，产生安全隐患，必须采取加固措施。块瓦和波形瓦一般用金属件锁固，沥青瓦一般用满粘和增加固定钉的措施。

（二）**3.2.17** 严寒和寒冷地区的坡屋面檐口部位应采取防冰雪融坠的安全措施。

条文说明

3.2.17 严寒和寒冷地区冬季屋顶积雪较大，当气温升高时，屋顶的冰雪下部融化，大片的冰雪会沿屋顶坡度方向下坠，易造成安全事故。因此应采取相应的安全措施，如在临近檐口的屋面上增设挡雪栅栏或加宽檐沟等措施。

（三）**3.3.12** 坡屋面工程施工应符合下列规定：

1）屋面周边和预留孔洞部位必须设置安全护栏和安全网或其他防止坠落的防护措施。

2）屋面坡度大于 30％时，应采取防滑措施。

3）施工人员应戴安全帽，系安全带和穿防滑鞋。

4）雨天、雪天和五级风及以上时不得施工。

5）施工现场应设置消防设施，并应加强火源管理。

条文说明

3.3.12 坡屋面施工时，由于屋面具有一定坡度，易发生施工人员安全事故，所以本条作为强制性条文。

当坡度大于 30％时，人和物易滑落，故应采取防滑措施。

（四）**10.2.1** 单层防水卷材的厚度和搭接宽度应符合附表 8 和附表 9 的规定。

附表 8　单层防水卷材厚度　　单位：mm

防水卷材名称	一级防水厚度	二级防水厚度
高分子防水卷材	≥1.5	≥1.2
弹性体、塑性体改性沥青防水卷材	≥5	

附表 9　单层防水卷材搭接宽度　　单位：mm

防水卷材名称	满粘法	机械固定法			
		热风焊接		搭接胶带	
		无覆盖机械固定垫片	有覆盖机械固定垫片	无覆盖机械固定垫片	有覆盖机械固定垫片
高分子防水卷材	≥80	≥80 且有效焊缝宽度≥25	≥120 且有效焊缝宽度≥25	≥120 且有效粘结宽度≥75	≥200 且有效粘结宽度≥150
弹性体、塑性体改性沥青防水卷材	≥100	≥80 且有效焊缝宽度≥40	≥120 且有效焊缝宽度≥40	—	

条文说明

10.2.1 单层防水卷材的屋面对防水卷材的材料要求高于平屋面用防水卷材，特别是对其耐候性、机械强度和尺寸稳定性等指标有较高要求。并非所有防水卷材都能单层使用。单层防水卷材应满足使用年限的要求，还应达到表 10.2.1-1 要求的厚度，不得折减。尤其是改性沥青防水卷材，不管是一级还是二级都要达到 5mm 的厚度。

单层防水卷材搭接宽度既与搭接处防水质量有关，也与抗风揭有关。采用满粘法施工时，由于防水卷材全面积粘结在基层削弱了保温隔热层的功能，造成排水沟底部和室内结露现象。

附录 1-4　《种植屋面工程技术规程》JGJ 155—2013 中的强制性条文及条文说明（摘录）

《种植屋面工程技术规程》JGJ 155—2013 中含有 2 条强制性条文，其条文及条文说明如下：

（一）**3.2.3**　种植屋面工程结构设计时应计算种植荷载。既有建筑屋面改造为种植屋面前，应对原结构进行鉴定。

条文说明

3.2.3　建筑荷载涉及建筑结构安全，新建种植屋面工程的设计应首先确定种植屋面基本构造层次，根据各层次的荷载进行结构计算。既有建筑屋面改造成种植屋面，应首先对其原有结构安全性进行检测鉴定，必要时还应进行检测，以确定是否适宜种植及种植形式。种植荷载主要包括植物荷重和饱和水状态下种植土荷重。

（二）**5.1.7**　种植屋面防水层应满足一级防水等级设防要求，且必须至少设置一道具有耐根穿刺性能的防水材料。

条文说明

5.1.7　鉴于种植屋面工程一次性投资大，维修费用高，若发生渗漏则不易查找与修缮，国外一般要求种植屋面防水层的使用寿命至少 20 年，因此本规程规定屋面防水层应满足《屋面工程技术规范》GB50345 中一级防水等级要求。为防止植物根系对防水层的穿刺破坏，因此必须设置一道耐根穿刺防水层。

附录 1-5 《倒置式屋面工程技术规程》JGJ230—2010 中的强制性条文及条文说明（摘录）

《倒置式屋面工程技术规程》JGJ230—2010 中含有 4 条强制性条文，其条文及条文说明如下：

（一）**3.0.1** 倒置式屋面工程的防水等级应为 I 级，防水层合理使用年限不得少于 20 年。

条文说明

3.0.1 现行国家标准《屋面工程技术规范》GB50345 中，将倒置式屋面定义为"将保温层设置在防水层上的屋面"，随着挤塑型聚苯乙烯泡沫塑料板（XPS）等憎水性保温材料的大量应用，由于防水层得到保护，避免拉应力、紫外线以及其他因素对防水层的破坏，从而延长了防水层使用寿命和加强了屋面的实际防水效果。新的《屋面工程质量验收规范》（征求意见稿）将屋面防水等级划分为两级，一级屋面防水层合理使用年限为 20 年，根据国内外大量的工程实践证明，倒置式屋面能够达到这一要求，并且符合新的国家标准《屋面工程技术规范》GB50345（征求意见稿）对防水等级所做的调整。

为充分发挥倒置式屋面防水、保温耐久性的优势，维护公共利益和经济效益，有必要将本条做出强制性规定。

（二）**4.3.1** 保温材料的性能应符合下列规定：
1）导热系数不应大于 0.080W/(m·K)。
2）使用寿命应满足设计要求。
3）压缩强度或抗压强度不应小于 150kPa。
4）体积吸水率不应大于 3%。
5）对于屋顶基层采用耐火极限不小于 1.00h 的不燃烧体的建筑，其屋顶保温材料的燃烧性能不应低于 B_2 级；其他情况，保温材料的燃烧性能不应低于 B_1 级。

条文说明

4.3.1 保温材料要有较低的导热系数，是为了保证屋面系统具有良好的保温性能，在目前的各种保温材料中，适用于倒置式屋面工程的保温材料其导热系数不应大于 0.080W/(m·K)，否则屋面保温层将过厚，从而影响屋面系统的整体性能。保温材料要求具有较高的强度，主要是为了运输、搬运、施工时及保护层压置后不易损坏，保证屋面工程质量。材料的含水率对导热系数的影响较大，特别是负温度下更使导热系数增大，因此根据倒置式屋面的特点规定应当采用低吸水率的材料。

倒置式屋面将保温材料置于屋面系统的上层，所以保温材料相对于防水材料受到的自然侵蚀更直接更严重，所以对保温材料应有使用寿命的要求。目前已有的国内外工程实践证明，本规程中采用的倒置式屋面保温材料及系统构造是能够满足不低于 20 年使用寿命，保温材料可以做到不低于防水材料使用寿命的最低要求。

根据公安部公通字［2009］46 号文发布的《民用建筑外保温系统及外墙装饰防火暂行规定》对屋面用保温材料的燃烧性能要求：对于屋顶基层采用耐火极限不小于 1.00h 的不燃烧体的建筑，其屋顶的保温材料不应低于 B_2 级；其他情况，保温材料的燃烧性能不应低于 B_1 级。

与普通正置式屋面相比，倒置式屋面对保温材料的性能要求很高，为充分体现倒置式屋面节能保温和耐久性好的优点，提高屋面的经济和社会效益，有必要将保温材料的性能做强制性规定。

（三）**5.2.5** 倒置式屋面保温层的设计厚度应按计算厚度增加 25％取值，且最小厚度不得小于 25mm。

条文说明

5.2.5 对于开敞式保护层的倒置式屋面，当有雨水进入保温材料下部时，一般情况可完全蒸发掉，而进入封闭式保护层屋面保温层中的雨水可能蒸发不完全；当室外气温低，会在保护层与保温材料交界面及保温材料内部，出现结露；保温材料的长期使用老化，吸水率增大。因此，应考虑 10～20 年后，保温层的导热系数会比初期增大。所以，实际应用中应控制保温层湿度，并适当增大保温层厚度作为补偿；另外，保温层受保护层压置后厚度也会减小。故本规程规定保温层的设计厚度按计算厚度增加不低于 25％取值。保温层的厚度如果太薄，不能对防水层形成有效的保护作用，失去了倒置式屋面最根本的意义，而且在施工中和保护层压置后保温层容易损坏，故保温层应保证一定的厚度，本规程规定不得小于 25mm。

为确保倒置式屋面的保温性能在保温层积水、吸水、结露、长期使用老化、保护层压置等复杂条件下持续满足屋面节能的要求，有必要将此条列为强制性条文。

（四）**7.2.1** 既有建筑倒置式屋面改造工程设计，应由原设计单位或具备相应资质的设计单位承担。当增加屋面荷载或改变使用功能时，应先做设计方案或评估报告。

条文说明

7.2.1 在勘查的基础上，应尽量由原设计单位做屋面改造工程设计，以便更好地掌握既有建筑的基本情况。当需要增加屋面荷载或改变使用功能时，会对原有结构体系和受力状况产生影响，设计单位应先做方案，进行可行性研究，必要时进行结构可靠性鉴定。

既有建筑情况各异，而且进行倒置式屋面改造涉及既有建筑物的结构安全性问题，特别是增加屋面荷载或改变屋面使用功能的情况下，因此有必要对本条做出强制性规定。

附录 1-6 《采光顶与金属屋面技术规程》JGJ255—2012 中的强制性条文及条文说明（摘录）

《采光顶与金属屋面技术规程》JGJ255—2012 中含有 3 条强制性条文，其条文及条文说明如下：

（一）3.1.6 采光顶与金属屋面工程的隔热、保温材料，应采用不燃性或难燃性材料。

条文说明

3.1.6 近些年，由于对节能性能有较高要求，使得保温、隔热材料在建筑上获得普遍应用。但一些采用易燃或可燃隔热、保温材料的工程，发生严重的火灾，造成很大损失。因此考虑到采光顶与金属屋面的重要性，对隔热、保温材料应提高防火性能要求，应采用岩棉、矿棉、玻璃棉、防火板等不燃或难燃材料。岩棉、矿棉应符合现行国家标准《建筑用岩棉、矿渣棉绝热制品》GB/T19686 的规定，玻璃棉应符合现行国家标准《建筑绝热用玻璃棉制品》GB/T17795 的规定。根据公安部、住房和城乡建设部联合发布的《民用建筑外保温系统及外墙装饰防火暂行规定》（公通字［2009］46 号）的文件精神："对于屋顶基层采用耐火极限不小于 1.00h 的不燃烧体的建筑，其屋顶的保温材料不应低于 B_2 级；其他情况，保温材料的燃烧性能不应低于 B_1 级。"制定本条文。

（二）4.5.1 有热工性能要求时，公共建筑金属屋面的传热系数和采光顶的传热系数、遮阳系数应符合附表 10 的规定，居住建筑金属屋面的传热系数应符合附表 11 的规定。

附表 10 公共建筑金属屋面传热系数和采光顶的传热系数、遮阳系数限值

围护结构	区 域	传热系数[W/(m²·K)]		遮阳系数 SC
		体型系数≤0.3	0.3≤体型系数≤0.4	
金属屋面	严寒地区 A 区	≤0.35	≤0.30	—
	严寒地区 B 区	≤0.45	≤0.35	—
	寒冷地区	≤0.55	≤0.45	—
	夏热冬冷	≤0.7		—
	夏热冬暖	≤0.9		—
采光顶	严寒地区 A 区	≤2.5		—
	严寒地区 B 区	≤2.6		—
	寒冷地区	≤2.7		≤0.50
	夏热冬冷	≤3.0		≤0.40
	夏热冬暖	≤3.5		≤0.35

附表 11　居住建筑金属屋面传热系数限值

区　域	传热系数[W/(m² · K)]							
	3层及	3层	体型系数≤0.4		体型系数>0.4		$D<2.5$	$D\geqslant 2.5$
	3层以下	以上	$D\leqslant 2.5$	$D>2.5$	$D\leqslant 2.5$	$D>2.5$		
严寒地区 A 区	0.20	0.25	—	—	—	—	—	—
严寒地区 B 区	0.25	0.30	—	—	—	—	—	—
严寒地区 C 区	0.30	0.40	—	—	—	—	—	—
寒冷地区 A 区 寒冷地区 B 区	0.35	0.45	—	—	—	—	—	—
夏热冬冷	—	—	≤0.8	≤1.0	≤0.5	≤0.6	—	—
夏热冬暖	—	—	—	—	—	—	≤0.5	≤1.0

注：D 为热惰性系数。

条文说明

4.5.1　现行国家标准《公共建筑节能设计标准》GB50189 针对公共建筑围护结构包括屋面、屋面透明部分提出强制规定，因此公共建筑采光顶与金属屋面的热工设计必须符合其要求。

居住建筑较少采用采光顶、金属屋面，因此在现行行业标准《严寒和寒冷地区居住建筑节能设计标准》JGJ26、《夏热冬冷地区居住建筑节能设计标准》JGJ134、《夏热冬暖地区居住建筑节能设计标准》JGJ75 尚未对透明屋面（采光顶）做出具体规定，但针对屋面提出较高要求。金属屋面是比较理想的屋面维护结构，性能优异，应满足不同地区居住建筑节能设计标准的要求。

（三）**4.6.4**　光伏组件应具有带电警告标识及相应的电气安全防护措施，在人员有可能接触或接近光伏系统的位置，应设置防触电警示标识。

条文说明

4.6.4　人员有可能接触或接近的、高于直流 50V 或 240W 以上的系统属于应用等级 A，适用于应用等级 A 的设备被认为是满足安全等级 Ⅱ 要求的设备，即 Ⅱ 类设备。当光伏系统从交流侧断开后，直流侧的设备仍有可能带电，因此，光伏系统直流侧应设置必要的触电警示和防止触电的安全措施。

附录 1-7　《地下工程防水技术规范》中的强制性条文及条文说明（摘录）

《地下工程防水技术规范》GB50108—2008 中含有 6 条强制性条文，其条文及条文说明如下：

（一）**3.1.4** 地下工程迎水面主体结构应采用防水混凝土，并应根据防水等级的要求采取其他防水措施。

条文说明

3.1.4 防水混凝土自防水结构作为工程主体的防水措施已普遍为地下工程界所接受，根据各地的意见，修编时将原规范中的"地下工程的钢筋混凝土结构应采用防水混凝土浇筑"改为"地下工程迎水面主体结构应采用防水混凝土浇筑"，其意思是地下工程除直接与地下水接触的围护结构采用防水混凝土浇筑外，内部隔墙可以不采用防水混凝土，如民用建筑地下室，其内隔墙可以不采用防水混凝土。

（二）**3.2.1** 地下工程的防水等级应分为四级，各等级防水标准应符合附表 12 的规定。

附表 12 地下工程防水标准

防水等级	防水标准
一级	不允许渗水，结构表面无湿渍
二级	不允许漏水，结构表面可有少量湿渍； 工业与民用建筑：总湿渍面积不应大于总防水面积（包括顶板、墙面、地面）的 1/1000；任意 100m² 防水面积上的湿渍不超过 2 处，单个湿渍的最大面积不大于 0.1m²； 其他地下工程：总湿渍面积不应大于总防水面积的 2/1000；任意 100m² 防水面积上的湿渍不超过 3 处，单个湿渍的最大面积不大于 0.2m²；其中，隧道工程还要求平均渗水量不大于 0.05L/(m²·d)，任意 100m² 防水面积上的渗水量不大于 0.15L/(m²·d)
三级	有少量漏水点，不得有线流和漏泥砂； 任意 100m² 防水面积上的漏水或湿渍点数不超过 7 处，单个漏水点的最大漏水量不大于 2.5L/d，单个湿渍的最大面积不大于 0.3m²
四级	有漏水点，不得有线流和漏泥砂； 整个工程平均漏水量不大于 2L/(m²·d)；任意 100m² 防水面积上的平均漏水量不大于 4L/(m²·d)

3.2.2 地下工程不同防水等级的适用范围，应根据工程的重要性和使用中对防水的要求按附表 13 选定。

附表 13 不同防水等级的适用范围

防水等级	适用范围
一级	人员长期停留的场所；因有少量湿渍会使物品变质、失效的贮物场所及严重影响设备正常运转和危及工程安全运营的部位；极重要的战备工程、地铁车站
二级	人员经常活动的场所；在有少量湿渍的情况下不会使物品变质、失效的贮物场所及基本不影响设备正常运转和工程安全运营的部位；重要的战备工程
三级	人员临时活动的场所；一般战备工程
四级	对渗漏水无严格要求的工程

条文说明

3.2.1、3.2.2 原规范规定的防水等级划分为四级，经过五年来的使用，从防水工程界的反映来看基本上是符合实际、切实可行的。因此这次修编仍保留原防水等级的划分，但对二级防水等级标准进行了局部修改，理由如下：

1. 二级防水等级标准是按湿渍来反映的，这是它合理的一面。与"工业与民用建筑……任意 $100m^2$ 防水面积的湿渍不超过 2 处，单个湿渍的最大面积不大于 $0.1m^2$"的规定是匹配的。理由是"任意 $100m^2$"是指包括建筑中渗水最集中区，因此与整个建筑总湿面积为总防水面积的 1/1000 绝不应对等，更何况以上的表述还意味着任意 $100m^2$ 防水面积的湿渍还小于建筑总湿面积的平均值。理论上讲，"任意 $100m^2$ 防水面积上的湿渍比例"应是"建筑总湿面积的比例的"2 倍。

2. 关于隧道渗漏水量的比较和检测，国内外早已达成的共识是：规定单位面积的渗水量（或包括单位时间），如：渗水量 $L/(m^2 \cdot d)$、湿渍面积×湿渍数/$100m^2$，这样就撇开了工程断面和长度，可比性强，也比较客观。

3. 隧道工程还要求"平均渗水量不大于 $0.05L/(m^2 \cdot d)$，任意 $100m^2$ 防水面积上的渗水量不大于 $0.15L/(m^2 \cdot d)$"，基本是合理的。"整体"与"任意"的关系，与其他地下工程一样分别为 2～4 倍，考虑到隧道的总内表面积通常较大，故定为 3 倍。

4. 考虑到国外的有关隧道等级标准（包括二级）都与渗水量挂钩 $[L/(m^2 \cdot d)]$，目前国内设计上，防水等级为二级的隧道工程，尤其是圆形隧道或房屋建筑的地下建筑的渗水量的提法有所差别，即隧道工程已按国际惯例提出 $L/(m^2 \cdot d)$ 的指标，包括整体与局部，其倍数关系，应与湿迹一致，因此，这次修编时增补了这方面的内容。

在进行防水设计时，可根据表中规定的适用范围，结合工程的实际情况合理确定工程的防水等级。如办公用房属人员长期停留场所，档案库、文物库属少量湿迹会使物品变质、失效的贮物场所，配电间、地下铁道车站顶部属少量湿迹会严重影响设备正常运转和危及工程安全运营的场所或部位，指挥工程属极重要的战备工程，故都应定为一级；而一般生产车间属人员经常活动的场所，地下车库属有少量湿迹不会使物品变质、失效的场所，电气化隧道、地铁隧道、城市公路隧道、公路隧道侧墙属有少量湿迹基本不影响设备正常运转和工程安全运营的场所或部位，人员掩蔽工程属重要的战备工程，故应定为二级；城市地下公共管线沟属人员临时活动场所，战备交通隧道和疏散干道属一般战备工程，可定为三级。对于一个工程（特别是大型工程），因工程内部各部分的用途不同，其防水等级可以有所差别，设计时可根据表中适用范围的原则分别予以确定。但设计时要防止防水等级低的部位的渗漏水影响防水等级高的部位的情况。

（三）**4.1.22** 防水混凝土拌合物在运输后如出现离析，必须进行二次搅拌。当坍落度损失后不能满足施工要求时，应加入原水胶比的水泥浆或掺加同品种的减水剂进行搅拌，严禁直接加水。

条文说明

4.1.22 针对施工中遇到坍落度不满足施工要求时有随意加水的现象，本条做了严禁直接加水的规定。

因随加水将改变原有规定的水灰比，而水灰比的增大将不仅影响混凝土的强度，而且对混凝土的抗渗性影响极大，将会造成渗漏水的隐患。

（四）**4.1.26** 施工缝的施工应符合下列规定：

1. 水平施工缝浇筑混凝土前，应将其表面浮浆和杂物清除，然后铺设净浆或涂刷混凝土界面处理剂、水泥基渗透结晶型防水涂料等材料，再铺 30～50mm 厚的 1：1 水泥砂浆，并应及时浇筑混凝土。

2. 垂直施工缝浇筑混凝土前，应将其表面清理干净，再涂刷混凝土界面处理剂或水泥基渗透结晶型防水涂料，并应及时浇筑混凝土。

……

条文说明

4.1.26 施工缝的防水质量除了与选用的构造措施有关外，还与施工质量有很大的关系，本条根据各地的实践经验，对原条文进行了修改。

1. 水平施工缝防水措施中增加了涂刷水泥基渗透结晶型防水涂料的内容，做法是在混凝土终凝后（一般来说，夏季在混凝土浇筑后 24h，冬季则在 36～48h，具体视气温、混凝土强度等级而定，气温高、混凝土强度等级高者可短些），立即用钢丝刷将表面浮浆刷除，边刷边用水冲洗干净，并保持湿润，然后涂刷水泥基渗透结晶型防水涂料或界面处理剂，目的是使新老混凝土结合得更好。如不先铺水泥砂浆层或铺的厚度不够，将会出现工程界俗称的"烂根"现象，极易造成施工缝的渗漏水。还应注意铺水泥砂浆层或刷界面处理剂、水泥基渗透结晶型防水涂料后，应及时浇筑混凝土，若时间间隔过久，水泥砂浆已凝固，则起不到使新老混凝土紧密结合的作用，仍会留下渗漏水的隐患。

施工缝凿毛也是增强新老混凝土结合力的有效方法，但在垂直施工缝中凿毛作业难度较大，不宜提倡。

本条规定的施工缝防水措施，对于具体工程而言，并不是所列的方法都采用，而是根据具体情况灵活掌握，如采用水泥基渗透结晶型防水涂料，就不一定采用界面处理剂，但水泥砂浆是要采用的，这是保证新老混凝土结合的主要措施。

……

（五）**5.1.3** 变形缝处混凝土结构的厚度不应小于 300mm。

条文说明

5.1.3 因变形缝处是防水的薄弱环节，特别是采用中埋式止水带时，止水带将此处的混凝土分为两部分，会对变形缝处的混凝土造成不利影响，因此条文做了变形缝处混凝土局部加厚的规定。

附录 1-8 《地下防水工程质量验收规范》GB50208—2011 中的强制性条文及条文说明（摘录）

《地下防水工程质量验收规范》GB50208—2011 中含有 5 条强制性条文，其条文及条文说明如下：

（一）**4.1.16** 防水混凝土结构的施工缝、变形缝、后浇带、穿墙管、埋设件等设置和构造必须符合设计要求。

检验方法：观察检查和检查隐蔽工程验收记录。

条文说明

4.1.16 对本条说明如下：

1）防水混凝土应连续浇筑，宜少留施工缝，以减少渗水隐患。墙体上的垂直施工缝宜与变形缝相结合。墙体最低水平施工缝应高出底板表面不小于 300mm，距墙孔洞边缘不应小于 300mm，并避免设在墙体承受剪力最大的部位。

2）变形缝应考虑工程结构的沉降、伸缩的可变性，并保证其在变化中的密闭性，不产生渗漏水现象。变形缝处混凝土结构的厚度不应小于 300mm，变形缝的宽度宜为 20～30mm。全埋式地下防水工程的变形缝应为环状；半地下防水工程的变形缝应为 U 字形，U 字形变形缝的设计高度应超出室外地坪 500mm 以上。

3）后浇带采用补偿收缩混凝土、遇水膨胀止水条或止水胶等防水措施，补偿收缩混凝土的抗压强度和抗渗等级均不得低于两侧混凝土。

4）穿墙管道应在浇筑混凝土前预埋。当结构变形或管道伸缩量较小时，穿墙管可采用主管直接埋入混凝土内的固定式防水法；当结构变形或管道伸缩量较大或有更换要求时，应采用套管式防水法。穿墙管线较多时宜相对集中，采用封口钢板式防水法。

5）埋设件端部或预留孔、槽底部的混凝土厚度不得小于 250mm；当厚度小于 250mm 时，应采取局部加厚或加焊止水钢板的防水措施。

（二）**4.4.8** 涂料防水层的平均厚度应符合设计要求，最小厚度不得小于设计厚度的 90％。

检验方法：用针测法检查。

条文说明

4.4.8 防水涂料必须具有一定的厚度，保证其防水功能和防水层耐久性。在工程实践中，经常出现材料用量不足或涂刷不匀的缺陷，因此控制涂层的平均厚度和最小厚度是保证防水层质量的重要措施。《地下工程防水技术规范》GB50108—2008 规定：掺外加剂、掺合料的水泥基防水涂料厚度不得小于

3.0mm；水泥基渗透结晶型防水涂料的用量不应小于 $1.5kg/m^2$，且厚度不应小于 1.0mm；有机防水涂料的厚度不得小于 1.2mm。本条保留了原规范涂料防水层的平均厚度应符合设计要求，将最小厚度由原规范的不得小于设计厚度 80% 提高到 90%，以防止涂层厚薄不均匀而影响防水质量。检验方法宜采用针测法检查，取消割取实样用卡尺测量。

有关涂料防水层的厚度测量，建议采用下列方法：

1. 按每处 10m² 抽取 5 个点，两点间距不小于 2.0m，计算 5 点的平均值为该处涂层平均厚度，并报告最小值；

2. 涂层平均厚度符合设计规定，且最小厚度大于或等于设计厚度的 90% 为合格标准；

3. 每个检验批当有一处涂层厚度不合格时，则允许再抽取一处按上法测量，若重新抽取一处涂层厚度不合格，则判定检验批不合格。

（三）**5.2.3** 中埋式止水带埋设位置应准确，其中间空心圆环与变形缝的中心线应重合。

检验方法：观察检查和检查隐蔽工程验收记录。

条文说明

5.2.3～5.2.5 变形缝的渗漏水除设计不合理的原因之外，施工质量也是一个重要的原因。

中埋式止水带施工时常存在以下问题：一是埋设位置不准，严重时止水带一侧往往折至缝边，根本起不到止水的作用。过去常用铁丝固定止水带，铁丝在振捣力的作用下会变形甚至振断，其效果不佳，目前推荐使用专用钢筋套或扁钢固定。二是顶、底板止水带下部的混凝土不易振捣密实，气泡也不易排出，且混凝土凝固时产生的收缩易使止水带与下面的混凝土产生缝隙，从而导致变形缝漏水。根据这种情况，条文中规定顶、底板中的止水带安装成盆形，有助于消除上述弊端。三是中埋式止水带的安装，在先浇一侧混凝土时，此时端模被止水带分为两块，这给模板固定造成困难，施工时由于端模支撑不牢，不仅造成漏浆，而且也不敢按规定进行振捣，致使变形缝处的混凝土密实性较差，从而导致渗漏水。四是止水带的接缝是止水带本身的防水薄弱处，因此接缝愈少愈好，考虑到工程规模不同，缝的长度不一，对接缝数量未做严格的限定。五是转角处止水带不能折成直角，条文规定转角处应做成圆弧形，以便于止水带的安设。

（四）**5.3.4** 采用掺膨胀剂的补偿收缩混凝土，其抗压强度、抗渗性能和限制膨胀率必须符合设计要求。

检验方法：检查混凝土抗压强度、抗渗性能和水中养护 14d 后的限制膨胀率检验报告。

条文说明

5.3.4 后浇带应采用补偿收缩混凝土浇筑，其抗压强度和抗渗等级均不应低于两侧混凝土。采用掺膨胀剂的补偿收缩混凝土，应根据设计的限制膨胀率要求，经试验确定膨胀剂的最佳掺量，只有这样才能达到控制结构裂缝的效果。

（五）**7.2.12** 隧道、坑道排水系统必须通畅。

检验方法：观察检查。

条文说明

7.2.12 隧道防排水应视水文地质条件因地制宜地采取"以排为主，防、排、截、堵相结合"的综合治理原则，达到排水通畅、防水可靠、经济合理、不留后患的目的。"防"是指衬砌抗渗和衬砌外围防水，包括衬砌外围防水层和压浆。"排"是指使衬砌背后空隙及围岩不积水，减少衬砌背后的渗水压力和渗水量。为此，对表面水、地下水应采取妥善的处理，使隧道内外形成一个完整的畅通的防排水系统。一般公路隧道应做到：（1）拱部、边墙不滴水；（2）路面不冒水、不积水，设备箱洞处均不渗水；（3）冻害地区隧道衬砌背后不积水，排水沟不冻结。

隧道、坑道排水是按不同衬砌排水构造采取各种排水措施，将地下水和地面水引排至隧道以外。为了排水的需要，隧道一般应设置纵向排水沟、横向排水坡、横向排水暗沟或盲沟等排水设施。排水沟必须符合设计要求，隧道、坑道排水系统必须畅通，以保证正常使用和行车安全。

附录 1-9 《园林绿化工程施工及验收规范》CJJ82—2012 中的强制性条文及条文说明（摘录）

《园林绿化工程施工及验收规范》CJJ82—2012 中含有 8 条强制性条文，其条文及条文说明如下：

（一）**4.1.2** 栽植基础严禁使用含有害成分的土壤，除有设施空间绿化等特殊隔离地带，绿化栽植土壤有效土层下不得有不透水层。

条文说明

4.1.2 绿化栽植的土壤含有害的成分（特别是化学成分）以及栽植层下有不透水层，影响植物根系生长或造成死亡，土壤中有害物质必须清除，不透水层影响园林植物扎根及土壤通气情况，必须进行处理，达到通透。

（二）**4.3.2** 严禁使用带有严重病虫害的植物材料，非检疫对象的病虫害危害程度或危害痕迹不得超过树体的 5%～10%。自外省市及国外引进的植物材料应有植物检疫证。

条文说明

4.3.2 植物材料带有病虫害影响苗木质量，易引起扩散，为防止危险病虫害的传入，必须对国外及外省市的苗木进行检疫，有检疫证明。

（三）**4.4.3** 运输吊装苗木的机具和车辆的工作吨位，必须满足苗木吊装、运输的需要，并应制订相应的安全操作措施。

条文说明

4.4.3 苗木运输的起吊设备和车辆涉及安全问题，必须满足苗木起吊、运输的要求。

（四）**4.10.2** 水湿生植物栽植地的土壤质量不良时，应更换合格的栽植土，使用的栽植土和肥料不得污染水源。

条文说明

4.10.2 栽植土和肥料易造成水质污染，应加以防止。

（五）**4.10.5** 水湿生植物的病虫害防治应采用生物和物理防治方法，严禁药物污染水源。

条文说明

4.10.5 水湿生植物的病虫害药物防治易造成水质污染，应予以防止，提倡生物和物理防治。

（六）**4.12.3** 设施顶面绿化栽植基层（盘）应有良好的防水排灌系统，防水层不得渗漏。

条文说明

4.12.3 设施顶面栽植基层包括耐根穿刺防水层、排蓄水层、过滤层、栽植土层。耐根穿刺防水层不能渗漏，确保设施使用功能。排蓄水层、过滤层使栽植土层透气保水，保证植物能正常生长。

（七）**4.15.3** 园林植物病虫害防治，应采用生物防治方法和生物农药及高效低毒农药，严禁使用剧毒农药。

条文说明

4.15.3 使用剧毒农药易造成环境污染，也关系到人身安全，所以必须禁用。

（八）**5.2.4** 假山叠石的基础工程及主体构造应符合设计和安全规定，假山结构和主峰稳定性应符合抗风、抗震强度要求。

条文说明

5.2.4 假山、叠石、置石的基础和主体构造是工程的承重关键部位，必须按照设计要求和相关规范规定，精心施工，保证质量，符合抗风、抗震、安全的要求。

附录2

部分工程建设标准有关种植屋面条文选编

附录2-1 《建筑结构荷载规范》GB 50009—2012（摘录）

5.3.1 房屋建筑的屋面，其水平投影面上的屋面均布活荷载的标准值及其组合值系数、频遇值系数和准永久值系数的取值，不应小于附表14的规定。

附表14 屋面均布活荷载标准值及其组合值系数、频遇值系数和准永久值系数

项次	类　别	标准值 （kN/m²）	组合值系数 ψ_c	频遇值系数 ψ_f	准永久值系数 ψ_q
1	不上人的屋面	0.5	0.7	0.5	0.0
2	上人的屋面	2.0	0.7	0.5	0.4
3	屋顶花园	3.0	0.7	0.6	0.5
4	屋顶运动场地	3.0	0.7	0.6	0.4

注：1. 不上人的屋面，当施工或维修荷载较大时，应按实际情况采用；对不同类型的结构应按有关设计规范的规定采用，但不得低于0.3kN/m²。

2. 当上人的屋面兼作其他用途时，应按相应楼面活荷载采用。

3. 对于因屋面排水不畅、堵塞等引起的积水荷载，应采取构造措施加以防止；必要时，应按积水的可能深度确定屋面活荷载。

4. 屋顶花园活荷载不应包括花圃土石等材料自重。

条文说明

5.3.1 作为强制性条文，本次修订明确规定附表14中列入的屋面均布活荷载的标准值及其组合值系数、频遇值系数和准永久值系数为设计时必须遵守的最低要求。

对不上人的屋面均布活荷载，以往规范的规定是考虑在使用阶段作为维修时所必需的荷载，因而取值较低，统一规定为0.3kN/m²。后来在屋面结构上，尤其是钢筋混凝土屋面上，出现了较多的事故，原因无非是屋面超重、超载或施工质量偏低。特别对无雪地区，按过低的屋面活荷载设计，就更容易发生质量事故。因此，为了进一步提高屋面结构的可靠度，在原颁布的GBJ 9—87中将不上人的钢筋混凝土屋面活荷载提高到0.5kN/m²。根据原颁布的GBJ 68—84，对永久荷载和可变荷载分别采用不同的荷

载分项系数以后，荷载以自重为主的屋面结构可靠度相对又有所下降。为此，GBJ 9—87 有区别地适当提高其屋面活荷载的值为 $0.7\text{kN}/\text{m}^2$。

GB 50009—2001 修订时，补充了以恒载控制的不利组合式，而屋面活荷载中主要考虑的仅是施工或维修荷载，故将原规范项次 1 中对重屋盖结构附加的荷载值 $0.2\text{kN}/\text{m}^2$ 取消，也不再区分屋面性质，统一取为 $0.5\text{kN}/\text{m}^2$。但在不同材料的结构设计规范中，尤其对于轻质屋面结构，当出于设计方面的历史经验而有必要改变屋面荷载的取值时，可由该结构设计规范自行规定，但不得低于 $0.3\text{kN}/\text{m}^2$。

关于屋顶花园和直升机停机坪的荷载是参照国内设计经验和国外规范有关内容确定的。

本次修订增加了屋顶运动场地的活荷载标准值。随着城市建设的发展、人民的物质文化生活水平不断提高，受到土地资源的限制，出现了屋面作为运动场地的情况，故在本次修订中新增屋顶运动场活荷载的内容。参照体育馆的运动场，屋顶运动场地的活荷载值为 $4.0\text{kN}/\text{m}^2$。

附录 2-2 《屋面工程质量验收规范》GB 50207—2012（摘录）

5.6 种植隔热层

5.6.1 种植隔热层与防水层之间宜设细石混凝土保护层。

5.6.2 种植隔热层的屋面坡度大于 20% 时，其排水层、种植土层应采取防滑措施。

5.6.3 排水层施工应符合下列要求：

1. 陶粒的粒径不应小于 25mm，大粒径应在下，小粒径应在上。

2. 凹凸形排水板宜采用搭接法施工，网状交织排水板宜采用对接法施工。

3. 排水层上应铺设过滤层土工布。

4. 挡墙或挡板的下部应设泄水孔，孔周围应放置疏水粗细骨料。

5.6.4 过滤层土工布应沿种植土周边向上铺设至种植土高度，并应与挡墙或挡板粘牢；土工布的搭接宽度不应小于 100mm，接缝宜采用粘合或缝合。

5.6.5 种植土的厚度及自重应符合设计要求。种植土表面应低于挡墙高度 100mm。

Ⅰ 主 控 项 目

5.6.6 种植隔热层所用材料的质量，应符合设计要求。

检验方法：检查出厂合格证和质量检验报告。

5.6.7 排水层应与排水系统连通。

检验方法：观察检查。

5.6.8 挡墙或挡板泄水孔的留设应符合设计要求，并不得堵塞。

检验方法：观察和尺量检查。

Ⅱ 一般项目

5.6.9 陶粒应铺设平整、均匀，厚度应符合设计要求。

检验方法：观察和尺量检查。

5.6.10 排水板应铺设平整，接缝方法应符合国家现行有关标准的规定。

检验方法：观察和尺量检查。

5.6.11 过滤层土工布应铺设平整、接缝严密，其搭接宽度的允许偏差为−10mm。

检验方法：观察和尺量检查。

5.6.12 种植土应铺设平整、均匀，其厚度的允许偏差为±5%，且不得大于 30mm。

检验方法：尺量检查。

条文说明

5.6 种植隔热层

5.6.1 种植隔热层施工应在屋面防水层和保温层施工验收合格后进行。有关种植屋面的防水层和保温层，除应符合本规范规定外，还应符合现行行业标准《种植屋面工程技术规范》JGJ 155 的有关规定。

种植隔热层施工时，如破坏了屋面防水层，则屋面渗漏治理极为困难。如采用陶粒排水层，一般应在屋面防水层上增设水泥砂浆或细石混凝土保护层；如采用塑料板排水层，一般不设任何保护层。本条规定种植隔热层与屋面防水层之间宜设细石混凝土保护层，这里不要错误理解，该保护层是考虑植物根系对屋面防水层穿刺损坏而设置的。

5.6.2 屋面坡度大于 20% 时，种植隔热层构造中的排水层、种植土层应采取防滑措施，防止发生安全事故。采用阶梯式种植时，屋面应设置防滑挡墙或挡板；采用台阶式种植时，屋面应采用现浇钢筋混凝土结构。

5.6.3 排水层材料应根据屋面功能及环境经济条件等进行选择。陶粒的粒径不应小于 25mm，稍大粒径在下，稍小粒径在上，有利于排水；凹凸型排水板宜采用搭接法施工，网状交织排水板宜采用对接法施工。排水层上应铺设单位面积质量宜为 $200 \sim 400 g/m^2$ 的土工布作过滤层，土工布太薄容易损坏，不能阻止种植土流失，太厚则过滤水缓慢，不利于排水。

挡墙或挡板下部设置泄水孔，主要是排泄种植土中过多的水分。泄水孔周围放置疏水粗细骨料，是为了防止泄水孔被种植土堵塞、影响正常的排水功能和使用管理。

5.6.4 为了防止因种植土流失而造成排水层堵塞，本条规定过滤层土工布应沿种植土周边向上铺设至种植土高度，并与挡墙或挡板粘牢；土工布的搭接宽度不应小于 100mm，接缝宜采用粘合或缝合。

5.6.5 种植土的厚度应根据不同种植土和植物种类等确定。因种植土的自重与厚度相关，本条对种植土的厚度及荷重的控制，是为了防止屋面荷载超重。种植土表面应低于挡墙高度 100mm，是为了防止种植土流失。

5.6.6 种植隔热层所用材料应符合以下设计要求：

1. 排水层应选用抗压强度大、耐久性好的轻质材料。陶粒堆积密度不宜大于 $500kg/m^3$，铺设厚度宜为 $100\sim150mm$；凹凸型或网状交织排水板应选用塑料或橡胶类材料，并具有一定的抗压强度。

2. 过滤层应选用 $200\sim400g/m^2$ 的聚酯纤维土工布。

3. 种植土可选用田园土、改良土或无机复合种植土。种植土的湿密度一般为干密度的 $1.2\sim1.5$ 倍。

5.6.7 排水层只有与排水系统连通后，才能保证排水畅通，将多余的水排走。

5.6.8 挡墙或挡板泄水孔主要是排泄种植土中因雨水或其他原因造成过多的水而设置的，如留设位置不正确或泄水孔中堵塞，种植土中过多的水分不能排出，不仅会影响使用，而且会给防水层带来不利影响。

5.6.9 为了便于疏水，陶粒排水层应铺设平整，厚度均匀。

5.6.10 排水板应铺设平整，以满足排水的要求。凹凸形排水板宜采用搭接法施工，搭接宽度应根据产品的规格而确定；网状交织排水板宜采用对接法施工。

5.6.11 参见本规范第 5.6.4 条的条文说明。

5.6.12 为了便于种植和管理，种植土应铺设平整、均匀；同时铺设种植土应在确保屋面结构安全的条件下，对种植土的厚度进行有效控制，其允许偏差为 $\pm5\%$，且不得大于 $30mm$。

附录 2-3 《屋面工程技术规范》GB 50345—2012（摘录）

4.4.7 屋面隔热层设计应根据地域、气候、屋面形式、建筑环境、使用功能等条件，采取种植、架空和蓄水等隔热措施。

条文说明

4.4.7 屋面隔热是指在炎热地区防止夏季室外热量通过屋面传入室内的措施。在我国南方一些省份，夏季时间较长、气温较高，随着人们生活的不断改善，对住房的隔热要求也逐渐提高，采取了种植、架空、蓄水等屋面隔热措施。屋面隔热层设计应根据地域、气候、屋面形式、建筑环境、使用功能等条件，经技术经济比较确定。这是因为同样类型的建筑在不同地区采用隔热方式也有很大区别，不能随意套用标准图或其他做法。从发展趋势看，由于绿色环保及美化环境的要求，采用种植隔热方式将胜于架空隔热和蓄水隔热。

4.4.8 种植隔热层的设计应符合下列规定：

1. 种植隔热层的构造层次应包括植被层、种植土层、过滤层和排水层等；

2. 种植隔热层所用材料及植物等应与当地气候条件相适应，并应符合环境保护要求；

3. 种植隔热层宜根据植物种类及环境布局的需要进行分区布置，分区布置应设挡墙或挡板；

4. 排水层材料应根据屋面功能及环境、经济条件等进行选择；过滤层宜采用 $200\sim400\text{g/m}^2$ 的土工布，过滤层应沿种植土周边向上铺设至种植土高度；

5. 种植土四周应设挡墙，挡墙下部应设泄水孔，并应与排水出口连通；

6. 种植土应根据种植植物的要求选择综合性能良好的材料；种植土厚度应根据不同种植土和植物种类等确定；

7. 种植隔热层的屋面坡度大于 20％时，其排水层、种植土应采取防滑措施。

条文说明

4.4.8 本条对种植隔热层的设计提出以下要求：

1. 降雨量很少的地区，夏季植物生长依赖人工浇灌，冬季草木植物枯死，故停止浇水灌溉。由于降雨量少，人工浇灌的水也不太多，种植土中的多余水甚少，不会造成植物烂根，所以不必另设排水层。

南方温暖，夏季多雨，冬季不结冰，种植土中含水四季不减。特别大雨之后，积水很多必须排出，以防止烂根，所以在种植土下应设排水层。

冬季寒冷但夏季多雨的地区，下雨时有积聚如泽的现象，排除明水不如用排水层作暗排好，所以在种植土下应设排水层。冬季严寒，虽无雨但存雪，种植土含水量仍旧大，冻结之后降低保温能力，所以在防水层下应加设保温层。

2. 不同地区由于气候条件的不同，所选择的种植植物不同，种植土的厚度也就不同，如乔木根深，地被植物根浅，故本条规定所用材料及植物等应与当地气候条件相适应，并应符合环境保护要求。

3. 根据调研结果，种植屋面整体布置不便于管理，为便于管理和设计排灌系统，种植植物的种类也宜分区。本次修订时，将原规范中的整体布置取消，改为宜分区布置。

4. 排水层的材料的品种较多，为了减轻屋面荷载，应尽量选择塑料、橡胶类凹凸型排水板或网状交织排水板。如年降水量小于蒸发量的地区，宜选用蓄水功能好的排水板。若采用陶粒作排水层时，陶粒的粒径不应小于 25mm，堆积密度不宜大于 500kg/m^3，铺设厚度宜为 $100\sim150\text{mm}$。

过滤层是为防止种植土进入排水层造成流失。过滤层太薄容易损坏，不能阻止种植土流失；过滤层太厚，渗水缓慢，不易排水。过滤层的单位面积质量宜为 $200\sim400\text{g/m}^2$。

5. 挡墙泄水孔是为了排泄种植土中过多的水分，泄水孔被堵塞，造成种植土内积水，不但影响植物的生长，而且给防水层的正常使用带来不利。

6. 种植隔热层的荷载主要是种植土，虽厚度深有利植物生长，但为了减轻屋面荷载，需要尽量选择综合性能良好的材料，如田园土比较经济；改良土由于掺加了珍珠岩、蛭石等轻质材料，其密度约为田园土的 1/2。

7. 坡度大于 20％的屋面，排水层、种植土等易出现下滑，为防止发生安全事故，应采取防滑措施，也可做成梯田式，利用排水层和覆土层找坡。屋面坡度大于 50% 时，防滑难度大，故不宜采用种植隔热层。

5.3.12 种植隔热层施工应符合下列规定：

1. 种植隔热层挡墙或挡板施工时，留设的泄水孔位置应准确，并不得堵塞；

2. 凹凸型排水板宜采用搭接法施工，搭接宽度应根据产品的规格具体确定；网状交织排水板宜采用对接法施工；采用陶粒作排水层时，铺设应平整，厚度应均匀；

3. 过滤层土工布铺设应平整、无皱折，搭接宽度不应小于 100mm，搭接宜采用粘合或缝合处理；土工布应沿种植土周边向上铺设至种植土高度；

4. 种植土层的荷载应符合设计要求；种植土、植物等应在屋面上均匀堆放，且不得损坏防水层。

条文说明

5.3.12 本条对种植隔热层施工作出具体规定：

1. 种植隔热层挡墙泄水孔是为了排泄种植土中过多的水分而设置的，若留设位置不正确或泄水孔被堵塞，种植土中过多的水分不能排出，不仅会影响使用，而且会对防水层不利；

2. 排水层是指能排出渗入种植土中多余水分的构造层，排水层的施工必须与排水管、排水沟、水落口等排水系统连接且不得堵塞，保证排水畅通；

3. 过滤层土工布应沿种植土周边向上敷设至种植土高度，以防止种植土的流失而造成排水层堵塞；

4. 考虑到种植土和植物的质量较大，如果集中堆放在一起或不均匀堆放，都会使屋面结构的受力情况发生较大的变化，严重时甚至会导致屋面结构破坏事故，种植土层的荷载尤其应严格控制，防止过量超载。

附录 2-4 《坡屋面工程技术规范》GB 50693—2011（摘录）

3.2.21 坡屋面的种植设计应符合现行行业标准《种植屋面工程技术规程》JGJ 155 的有关规定。

3.3.7 坡屋面的种植施工应符合现行行业标准《种植屋面工程技术规程》JGJ 155 的有关规定。

附录 2-5 《单层防水卷材屋面工程技术规程》JGJ/T 316—2013（摘录）

5.1.6 以压型钢板为基层的屋面设计为种植屋面时，耐根穿刺防水层选用的聚氯乙烯防水卷材、热塑性聚烯烃防水卷材的厚度不应小于 2.0mm，并应符合下列规定：

　　1. 种植屋面设计应符合现行行业标准《种植屋面工程技术规程》JGJ 155 的相关规定；

　　2. 种植屋面使用的单层防水卷材应具有耐根穿刺性能，并应符合现行行业标准《种植屋面用耐根穿刺防水卷材》JC/T 1075 的相关规定。

条文说明

5.1.6　以钢筋混凝土为基层的种植屋面在《种植屋面工程技术规程》JGJ 155 中已有具体规定，本规程主要针对以压型钢板为基层的情况，允许采用具有耐根穿刺性能的防水卷材单层使用，但选用的高分子防水卷材的厚度不应小于 2.0mm。以压型钢板为基层的大跨度种植屋面应采用简单式种植或容器种植。

　　2. 行业标准《种植屋面用耐根穿刺防水卷材》JC/T 1075—2008 正在修订，该标准实施后，防水卷材耐根穿刺性能要符合新标准的规定。

　　注：《种植屋面用耐根穿刺防水卷材》JC/T 1075—2008 现已实施。

附录 2-6　《地下工程防水技术规范》GB 50108—2008 *

4.8　地下工程种植顶板防水

Ⅰ　一般规定

4.8.1　地下工程种植顶板的防水等级应为一级。

条文说明

4.8.1　地下工程顶板种植通常作为景观设计而成为公众活动场所，一旦渗漏维修，会在较大范围内影响正常使用。特别是顶板种植规模较大，土层厚，维修困难，因此，规定其防水等级为一级（主要是顶板防水）。若整体防水选两种，则要有一层耐根穿刺层。

4.8.2　种植土与周边自然土体不相连，且高于周边地坪时，应按种植屋面要求设计。

条文说明

4.8.2　种植土与周边自然土体不相连，且高于周边地坪时，应按种植屋面要求，设计蓄排水层，并将

---

　　*　注：本节所引用《种植屋面工程技术规程》为 JGJ 155—2007 版本。

种植土表面的水及种植土中的积水通过暗沟排出。

顶板种植土与周边土体相连，积水会渗入周边土体，一般可不设蓄排水层。

4.8.3 地下工程种植顶板结构应符合下列规定：

1. 种植顶板应为现浇防水混凝土，结构找坡，坡度宜为1％～2％；

2. 种植顶板厚度不应小于250mm，最大裂缝宽度不应大于0.2mm，并不得贯通；

3. 种植顶板的结构荷载设计应按国家现行标准《种植屋面工程技术规程》JGJ 155 的有关规定执行。

条文说明

4.8.3 本条说明如下：

1. 排水坡度（结构找坡）可以减少构造层次，是提高防水可靠程度的有力措施之一。实际上，很难找到理想的找坡材料（既坚实、耐久，又轻而不裂）。特别是随着小锅炉的日渐淘汰，传统的找坡材料（炉渣混凝土）已渐被陶粒混凝土取代，但陶粒混凝土价格贵，工艺要求严，做不好易开裂；加气混凝土、水泥有同样的问题。至于水泥膨胀珍珠岩、水泥膨胀蛭石，更因其强度低、含水率高，尤其不适用于种植屋面。如用水泥砂浆、细石混凝土找坡，是明显不合理的做法，落后、浪费、易裂，荷重大增。结构找坡，为防水层直接提供了坚实的基础，也消除了防水失败后形成的永久蓄水层。

2. 标准叙述应为"裂缝控制等级为三级，$\omega_{max} < 0.2mm$"。裂缝表述为裂缝宽度不应大于0.2mm。

3. 种植顶板结构荷载包括活荷载、构造荷载和植物荷载等，不同的行业设计要求不同，设计时应按实际设计进行计算。《种植屋面工程技术规程》JGJ 155 中叙述了种植植物与荷载的关系，列于附表15，供设计时参考选用。

附表15 初栽植物荷重及种植荷载参考值

植物类型	小乔木（带土球）	大灌木	小灌木	地被或草坪
植物高度（m）或面积	2.0～2.5	1.5～2.0	1.0～1.5	1.0（m²）
植物重量（kg/株）	80～120	60～80	30～60	5～30（kg/m²）
种植荷载（kg/m²）	250～300	150～250	100～150	50～100

附表15中选择植物应考虑植物生长产生的活荷载变化，一般情况下，树高增加2倍，其质量增加8倍，需10年时间；种植荷载包括种植区构造层自然状态下的整体荷载。

4.8.4 地下室顶板面积较大时，应设计蓄水装置；寒冷地区的设计，冬秋季时宜将种植土中的积水排出。

条文说明

4.8.4 我国大部分城市缺水，收集雨水符合可持续发展的战略思想，不可忽视。对于年降水量少于1000mm的地区应设置雨水收集系统。实际上，有时降水量与城市是否缺水并不一定完全对应；因此，本条文只规定了面积较大时，应设计蓄水装置，并按工程实际条件确定。

最简单的雨水收集系统就是设置蓄水池，将多余的雨水收集过滤后再用于浇灌。这就要求排水设施必须能够收集来自雨水管和绿地表面的积水，并能使雨水汇入蓄水池。

II 设 计

4.8.5 种植顶板防水设计应包括主体结构防水、管线、花池、排水沟、通风井和亭、台、架、柱等构配件的防排水、泛水设计。

条文说明

4.8.5 顶板种植，特别是花园式的种植，因种植部分及池、亭、路、阶，高低错落，节点千变万化，必须使防排水、耐根穿刺均在变化处有可靠的连接才能形成系统的连续密封防水。因此将构造设计的内容统一综合考虑就显得十分重要。

4.8.6 地下室顶板为车道或硬铺地面时，应根据工程所在地区现行建筑节能标准进行绝热（保温）层的设计。

条文说明

4.8.6 顶板局部为车道或硬铺地时，应设计绝热（保温）层，避免温度变化产生裂缝，也是防止产生冷凝水的重要措施之一。需要设置绝热（保温）层的顶板，种植土以外的其他部分也应设置绝热层。两部分绝热层应综合起来考虑。

4.8.7 少雨地区的地下工程顶板种植土宜与大于 1/2 周边的自然土体相连，若低于周边土体时，宜设置蓄排水层。

条文说明

4.8.7 顶板种植在多雨地区应避免低于周边土体。少雨地区的顶板种植，与土体相连，且低于土体，可更好地积蓄水分。

4.8.8 种植土中的积水宜通过盲沟排至周边土体或建筑排水系统。

条文说明

4.8.8 种植顶板有时因降水形成滞水，当积水上升到一定高度，并浸没植物根系时，可能会造成根系的腐烂。因此，设置排水层就非常必要。排水层与盲沟配套使用，可使构造简单，也不减少植株种植面积。

本条还有一层含义，就是种植土中的积水应纳入总平面各部分的排水系统中综合考虑。

4.8.9 地下工程种植顶板的防排水构造应符合下列要求：

1. 耐根穿刺防水层应铺设在普通防水层上面。

2. 耐根穿刺防水层表面应设置保护层，保护层与防水层之间应设置隔离层。

3. 排（蓄）水层应根据渗水性、储水量、稳定性、抗生物性和碳酸盐含量等因素进行设计；排（蓄）水层应设置在保护层上面，并应结合排水沟分区设置。

4. 排（蓄）水层上应设置过滤层，过滤层材料的搭接宽度不应小于 200mm。

5. 种植土层与植被层应符合国家现行标准《种植屋面工程技术规程》JGJ 155 的有关规定。

条文说明

4.8.9 本条说明如下：

1. 耐根穿刺防水层设置在普通防水层上面的目的是防止植物根系刺破防水层。严格说，只有在混凝土中加纤维，减少终凝前后的裂缝，增加其防水性、抗裂性（韧性），并处理好分格缝处的耐根穿才能为耐根穿刺做出贡献。《种植屋面工程防水技术规程》JGJ 155 中规定了耐根穿刺防水材料的种类和物理性能指标，在进行防水设计时可参照选用。

2. 主要考虑园艺操作对耐根穿刺防水层的损坏。

3. 主要考虑蓄排水材料的有效使用寿命。粒料蓄水量小，排水性能与总体厚度及粒料粒径有关，应作好滤水，才能保证其有效使用。

4. 有些简易种植，可能采用毯状专用蓄排水层，并兼作滤水层。其搭接不需要重叠。

4.8.10 地下工程种植顶板防水材料应符合下列要求：

1. 绝热（保温）层应选用密度小、压缩强度大、吸水率低的绝热材料，不得选用散状绝热材料；

2. 耐根穿刺层防水材料的选用应符合国家相关标准的规定或具有相关权威检测机构出具的材料性能检测报告；

3. 排（蓄）水层应选用抗压强度大且耐久性好的塑料排水板、网状交织排水板或轻质陶粒等轻质材料。

条文说明

4.8.10 本条说明如下：

1. 保温隔热材料品种较多，密度大小悬殊，模压聚苯乙烯板材密度为 $15\sim30kg/m^3$，而加气混凝土类板材密度为 $400\sim600kg/m^3$。为了减轻荷载，隔热材料一般选用喷涂硬泡聚氨酯和聚苯乙烯泡沫塑料板，也可采用其他保温隔热材料。

2. 目前国内耐根穿刺防水材料有十多种，有铅锡锑合金防水卷材、复合铜胎基 SBS 改性沥青防水卷材、铜箔胎 SBS 改性沥青防水卷材、铝箔胎 SBS 改性沥青防水卷材、聚乙烯胎高聚物改性沥青防水卷材、聚氯乙烯防水卷材（内增强型）等品种，《种植屋面工程防水技术规程》JGJ155 列出了这几种材料的物理性能，设计选用时可参考。

目前，我国正在编制耐根穿刺防水材料试验方法标准，待发布后应按标准规定执行；在发布前，设计选用耐根穿刺防水材料时，生产厂家需提供相应的检验报告或三年以上的种植工程证明。

3. 排水材料的品种较多，为了减轻荷载，应尽量选用轻质材料。本条列举了两种排水材料，供参考。这两种排水材料的性能见附表 16、附表 17。

附表 16　凸凹型排水板物理性能

项目	单位面积质量 （g/m²）	凸凹高度 （mm）	抗压强度 （kN/m²）	抗拉强度 （N/10mm）	延伸率 （%）
性能要求	500～900	≥7.5	≥150	≥200	≥25

附表 17　网状交织排水板物理性能

项目	抗压强度 （kN/m²）	表面开孔率 （%）	空隙率 （%）	通水量 （cm³/s）	耐酸碱稳定性
性能要求	50	95～97	85～90	389	稳定

Ⅲ　绿化改造

4.8.11　已建地下工程顶板的绿化改造应经结构验算，在安全允许的范围内进行。

条文说明

4.8.11　已建地下室顶板，应经结构专业复核计算，满足强度安全要求后，方可进行绿化改造。

4.8.12　种植顶板应根据原有结构体系合理布置绿化。

4.8.13　原有建筑不能满足绿化防水要求时，应进行防水改造。加设的绿化工程不得破坏原有防水层及其保护层。

条文说明

4.8.13　为满足绿化要求而加砌的花台、水池，埋设管线等，不得打开或破坏原有防水层及其保护层。不能满足防水要求而进行防水改造时，应充分考虑防水层、耐根穿刺层、保护层、蓄排水层的设置。

Ⅳ　细部构造

4.8.14　防水层下不得埋设水平管线。垂直穿越的管线应预埋套管，套管超过种植土的高度应大于 150mm。

条文说明

4.8.14　钢管在植土中很快就会锈蚀，应采取防腐措施。

4.8.15　变形缝应作为种植分区边界，不得跨缝种植。

条文说明

4.8.15　顶板平缝防排水，国内外均无简单可靠的构造。因此，顶板种植不应跨缝设计。但缝两侧上翻，形成钢筋混凝土泛水，将通常设置的混凝土压盖板变成现浇混凝土花池，并生根于一侧，出挑形成盖缝，则不算作跨缝种植。

4.8.16 种植顶板的泛水部位应采用现浇钢筋混凝土，泛水处防水层高出种植土应大于250mm。

条文说明

4.8.16 泛水部位设计钢筋混凝土反梁或翻边是传统的防水构造措施。用于种植顶板，应一次整浇，不留施工缝。若分次浇，应凿毛、植筋，按地下室水平缝做防水处理。

4.8.17 泛水部位、水落口及穿顶板管道四周宜设置200~300mm宽的卵石隔离带。

条文说明

4.8.17 局部设置隔离带，可以方便维修，特别是水落口，一定不能被植物遮蔽或被植土覆盖，以确保任何情况下，水落口都畅通无阻。其他有关局部也应防止植物蔓延造成泛水边缘的侵蚀。

有些情况下卵石隔离带可兼做排水明沟，有很好的装饰效果，也方便维修。卵石隔离带的宽度，一般为200~400mm宽，顶板种植规模较大时，可为300~500mm宽。

附录2-7 《园林绿化工程施工及验收规范》CJJ 82—2012（摘录）

2 术 语

2.0.1 栽植土 planting soil

理化性状良好，适宜于园林植物生长的土壤。

2.0.2 客土 improved soil imported from other places

更换适合园林植物栽植的土壤。

2.0.3 地形造型 terrain modeling

一定的园林绿地范围内植物栽植地的起伏状况。

2.0.4 栽植穴、槽 planting hole（slot）

栽植植物挖掘的坑穴。坑穴为圆形或方形的称为栽植穴，长条形的称为栽植槽。

2.0.11 设施空间绿化 greening space of construction in urban

建筑物、地下构筑物的顶面、壁面及围栏等处的绿化。

2.0.12 栽植基层 plant sgrowth space

非绿地绿化方式的植物栽植基础结构，它包括耐根穿刺防水层、排蓄水层、过滤层、栽植土层等。

4 绿化工程

4.1 栽植基础

4.1.1 绿化栽植或播种前应对该地区的土壤理化性质进行化验分析，采取相应的土壤改良、施肥和置换客土等措施，绿化栽植土壤有效土层厚度应符合附表 18 规定。

附表 18 绿化栽植土壤有效土层厚度

项次	项目	植被类型		土层厚度（cm）	检验方法
1	一般栽植	乔木	胸径≥20cm	≥180	挖样洞，观察或尺量检查
			胸径＜20cm	≥150（深根） ≥100（浅根）	
		灌木	大、中灌木、大藤本	≥90	
			小灌木、宿根花卉、小藤本	≥40	
		棕榈类		≥90	
		竹类	大 径	≥80	
			中、小径	≥50	
		草坪、花卉、草本地被		≥30	
2	设施顶面绿化	乔木		≥80	
		灌木		≥45	
		草坪、花卉、草本地被		≥15	

条文说明

4.1.1 土壤是园林植物生长的基础，在施工前进行土壤化验，根据化验结果，采取相应措施，改善土壤理化性质。土壤有效土层厚度影响园林植物的根系生长和成活，必须满足其生长成活的最低土层厚度。

4.1.2 栽植基础严禁使用含有害成分的土壤，除有设施空间绿化等特殊隔离地带，绿化栽植土壤有效土层下不得有不透水层。

条文说明

4.1.2 绿化栽植的土壤含有害的成分（特别是化学成分）以及栽植层下有不透水层，影响植物根系生长或造成死亡，土壤中有害物质必须清除，不透水层影响园林植物扎根及土壤通气情况，必须进行处理，达到通透。

4.1.3 园林植物栽植土应包括客土、原土利用、栽植基质等，栽植土应符合下列规定：

　　1. 土壤 pH 值应符合本地区栽植土标准或按 pH 值 5.6～8.0 进行选择。

2. 土壤全盐含量应为 0.1%～0.3%。

3. 土壤容重应为 1.0g/cm³～1.35g/cm³。

4. 土壤有机质含量不应小于 1.5%。

5. 土壤块径不应大于 5cm。

6. 栽植土应见证取样，经有资质检测单位检测并在栽植前取得符合要求的测试结果。

7. 栽植土验收批及取样方法应符合下列规定：

（1）客土每 500m³或 2000m² 为一检验批，应于土层 20cm 及 50cm 处，随机取样 5 处，每处 100g 经混合组成一组试样；客土 500m³或 2000m² 以下，随机取样不得少于 3 处；

（2）原状土在同一区域每 2000mm² 为一检验批，应于土层 20cm 及 50cm 处，随机取样 5 处，每处取样 100g，混合后组成一组试样；原状土 2000m² 以下，随机取样不得少于 3 处；

（3）栽植基质每 200m³ 为一检验批，应随机取 5 袋，每袋取 100g，混合后组成一组试样；栽植基质 200m³ 以下，随机取样不得少于 3 袋。

条文说明

4.1.3 园林植物栽植土的理化性质影响园林植物的生长，根据各主要城市园林施工的实践，确定了栽植土的理化性质的主要标准。由于区域性比较复杂，理化性质差异性较大，可根据各地情况执行当地标准。

4.3 植物材料

4.3.1 植物材料种类、品种名称及规格应符合设计要求。

条文说明

4.3.1 植物材料的质量直接影响景观效果，其品种规格必须符合设计要求，是工程质量控制的关键。

4.3.2 严禁使用带有严重病虫害的植物材料，非检疫对象的病虫害危害程度或危害痕迹不得超过树体的 5%～10%。自外省市及国外引进的植物材料应有植物检疫证。

条文说明

4.3.2 植物材料带有病虫害影响苗木质量，易引起扩散，为防止危险病虫害的传入，必须对国外及外省市的苗木进行检疫，有检疫证明。

4.5 苗木修剪

4.5.4 苗木修剪应符合下列规定：

1. 苗木修剪整形应符合设计要求，当无要求时，修剪整形应保持原树形。

2. 苗木应无损伤断枝、枯枝、严重病虫枝等。

3. 落叶树木的枝条应从基部剪除，不留木橛，剪口平滑，不得劈裂。

4. 枝条短截时应留外芽，剪口应距留芽位置上方 0.5cm。

5. 修剪直径 2cm 以上大枝及粗根时，截口应削平应涂防腐剂。

条文说明

4.5.4、4.5.5 规定了苗木修剪的质量要求及非栽植季节栽植树木的修剪方法。

4.6 树木栽植

4.6.1 树木栽植应符合下列规定：

1. 树木栽植应根据树木品种的习性和当地气候条件，选择最适宜的栽植期进行栽植。

2. 栽植的树木品种、规格、位置应符合设计规定。

3. 带土球树木栽植前应去除土球不易降解的包装物。

4. 栽植时应注意观赏面的合理朝向，树木栽植深度应与原种植线持平。

5. 栽植树木回填的栽植土应分层踏实。

6. 除特殊景观树外，树木栽植应保持直立，不得倾斜。

7. 行道树或行列栽植的树木应在一条线上，相邻植株规格应合理搭配。

8. 绿篱及色块栽植时，株行距、苗木高度、冠幅大小应均匀搭配，树形丰满的一面应向外。

9. 树木栽植后应及时绑扎、支撑、浇透水。

10. 树木栽植成活率不应低于 95%；名贵树木栽植成活率应达到 100%。

条文说明

4.6.1 树木栽植的注意事项及质量控制的要求，是提高树木成活率的保证。

4.8 草坪及草本地被栽植

4.8.5 草坪和草本地被的播种、分栽，草块、草卷铺设及运动场草坪成坪后应符合下列规定：

1. 成坪后覆盖度应不低于 95%。

2. 单块裸露面积应不大于 25cm²。

3. 杂草及病虫害的面积应不大于 5%。

条文说明

4.8.5 草坪、地被播种、分栽、草块、草卷铺设各类草坪、草本地被建植的总体质量要求。

4.12 设施空间绿化

4.12.1 建筑物、构筑物设施的顶面、地面、立面及围栏等的绿化，均应属于设施空间绿化。

条文说明

4.12.1 屋顶绿化、地下停车场绿化、立交桥绿化、建筑物外立面及围栏绿化统称设施绿化。设施绿化日益成为城市绿化的重要内容，应加强城市设施绿化的质量控制和管理。

4.12.2 设施顶面绿化施工前应对顶面基层进行蓄水试验及找平层的质量进行验收。

条文说明

4.12.2 设施顶面一般都有防水层，如利用原有防水层时必须做渗水试验，合格后方可使用。

4.12.3 设施顶面绿化栽植基层（盘）应有良好的防水排灌系统，防水层不得渗漏。

条文说明

4.12.3 设施顶面栽植基层包括耐根穿刺防水层、排蓄水层、过滤层、栽植土层。耐根穿刺防水层不能渗漏，确保设施使用功能。排蓄水层、过滤层使栽植土层透气保水，保证植物能正常生长。

4.12.4 设施顶面栽植基层工程应符合下列规定：

1. 耐根穿刺防水层按下列方式进行：

（1）耐根穿刺防水层的材料品种、规格、性能应符合设计及相关标准要求；

（2）耐根穿刺防水层材料应见证抽样复验；

（3）耐根穿刺防水层的细部构造、密封材料嵌填应密实饱满，粘结牢固无气泡、开裂等缺陷；

（4）卷材接缝应牢固、严密符合设计要求；

（5）立面防水层应收头入槽，封严；

（6）施工完成应进行蓄水或淋水试验，24h内不得有渗漏或积水；

（7）成品应注意保护，检查施工现场不得堵塞排水口。

2. 排蓄水层按下列方式进行：

（1）凹凸形塑料排蓄水板厚度、顺槎搭接宽度应符合设计要求，设计无要求时，搭接宽度应大于15cm；

（2）采用卵石、陶粒等材料铺设排蓄水层的其铺设厚度应符合设计要求；

（3）卵石大小均匀；屋顶绿化采用卵石排水的，粒径应为3～5cm；地下设施覆土绿化采用卵石排水的，粒径应为8～10cm；

（4）四周设置明沟的，排蓄水层应铺至明沟边缘；

（5）挡土墙下设排水管的，排水管与天沟或落水口应合理搭接，坡度适当。

3. 过滤层按下列方式进行：

（1）过滤层的材料规格、品种应符合设计要求；

（2）采用单层卷状聚丙烯或聚酯无纺布材料，单位面积质量必须大于150g/m²，搭接缝的有效宽度应达到10～20cm；

（3）采用双层组合卷状材料：上层蓄水棉，单位面积质量应达到200～300g/m²；下层无纺布材料，单位面积质量应达到100～150g/m²；卷材铺设在排（蓄）水层上，向栽植地四周延伸，高度与种植层齐高，端部收头应用胶粘剂粘结，粘结宽度不得小于5cm，或用金属条固定。

4. 栽植土层应符合本规范第4.1.1条和第4.1.3条的规定。

条文说明

4.12.4 明确了设施顶面栽植基层的耐根穿刺防水层、排蓄水层、过滤层的施工工艺及质量控制的要求。

4.12.5 设施面层不适宜做栽植基层的障碍性层面栽植基盘工程应符合下列规定：

1. 透水、排水、透气、渗管等构造材料和栽植土（基质）应符合栽植要求。

2. 施工做法应符合设计和规范要求。

3. 障碍性层面栽植基盘的透水、透气系统或结构性能良好，浇灌后无积水，雨期无沥涝。

条文说明

4.12.5 为了保证园林植物能够正常生长及设施的保护，设施顶面、城市的交通岛、立交桥面层不适宜作栽植基层的设施障碍性面层可作栽植基盘进行绿化，并提出栽植基盘的质量控制要求。

4.12.6 设施顶面栽植工程植物材料的选择和栽培方式应符合下列规定：

1. 乔灌木应首选耐旱节水、再生能力强、抗性强的种类和品种。

2. 植物材料应首选容器苗、带土球苗和苗卷、生长垫、植生带等全根苗木。

3. 草坪建植、地被植物栽植宜采用播种工艺。

4. 苗木修剪应适应抗风要求，修剪应符合本规范第 4.5.4 条的规定。

5. 栽植乔木的固定可采用地下牵引装置，栽植乔木的固定应与栽植同时完成。

6. 植物材料的种类、品种和植物配置方式应符合设计要求。

7. 自制或采用成套树木固定牵引装置、预埋件等应符合设计要求，支撑操作使栽植的树木牢固。

8. 树木栽植成活率及地被覆盖度应符合本规范第 4.6.1 条第 10 款和第 4.8.5 条第 1 款的规定。

9. 植物栽植定位符合设计要求。

10. 植物材料栽植，应及时进行养护和管理，不得有严重枯黄死亡、植被裸露和明显病虫害。

4.12.7 设施的立面及围栏的垂直绿化应根据立地条件进行栽植，并符合下列规定：

1. 低层建筑物、构筑物的外立面、围栏前为自然地面，符合栽植土标准时，可进行整地栽植。

2. 建筑物、构筑物的外立面及围栏的立地条件较差，可利用栽植槽栽植，槽的高度宜为 50～60cm，宽度宜为 50cm，种植槽应有排水孔；栽植土应符合本规范第 4.1.3 条的规定。

3. 建筑物、构筑物立面较光滑时，应加设载体后再进行栽植。

4. 垂直绿化栽植的品种、规格应符合设计要求。

5. 植物材料栽植后应牵引、固定、浇水。

条文说明

4.12.6、4.12.7 由于设施顶面自然条件与一般绿地自然条件有很大区别，绿化的材料及施工方法也有所不同，必须明确设施顶面及立面植物材料栽植的质量控制和施工要求。

附录3

柔性防水卷材——沥青、塑料和橡胶屋面防水卷材——耐根穿刺性能的测定（德国标准）

[ICS 91.100.50prEN1394（最终草案·英文版）2006.11]

前　　言

本文件由 CEN/TC254 "柔性防水卷材" 技术委员会起草，此技术委员会的秘书处由英国标准协会设立。

本文件目前服从于唯一的认可程序。

导　　言

本欧洲标准由 CEN/TC254 技术委员会起草，用来测定屋面防水卷材的耐根穿刺性能。

本欧洲标准基于 FLL 协会的试验方法 [ForschungsgesellschaftLandschaftsentwicklung Landschaftsbau (http：//www.f-l-l.de/english,html)，波恩，德国]。

1　范围

本欧洲标准规定了屋面防水卷材耐根穿刺性能的测定方法。

本欧洲标准只涉及单一类型的卷材，不适于由不同类型的卷材复合而成的系统。

本标准没有包括评价有关被试验卷材的环保性能。

2　规范性引用文件

下列文件被本标准引用而成为本标准的条款。注明日期的引用文件，仅适用该版本；没有注明日期的引用文件，其最新版本（包括修改单）适用于本标准。

EN13037 种植土——pH 值的测定

EN13038 种植土——电导率的测定

EN13651 种植土——氯化钙（CAT）可溶性营养物的提取

3 术语和定义

下列术语和定义适用于本标准。

3.1 根穿刺（root penetration）

（1）试验条件下，植物根已生长进入试验卷材的平面里或者接缝中，在那里植物的地下部分已主动创造树穴，引起卷材的破坏；

（2）试验条件下，植物根已生长穿透试验卷材的平面里或者接缝。

4 原理

卷材耐根穿刺试验在箱中进行，并在规定条件下将卷材暴露在根的下方。

试验卷材的试样安装在 6 个试验箱中，并需包含几条接缝。另外需要 2 个不安装试验卷材的对照箱，以便在整个试验期间比较植物的生长效率。

试验箱中包含基质层和密集的植物覆盖层，这样将产生来自根部的高的生长应力，为了保证这种高的生长应力应适度施肥并浇水灌溉。

试验和对照箱安放在有空调的温室里。由于环境条件对植物的生长具有影响，因此，生长条件须具有可控性。

试验期为 2 年是为了获得可靠结果而需要的最短时间。

试验结束后，将基质层取走，观察并评价试验卷材是否有根穿刺发生。

5 设备

5.1 温室

温室温度需可调节并具通风设备。温室内最低温度白天应达到（18±2）℃，夜晚应达到（16±2）℃。当温室温度达到（22±2）℃时需通风，应避免温室温度超过 35℃。

注：在中欧地区自然光照和温度条件可保证全年有利于试验植物的生长。夏天无需遮阴，冬天无需补光。如果试验区域的光照条件显著改变（比如，在北欧和南欧），为了保证植物生长良好，要采取相应的光照或遮阴措施。

按照第 7.2 节中的要求，每个试验箱尺寸 800mm×800mm；约需占地 2m²。

5.2 试验和对照箱

一个试验试样需要 6 个试验箱和 2 个对照箱。

试验箱的内部尺寸至少为 800mm×800mm×250mm。如果需要，考虑到安装要求，也可使用比较大的试验箱。试验箱装备透明的底，以便在试验过程中无需取出基质层即可观察植物根的穿刺情况。为了预防在潮湿层里生长藻类，箱底应遮光（如薄膜）。为了供给潮湿层水分，箱体下部需安装直径为 35mm 的注水管，注水管顶端需向上倾斜（附图 1）。

5.3 潮湿层

透明箱底上放置一层粗糙的矿物颗粒，并始终保持潮

湿状态，以吸引根部向透明箱底生长，尽早观察到根穿刺情况。

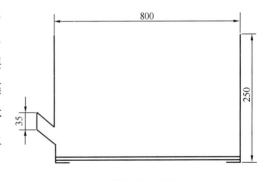

附图 1 箱体结构（单位：mm）

这层由膨胀板岩或黏土（颗粒度 8/16）组成，此膨胀板岩或黏土应具有适合水培植物的品质，当根据 EN13038 测定时，此膨胀板岩或黏土的电导率小于 15.0mS/m。

5.4 压力分配层

为了使压力分布均匀，应将单位面积质量不小于 170g/m² 的羊毛或机织织物材料直接放在潮湿层上部、试验卷材下部，并保证此种材料与试验卷材在化学性能上具兼容性。

5.5 基质层

在整个试验基地，基质层应是一种质量长期稳定、相似原料的混合物。它应具有结构上的稳定性并具有适宜的水/气比率，并且为了保证植物根部处于最佳的生长状态，还应含薄肥。

基质层由如下构成：

（1）70%（体积比）由刚分解腐烂的泥炭块构成，其电导率根据 EN13038 小于 8.0mS/m，其 pH 值根据 EN13037 测定时为 4.0±1.0；

（2）30%（体积比）由膨胀板岩或黏土（颗粒度为 8/16）构成，其品质应符合 5.3 中的要求。

基质层应直接和试验卷材接触。

5.6 肥料

5.6.1 基肥（和基质混合）

（1）基肥需适合基质，包含氮（N）、磷（P）、钾（K）元素，氯化物的含量要少（少于 0.5%Cl）；基肥的成分和数量应适合基质的要求（见 7.1）；

（2）基肥需适合基质，包含铁（Fe）、铜（Cu）、钼（Mo）、锰（Mn）、硼（B）和锌（Zn）元素，为使其富有营养应使用生产商推荐的数量。

5.6.2 缓释肥（在试验期间使用）

缓释肥有效期为 6～8 个月，包含（15±5）%氮（N），（7±3）%磷（P）和（15±5）%钾（K）。缓释肥的使用量应符合每 800mm×800mm 试验箱中 5g 氮（N）的需求量。

5.7 强力计

为控制水分，每个试验箱需配备一个张力计，量程为 0～－600hPa。

5.8 试验用植物

采用下列植物：

火棘（*Pyracantha fortuneana* 'OrangeCharmer'），栽在 2L 容器中，高度（70±10）cm。

每 800mm×800mm 试验箱种 4 株试验植物。

挑选植物时，确保长势一致。

整个试验期间，试验箱中的植物至少达到对照箱中植物平均生长量的 80%（高度，茎干直径）。

5.9 浇灌用水质量

浇灌用水需符合如下要求：

（1）电导率<70ms/m；

（2）重碳酸盐（HCO_3^-）（3±1）me/L；

（3）硫酸盐（SO_4^{2-}）<250mg/L；

（4）氯化物（Cl⁻）$<$50mg/L；

（5）钠（Na⁺）$<$50mg/L；

（6）硝酸盐（NO₃⁻）$<$50mg/L。

注：me＝毫克当量；1me＝1毫摩尔电子电荷

水质可以向水的供应商确认。

6 试样取样

试验前后都需从卷材上取基准样品。基准样品至少含 1 个接缝并至少为 $1m^2$。基准样品应当存放在黑暗、干燥、温度在（15±10）℃的进行试验的地方（例如试验用试验室）。

为了能明白清楚地确认试验卷材，下列信息在试验开始需确定：

（1）产品名称；

（2）用途；

（3）材料类型；

（4）防水层厚度（对塑料和橡胶卷材来说是有效厚度）；

（5）产品设计结构；

（6）制造年代；

（7）在试验基地的安装方法（交叠、接缝技术、接缝剂、接缝剂类型、接缝上面的覆盖条、特殊的棱角和拐角的连接）；

（8）阻根剂（如延缓生根的物质）。

注：进行第三方试验时候，卷材生产商需向试验机构提供安装说明书（附带有效日期）。

7 试验步骤

7.1 基质的准备

由泥炭和膨胀的板岩或黏土构成的基质的 pH 值（见 5.5 节）应通过添加碳酸钙的方式将其调节在 pH（6.2±0.8）之间。

可通过下列程序决定添加数量：

（1）每 1L 基质取混合好的 5 个样；

（2）用自来水将样弄湿；

（3）每个样中分别加入碳酸钙（4g，5g，6g，7g，8g）；

（4）将每个样都放入塑料袋中，密封，标记；

（5）在（20±5）℃条件下储存 3d；

（6）依据 EN13037 测定 pH 值；

（7）根据设定的 pH 值，通过在 1L 体积中所需添加的碳酸钙的数量外推整个实际基质体积中所需碳酸钙的数量。

在 5.6.1 节中提及的基肥应和基质混合均匀。

混合均匀后的基质试样应根据 EN13037 测定 pH 值，根据 EN13038 测定电导率，根据 EN13651 测定氮、磷、钾。

其质应符合附表 19 的规定。

附表 19　基质应符合的指标值

a)	pH(6.5±0.8)
b)	电导率<30mS/m
c)	氮(100±50)mg/L
d)	磷(40±20)mg/L
e)	钾(100±50)mg/L

7.2　试验箱的准备和安装

试验箱中的各层应按下列顺序安装（从下到上）：潮湿层、保护层、试验卷材、基质层。

潮湿层应直接安放在透明底部上，厚度均匀为（50±5)mm。

保护层栽剪成适当的尺寸，直接铺到潮湿层上。

试验卷材的在容器中安装如下所述：

（1）试验的试样由试验的委托者栽剪为合适试验箱安装的尺寸；

（2）试样的接缝和安装由试验的委托者根据生产商的安装说明施工，每个试样应有 4 条墙角接缝、2 条地角接缝以及 1 条中心 T 形接缝（附图 2）。在墙上卷材试样必须向上延伸到试验箱边缘。

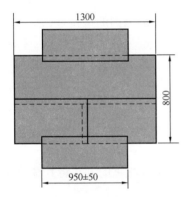

1300

800

950±50

附图 2　试样接缝的排列

（单位：mm）

在试验中允许使用不同接缝工艺的组合，只要达到同类的材料接缝的目的（如溶剂粘接和热空气焊接），这些接缝方式被看做是同等的。然而，无黏结剂接合和用黏结剂接合或者用 2 种不同的黏结剂接合这种接缝工艺认为是不相同的，需要单独的试验程序。

安装完卷材试样后，放置厚度均匀为（150±10)mm 的基质。

将试验用植物均匀地种植在试验箱整个表面（附图 3）。如果需要使用更大尺寸的试验箱，为了获得同样的种植密度，应增加植物数量（至少 6 株/m^2)。

为了在试验期间能观察根穿刺情况，应将试验箱放在台子上，试验箱四周至少保证 0.4m 间距。试验箱和对照箱在温室中应随机放置。

7.3　对照箱的准备和安装

根据 7.2 准备不包括试验卷材的试验箱，将基质直接放在保护层上。

7.4　植物养护

根据植物的需要从上面向基质层浇水，以调整基质层的湿度。应采用张力计校验基质层湿度（吸水压）。当吸水压下降到－(350±50)hPa 时，基质层应浇水。水分应以这种方式调节直到吸水压力在 0hPa 左右。整个基质层应均匀的湿润（尤其要注意边角处）。应避基质层下部持续积水。

潮湿层应通过试验箱上的注水管每周一次注水保持足够湿润。

5.6.2 节提及的缓释肥每 6 个月使用一次，第一次使用在种植后 3 个月的时候。

任何和试验无关的植物无论死活都应从试验地移去。

种植后的 3 个月内死掉的植物应该替换。为了不干扰保留的植物的根系的生长，替换只允许在前 3

个月进行。

试验植物不允许修剪，但在试验箱之间的通道里允许修剪侧芽。

若出现了病虫害，要采取适当的保护植物的措施。

在试验期间，若超过 25％的植物死亡，则试验无效。

8 结果表示

8.1 概要

不作为根穿刺判定；但在试验报告中需要提及的是：

（1）当卷材含有阻根剂（如延缓生根的物质）时，植物根侵入卷材平面或者接缝不大于 5mm，因为只有当植物根侵入后阻根剂才能发挥作用。为了有利于评估，在试验开始时，生产商应明确地表明这种卷材含有阻根剂。

（2）当产品是由多层组成的情况下（比如，带有铜箔胎的沥青卷材或者带有聚酯无纺布的 PVC 卷材），植物根虽侵入

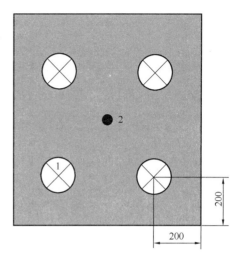

1—试验用植物；2—张力计

附图 3 800mm×800mm 试验箱中植物和张力计的位置（单位：mm）

平面里，但若起防止根穿刺作用的那层并没有被损害的话，为了有利于评估，在试验开始时，起作用的这层就应被明确地表明。

（3）根侵入接缝密封剂（接缝没有损害）。接缝密封剂是在焊接过程中从接缝处压出的任何一种液体材料或者是用以保护凸缘的一种液体材料。

8.2 试验期间

每 6 个月通过透明底部观察 6 个试验箱的潮湿层是否有根穿刺现象发生。

当有根穿刺现象发生时候，通知试验委托者，此次试验可以停止。

每年记录对照箱和试验箱中植物的生长量。方法是记录高度和（20±2)cm 高度处干茎的直径。并应评价植物的长势。受损的植物（如生长变形、叶变色等）应单独记录。

8.3 试验结束时

应通知试验的委托者试验结束的日期，以便让其参加。

记录下在每个试验箱中侵入和穿透卷材的植物根的数量。对卷材平面和接缝处的穿刺分开记录。

在试验结束后，如果在每个试验箱中都没有任何根穿刺现象发生，此卷材被认为是耐根穿刺的。此判定的条件是试验期间试验箱中植物的生长量至少达到对照箱植物生长量的平均量的 80％（高度、干茎直径）。

照相记录典型的试样平面或接缝耐根穿刺实例。在另外的情况下，试验卷材被根穿刺破坏亦应照相记录作为资料。

卷材的基准试样应根据第 6 章进行保存。

根据 8.1 节对试验植物根的生长进行描述。

9 试验方法的精度

当前对精度没有规定。

10 试验报告

试验报告至少应包含如下信息：

（1）根据第 6 章所取的试验样品的任何详细资料；

（2）引用的欧洲标准，如 EN13948；

（3）根据第 6 章取样的资料；

（4）根据第 7 章试样制备的资料；

（5）根据第 8 章得到的试验结果；

（6）依照 8.3 节对试验卷材的概要评价；

（7）根据 8.1 节的详细资料；

（8）试验日期和地点。

李　翔　提供原文

赵黎芳　译

杨　斌　校

主要参考文献

[1] 屋面工程技术规范 [S]，GB 50345—2012. 北京：中国建筑工业出版社，2012.

[2] 坡屋面工程技术规范 [S]，GB 50693—2011. 北京：中国建筑工业出版社，2011.

[3] 地下工程防水技术规范 [S]，GB 50108—2008. 北京：中国计划出版社，2009.

[4] 种植屋面工程技术规程 [S]，JGJ 155—2013. 北京：中国建筑工业出版社，2013.

[5] 单层防水卷材屋面工程技术规程 [S]，JGJ/T 316—2013. 北京：中国建筑工业出版社，2013.

[6] 喷涂聚脲防水工程技术规程 [S]，JGJ/T 2000—2010. 北京：中国建筑工业出版社，2010.

[7] 土工合成材料聚乙烯土工膜 [S]，GB/T 17643—2011. 北京：中国标准出版社，2012.

[8] 高分子防水材料 第1部分：片材 [S]，GB 18173.1—2012. 北京：中国标准出版社，2013.

[9] 聚氨酯防水涂料 [S]，GB/T 19250—2013. 北京：中国标准出版社，2014.

[10] 喷涂橡胶沥青防水涂料 [S]，JC/T 2317—2015.

[11] 塑料防护排水板 [S]，JC/T 2112—2012. 北京：中国建材工业出版社，2013.

[12] 绿化种植土壤 [S]，CJ/T 340—2011. 北京：中国标准出版社，2011.

[13] 园林绿化工程施工及验收规范 [S]，CJJ 82—2012. 北京：中国建筑工业出版社，2012.

[14] 种植屋面防水施工技术规程 [S]，DB 11/366—2006. 北京：北京城建科技促进会，2006.

[15] 苏州非金属矿工业设计研究院防水材料设计研究所，中国标准出版社第五编辑室. 建筑防水材料标准汇编 基础及产品卷（第2版）[M]. 北京：中国标准出版社，2009.

[16] 苏州非金属矿工业设计研究院防水材料设计研究所，建筑材料工业技术监督研究中心，中国标准出版社. 建筑材料标准汇编 防水材料基础及产品卷 [M]. 北京：中国标准出版社，2013.

[17] 苏州非金属矿工业设计研究院防水材料设计研究所，建筑材料工业技术监督研究中心，中国标准出版社. 建筑材料标准汇编 建筑节能保温材料标准及施工规范汇编（第2版）[M]. 北京：中国标准出版社，2013.

[18] 苏州非金属矿工业设计研究院防水材料设计研究所，中国标准出版社第五编辑室. 建筑防水材料标准汇编 试验方法及施工技术卷（第2版）[M]. 北京：中国标准出版社，2009.

[19] 苏州非金属矿工业设计研究院防水材料设计研究所，建筑材料工业技术监督研究中心，中国标准出版社. 建筑材料标准汇编 防水材料试验方法及施工技术卷 [M]. 北京：中国标准出版社，2013.

[20] 中国建筑标准设计研究院. 国家建筑标准设计图集 平屋面建筑构造 12J 201. 北京：中国计划出版社，2012.

[21] 中国建筑标准设计研究院. 国家建筑标准设计图集 坡屋面建筑构造（一）09J 202-1. 北京：中国计划出版社，2010.

[22] 中国建筑标准设计研究院. 国家建筑标准设计图集 种植屋面建筑构造 14J 206. 北京：中国计划出版社，2014.

[23] 使晓松，钮科彦. 屋顶花园与垂直绿化 [M]. 北京：化学工业出版社，2011.

[24] 黄清俊，贺坤. 屋顶花园设计营造要览 [M]. 北京：化学工业出版社，2014.

[25] 黄金锜. 屋顶花园设计与营造 [M]. 北京：中国林业出版社，1994.

[26] 徐峰，封蕾，郭正一. 屋顶花园设计与施工 [M]. 北京：化学工业出版社，2007.

[27] 王仙民. 屋顶绿化 [M]. 武汉：华中科技大学出版社，2007.

[28] 李铮生. 城市园林绿地规划与设计（第二版）[M]. 北京：中国建筑工业出版社，2006.

[29] 王希亮. 现代园林绿化设计、施工与养护 [M]. 北京：中国建筑工业出版社，2007.

[30] 筑龙网. 园林工程施工方案范例精选 [M]. 北京：中国电力出版社，2006.

[31] 沈春林，李伶. 种植屋面的设计与施工 [M]. 北京：化学工业出版社，2009.

[32] 李伶，李翔. 德国威达种植屋面系统技术剖析 [J]. 新型建筑材料，2007.10.

[33] 朱志远. JGJ155—2007《种植屋面工程技术规程》标准介绍 [J]. 中国建筑防水，2007.9.

[34] 赵定国. 屋顶绿化及轻型平屋顶绿化技术 [J]. 中国建筑防水，2004.4.

[35] 陈习之，贾立人. 屋顶绿化配套技术研究 [J]. 中国建筑防水，2004.4.

[36] 高延继，沈民生. 科学地开展屋顶绿化工程 [J]. 中国建筑防水，2005.5.

[37] 王天. 种植屋面的几个问题 [J]. 中国建筑防水，2004.4.

[38] 王天. 种植屋面与其他行业 [J]. 中国建筑防水，2005.9.

[39] 叶林标. 种植屋面的设计与施工 [J]. 中国建筑防水，2004.4.

[40] 弭明新. APP 改性沥青抗根卷材及其在屋顶花园防水工程中的应用 [J]. 中国建筑防水，2004.4.

[41] 朱恩东. 合金卷材是种植屋面防水的佳选 [J]. 中国建筑防水，2004.4.

[42] 胡骏. 种植屋面的防水及设计 [J]. 中国建筑防水，2006.1.

[43] YumikoGraham. 格林格屋顶花园系统 [J]. 中国建筑防水，2005.8.

[44] 曲璐，丛日晨，贾友柱. 种植屋面系统工程中常见问题探析 [J]. 中国建筑防水，2007.9.

[45] 宋磊，地下防水与屋顶花园的最佳伴侣——HDPE 排水保护板 [J]. 中国建筑防水，2007增刊.

[46] 赵黎芳，丛日晨，韩丽莉. 制定科学的式样方法 规范种植屋面技术发展——介绍行标《防水卷材耐根穿刺试验方法》[J]. 中国建筑防水，2007.9.

[47] 毛学农. 试论屋顶花园的设计 [J]. 重庆建筑大学学报，2002，24（3）.

China Building Materials Press

我们提供

图书出版、图书广告宣传、企业/个人定向出版、设计业务、企业内刊等外包、代选代购图书、团体用书、会议、培训，其他深度合作等优质高效服务。

编 辑 部	出版咨询	市场销售	门市销售
010-88385207	010-68343948	010-68001605	010-88386906

邮箱：jccbs-zbs@163.com   网址：www.jccbs.com.cn

发展出版传媒   服务经济建设

传播科技进步   满足社会需求